本教材第1版荣获首届全国教材建设奖 全国优秀教材二等奖

"十四五"职业教育国家规划教材

"十二五"职业教育国家规划教材
经全国职业教育教材审定委员会审定
高等职业院校精品教材系列

国家职业教育
教学资源库
配套教材

建筑供电与照明工程

（第2版）

李梅芳　王宏玉　董　娟　主编
邵春林　主审

电子工业出版社·
Publishing House of Electronics Industry
北京·BEIJING

内 容 简 介

本教材根据国家示范性高等职业院校教学改革要求，结合编者多年的工学结合人才培养经验编写，注重实践性操作和技能培养，反映了建筑行业对应用型技能人才的需求。全书针对建筑供电与照明工程设计中的典型任务设置了 8 个项目，主要包括建筑供电与照明工程中的施工图、设计规范、设计文件、光照设计、电气设计、建筑供配电设计与设备选型、建筑施工现场临时用电设计、建筑电气安全系统设计、智能建筑供配电与照明设计和建筑安全员供电技能训练等内容。针对不同的项目共设置了 31 个技能训练任务和 1 个综合设计训练任务，有利于学生较快地掌握工作技能。全书以实际工程设计为教学载体，以工程施工图为切入点，用引导的方法逐步展开各项目任务，并配有"教学导航""知识梳理""温馨提示"等内容，有利于教师开展互动性教学和学生高效率地学习知识与技能。

为了方便教师教学，书中配有微课视频、教学课件、动画案例和在线测试题等数字化资源，扫码即可浏览学习或下载，有助于教师开展信息化教学和学生自主学习。

本教材可作为高职、高专院校建筑类专业的教材，也可作为应用型本科、成人教育、自学考试、电视大学、中职学校、培训班的教材，还可作为建筑行业工程技术人员的参考书。

未经许可，不得以任何方式复制或抄袭本书之部分或全部内容。

版权所有，侵权必究。

图书在版编目（CIP）数据

建筑供电与照明工程／李梅芳，王宏玉，董娟主编 . —2 版 . —北京：电子工业出版社，2023.5
高等职业院校精品教材系列
ISBN 978-7-121-36957-5

Ⅰ.①建…　Ⅱ.①李…　②王…　③董…　Ⅲ.①房屋建筑设备-供电系统-高等学校-教材 ②建筑照明-高等学校-教材　Ⅳ.①TU852 ②TU113.6

中国版本图书馆 CIP 数据核字（2019）第 256662 号

责任编辑：陈健德
印　　刷：三河市龙林印务有限公司
装　　订：三河市龙林印务有限公司
出版发行：电子工业出版社
　　　　　北京市海淀区万寿路 173 信箱　邮编 100036
开　　本：787×1092　1/16　印张：17　字数：435.2 千字
版　　次：2010 年 4 月第 1 版
　　　　　2023 年 5 月第 2 版
印　　次：2023 年 5 月第 1 次印刷
定　　价：62.00 元

凡所购买电子工业出版社图书有缺损问题，请向购买书店调换。若书店售缺，请与本社发行部联系，联系及邮购电话：(010)88254888，88258888。

质量投诉请发邮件至 zlts@phei.com.cn，盗版侵权举报请发邮件至 dbqq@phei.com.cn。

本书咨询联系方式：chenjd@phei.com.cn。

前　言

本教材是在国家首批示范性高等职业院校建设背景下编写的项目化教材，在编写过程中体现"三依托、三突出"的理念，即依托建筑电气行业真实工程设项目，突出项目对岗位必需的知识点和技能点的覆盖面；依托典型工作过程设计任务，任务排序突出实际工作的流程；依托省级精品课程暨国家职业教育教学资源库标准化课程，提供丰富的数字化资源，突出教材使用的易教易学特色。

本教材于 2010 年完成第 1 版，2014 年对第 1 版进行修订，2023 年完成第 2 版。本教材主要介绍在建筑供电与照明工程中所用到的专业理论知识、实践技能及与其相关的计算方法。全书由 8 个项目组成：项目 1 "照明工程认知"，项目 2 "照明工程光照设计"，项目 3 "照明工程电气设计"，项目 4 "建筑供配电设计与设备选型"，项目 5 "建筑施工现场临时用电设计"，项目 6 "建筑电气安全系统设计"，项目 7 "智能建筑供配电与照明设计"，项目 8 "建筑安全员供配电技能训练"。另外，本教材最后还给出了综合设计训练任务。

本教材紧密结合我国建筑电气行业对高职人才培养规格的要求，在内容安排上，以够用、实用为原则，突出高职的特点，应用性强，图文并茂，内容由浅入深、通俗易懂，使学生学练结合、手脑并用。全书引用了大量的实际工程案例，对建筑供电与照明职业岗位所需的专业理论知识和技能知识进行恰当的设计。在结构安排上，全书以工程设计技能训练为主线，采用不同的教学建议，结构层次分明，注重教学效果，符合职业教育的要求。

本教材由黑龙江建筑职业技术学院的李梅芳、王宏玉、董娟主编，王兆霞、王欣参编，由北京清大原点建筑设计有限公司哈尔滨分公司的邵春林主审。其中，项目 1、2、3 由李梅芳编写，项目 4、6 由王宏玉和王兆霞共同编写，项目 5 由李梅芳和王欣共同编写，项目 7、8 由董娟编写。

本教材在编写过程中得到了黑龙江建筑职业技术学院孙景芝教授、黑龙江省建筑设计研究院陈永江总工的精心指导，特别是孙景芝教授在各个方面都给予了很大的帮助，在此谨致以深切的谢意。

虽然在编写时力求做到内容准确、特色鲜明，但由于编者水平有限，书中难免存在不妥之处，恳请读者批评指正。

为了方便教和学，依托国家职业教育教学资源库平台，书中配有数字化资源，均以二维码形式呈现，扫码即可浏览学习（测试资源需要先登录资源库平台，注册后方可进行自我测试），有助于教师开展信息化教学和学生自主学习。除此之外，本教材还配有课后习题参考答案，请有此需求的教师登录华信教育资源网（www. hxedu. com. cn）免费注册后下载，若有问题，请在网站留言或与电子工业出版社联系（E-mail：hxedu@phei. com. cn）。

编　者

扫一扫看附录 A：民用建筑电气设计常用图形符号

扫一扫看附录 B：平圆型吸顶灯技术参数

扫一扫看附录 C：YG1-1 型简式荧光灯技术参数

扫一扫看附录 D：YG2-1 型简式荧光灯技术参数

扫一扫看附录 E：关于地面空间等效反射比不等于 0.20 时对利用系数的修正值

扫一扫看附录 F：常用线载流量表

扫一扫看附录 G：常用线载流量校正系数表

扫一扫看附录 H：电线穿管最小管径选择表

职业导航图

<table>
<tr>
<td>
职业素质:
具有计划、组织、实施工作任务的能力；具有团队合作意识；熟练应用相关规范和标准
</td>
<td>
职业技术:
掌握建筑供电与照明工程的设计、施工与管理、设备维护等技术，熟悉以上职业岗位的工作流程，掌握其一般工作方法
</td>
<td>
职业能力:
具有建筑供电与照明工程设计、施工、图纸会审、工程监理、预算、施工组织方案等的编制能力
</td>
</tr>
</table>

建筑供电与照明工程

项目 1：照明工程认知
以小高层住宅电气设计为教学载体，分析建筑照明工程设计的内容、步骤、方法，涉及的计算，照明工程图的分类、标注、识图的方法，设计中用到的规范和工具性资料等

项目 2：照明工程光照设计
以教学综合楼照明工程设计为教学载体，确定照度、照明方式、种类；搜集有关电光源和照明器的资料，并正确选择它们；进行灯具的布置；计算室内照度，填制照度计算表；进行照明质量评价等

项目 3：照明工程电气设计
以教学综合楼电气设计为教学载体，完成照明负荷计算、导线的选择、电压损失计算；学会断路器、开关及插座的选择方法；掌握漏电保护器的知识；独立完成照明工程电气设计和设备选型

项目 4：建筑供配电设计与设备选型
介绍变电所主接线的常见形式，变压器的选择，配电系统基本形式，高低压电气设备及其用途，并以18层高层住宅小区供配电工程为教学载体，介绍负荷计算的方法与步骤

项目 5：建筑施工现场临时用电设计
以某工程施工现场临时用电设计为教学载体，介绍建筑施工现场临时用电的要求，临时用电负荷计算的方法，变压器的选择，临时配电箱的设计方法等

项目 6：建筑电气安全系统设计
熟悉防雷系统设计规范，掌握设计方法；具有设备的选型及电路接线技能；能测试接地电阻；能独立完成防雷接地系统接线安装的工作任务

项目 7：智能建筑供配电与照明设计
介绍智能建筑的概念，以及其智能化的供配电系统、照明系统的特点、功能、设计程序等，结合智能建筑的相关规范和标准提出智能建筑强电设计的要点

项目 8：建筑安全员供配电技能训练
根据建筑行业对建筑安全员岗位职业能力的需求，从建筑供配电的角度介绍安全员应掌握的基本知识、技术要求、安全用电技能、临时用电安全要求等

综合设计训练任务:
下达设计任务书，借助专业设计软件完成以下任务：①搜集资料，了解设计要求；②教学楼光照设计；③教学楼电气设计；④编写计算书；⑤绘制施工图；⑥编制施工方案

职业岗位

设计员　施工员　质检员　监理员　造价员　安全员

最终成为管理者、创业者

目 录

项目 1
照明工程认知

教学导航

教	项目简介	照明工程是建筑电气工程中非常重要的一部分。它是对电气照明技术的具体应用，包括照明工程设计，照明设备的选型、安装、运行与维护，本教材侧重于照明工程设计。照明工程设计的基础是掌握建筑照明工程相关的知识、技能、规范和标准，熟悉照明工程中用到的电气设备的性能、技术参数、安装使用要求等知识，并具有必要的绘制与识读工程图的能力
	教学载体	本项目以小高层住宅电气设计为教学载体，分析建筑照明工程设计的内容、步骤、方法，涉及的计算，照明工程图的分类、标注、识图方法，以及设计中用到的规范和工具性资料等，并对照明工程设计的任务进行分解，以此作为后续学习内容的要点
	推荐教学方式	分组学习、角色扮演
	建议学时	10 学时
学	学生知识储备	1. 建筑构造与识图的基本知识； 2. 设计任务书的格式； 3. 设计委托合同的签订过程及其相关内容
	能力目标	能看图识类别，能借助资料认识工程符号，知道每张图纸表达的内容，能找出平面图和系统图的内在关系，能按顺序简单读图，具有小组合作意识

教学过程示意图

1. 下发图纸、布置任务、提供相关资料、提出要求
5. 沟通、提出新要求，乙方答复可否实现等
2. 学生收集学习资料，对给定的施工图进行归类与分析
甲方
4. 甲、乙双方签订设计委托合同，同时甲方把设计任务书交予乙方
3. 甲方邀请乙方协助其完成设计任务书
乙方

训练方式和手段

学生身份：

　　身份1：设计院电气工程师，某12层建筑照明工程设计负责人（乙方）。

　　身份2：建设单位建设指挥部电气负责人（甲方）。

训练步骤：

　　1. 下发图纸、布置任务、提供相关资料（设计任务书、设计委托合同）、提出要求。

　　2. 学生收集学习资料（包括设计规范和工具性资料等），对给定的施工图进行归类与分析。

　　（在步骤1、2中，教师和学生是正常的师生关系，采用引导法完成这两项学习目标）

　　（在此之后，教师可作为甲方参与以下活动）

　　3. 甲方邀请乙方协助其完成设计任务书，在双方交流过程中，要求至少使用5个专业术语（教师提供20个专业术语）。

　　（该步骤是针对工程图纸内容进行相互讨论、切磋的过程）

　　4. 甲、乙双方法人或委托代理人签订设计委托合同，同时甲方将设计任务书交予乙方。

　　5. 双方学生结合本项目进一步研究设计规范。

　　6. 召开甲、乙双方见面会，就设计问题进行沟通，主要以乙方汇报为主，甲方也可提出问题或根据特殊情况提出新的设计要求，乙方给予答复或实现。

　　（这一步是关键，是考查学生学习效果的环节，无论是甲方还是乙方，都必须在了解施工图的基础上完成相应的工作）

　　7. 由乙方派人进行会议记录，最后双方签字留存。

学生学习成果展示：

　　1. 设计任务书。

　　2. 设计委托合同。

　　3. 会议记录。

扫一扫看 PDF：
高层住宅施工
图

教学载体　小高层住宅电气设计

【设计条件】

某市某小区内住宅楼地面 11 层，主体高度 34.8m，属于二类普通高层住宅建筑，垂直交通由电梯完成。设计内容有室内配电、照明、防雷和接地系统，弱电系统含楼宇对讲、电话、有线电视等内容。

【设计要点提示】

（1）电气负荷，消防用电与通道和楼梯间照明、客梯、排污泵、生活泵负荷为二级，其余为三级。该工程通道和楼梯间照明采用自带蓄电池的应急灯，客梯采用双回路供电。

（2）二级负荷供电一般要求双回路（双电源更佳），最末一级自动切换或在适当配电点自动互投后以专线送至用电设备。分散的小容量负荷可通过一路市电+EPS 或一路电源+设备自带蓄电池（如应急灯）实现。

（3）防雷设计一般按三类进行，避雷网网格不大于 20×20 或 24×16（单位为 mm，本教材工程图纸中的尺寸按照工程惯例只标出数值，省略单位 mm），引下线间距不大于 25m。

（4）漏电保护设计如下。

① 住宅中每户正常漏电电流约为 12.4mA。《住宅设计规范》（GB 50096—2011）指出，每幢住宅总电源进线断路器应具有漏电保护功能。漏电保护的动作值应大于 2 倍的正常漏电电流，并应符合防止电气火灾的 300 ～ 500mA 的要求，且遵循对用户影响面小的原则，宜将漏电开关设于供电干线上（300mA，0.4s），三相供电范围不大于 36 户。若漏电开关整定为 500mA，则三相供电范围可达 54 户。

② 计算机供电。单台计算机的功率约为 300W，漏电电流为 3.5mA，若漏电开关整定电流为 30mA，则每条回路只能负载 7 台计算机工作；否则，合不上闸。

（5）双电源转换开关，为满足线路维修、测试和检修隔离的要求，宜采用四极开关。

（6）TA（电流互感器）不得开路，否则会产生高电压。

（7）TV（电压互感器）不得短路，否则会烧毁熔断器。

【温馨提示】

通过角色扮演的形式完成编制设计任务书和签订设计委托合同的任务，锻炼基本的识图能力，从而实现本项目教学目标。

扫一扫看 PDF：
项目 1 教学载
体工程资料

【工程资料】（与本课程及能力训练内容无关部分不列出）

任务 1.1　照明工程图的认知

照明工程图是照明工程施工的依据之一，识读照明工程图就是熟悉图中所有符号和标注的含义，清楚照明线路的走向，把握相关图纸之间的联系。

1.1.1　照明工程图的分类及其表达内容

照明工程图一般包括设计说明、电气照明系统图、电气照明平面图、大样图、主要设备材料表等。

1. **设计说明**

设计说明是对电气施工图的补充文字说明，是指导阅读电气施工图的依据。对于电气施工图中不宜表达的一些技术问题和要求，应在设计说明中进行表述。它包括以下内容。

（1）工程土建情况。

（2）工程设计范围及工程级别（防火、防爆、负荷等级等）。

（3）电源的概况及进户线的做法和要求。

（4）配电线路敷设要求及做法。

（5）配电装置和灯具的选型与安装要求。

（6）保护接地方式及接地装置的安装要求。

（7）图例说明和其他补充说明等。

2. **电气照明系统图**

电气照明系统图用国家标准规定的电气图形符号表示出整个工程供配电系统的各级组成和连接，线路均用单线图绘制。在各配电箱（配电柜）配电系统图中，应标注各开关、电器的型号和配电箱的编号（与电气照明平面图中对应）、计算负荷、电流、型号及尺寸。在配电箱线路上标注回路的编号及导线的型号、规格、根数、敷设部位、敷设方式等。电气照明系统图是配电装置加工订货的依据。

3. **电气照明平面图**

电气照明平面图是表示各种电气设备、电器开关、电器插座和配电线路的安装（敷设）的平面位置图。它是在建筑施工平面图上用各种电气图形符号和文字符号表示电气线路及电气设备安装要求、安装方法的电气施工图样。电气照明平面图采用单线图绘制，应标注配电箱的编号，回路的编号，导线的型号、规格、根数、敷设部位、敷设方式，电气设备、插座、灯具等的数量、型号、规格、安装方式、安装高度等。电气照明平面图一般要求按楼层分别绘制，相同楼层可只绘制其中一层。电气照明平面图是指导电气照明工程安装的重要图样。

4. **大样图**

对有特殊安装要求的某些元器件，若有标准图集或施工图册可选，则应注明所选图号；若没有，则需要在施工图设计中绘出其安装大样图。大样图应按制图要求以一定的比例绘制，当不按比例绘制时，应标注其详细尺寸、材料及技术要求，便于按图施工。

5. **主要设备材料表**

主要设备材料表通常按照照明灯具、光源、开关、插座、配电箱及导线材料等分门别类地列出。其中需要有编号、名称、型号、规格、单位、数量及备注等栏。主要设备材料表是编制照明工程概（预）算书的基本依据。

1.1.2 建筑电气照明施工图的常用图形符号、文字符号及标注

在读图之前，首先要熟悉民用建筑电气设计常用图形符号、文字符号及标注。

1. **图形符号**

照明施工图中常用的图形符号如表1-1所示。

扫一扫看视频：电气工程符号

表 1-1　照明施工图中常用的图形符号

图例	名称	图例	名称	图例	名称	图例	名称
○	灯具一般符号	○	深照灯		双联单控防水开关		单相三极防水插座
⬬	顶棚灯	▼	墙上座灯		双联单控防爆开关		单相三极防爆插座
⊕	四火装饰灯		疏散指示灯		三联单控暗装开关		三相四极暗装插座
⊗	六火装饰灯		疏散指示灯		三联单控防水开关		三相四极防水插座
◑	壁灯	EXIT	出口标志灯		三联单控防爆开关		三相四极防爆插座
—	单管荧光灯		应急照明灯		声光控延时开关		双电源切换箱
—	双管荧光灯	Ⓔ	应急照明灯		单联暗装拉线开关		明装配电箱
—	三管荧光灯	⊗	换气箱		单联双控暗装开关		暗装配电箱
⊗	防水防尘灯		吊扇		吊扇调速开关		漏电断路器
○	防爆灯		单联单控暗装开关		单相两极暗装插座		低压断路器
	泛光灯		单联单控防水开关		单相两极防水插座		弯灯
	单联单控防爆开关		单相两极防爆插座	⊙	广照灯		双联单控暗装开关
	单相三极暗装插座	—	—		—		—

2. 文字符号

照明灯具安装方式的标注文字符号如表 1-2 所示，照明工程中常用导线敷设方式的文字符号如表 1-3 所示，导线敷设部位的文字符号如表 1-4 所示。

表 1-2　照明灯具安装方式的标注文字符号

名称	新代号	名称	新代号
线吊式	CP	嵌入式（嵌入不可进入的顶棚）	R
自在器线吊式	CP1	顶棚内安装（嵌入可进入的顶棚）	CR
固定线吊式	CP2	墙壁内安装	WR
防水线吊式	CP3	台上安装	T
线吊式或链吊式	Ch	支架上安装	SP
管吊式	P	柱上安装	CL
壁装式	W	座装	HM
吸顶式或直附式	S		

表 1-3　照明工程中常用导线敷设方式的文字符号

名称	新代号	名称	新代号
导线和电缆穿焊接钢管敷设	SC	用钢线槽敷设	SR
穿电线管敷设	TC	用电缆桥架敷设	CT
穿水燃气管敷设	RC	用塑料夹敷设	PLC
穿硬聚氯乙烯管敷设	PC	穿蛇皮管敷设	CP
穿阻燃半硬聚氯乙烯管敷设	FPC	穿阻燃塑料管敷设	PVC
用塑料线槽敷设	PR	—	—

表 1-4　导线敷设部位的文字符号

名称	新代号	名称	新代号
沿钢索敷设	SR	暗敷设在梁内	BC
沿屋架或跨屋架敷设	BE	暗敷设在柱内	CLC
沿柱或跨柱敷设	CLE	暗敷设在墙内	WC
沿墙面敷设	WE	暗敷设在地面或地板内	FC
沿天棚面或顶板面敷设	CE	暗敷设在屋面或顶板内	CC
在人能进入的吊顶内敷设	ACE	暗敷设在人不能进入的吊顶内	ACC

3. 标注

1）照明配电线路的标注

标注方式：$a-b(c×d)e-f$。

当导线截面不同时，应分别标注：

$$a-b(c×d+n×h)e-f$$

扫一扫看视频：电气设备标注

式中，a 为线路编号（也可不标注）；b 为导线或电缆的型号；c、n 为导线根数；d、h 为导线或电缆截面（mm^2）；e 为敷设方式及穿管管径（mm）；f 为敷设部位。

例如，某照明系统中标注有 BLV（3×50+2×35）SC50-FC，表示该线路采用的导线型号是铝芯塑料绝缘导线，3 根 $50mm^2$，2 根 $35mm^2$，穿管管径为 $50mm$ 的焊接钢管沿地面暗装敷设。

2）照明灯具的标注

一般标注方式：

$$a-b\frac{c×d}{e}f$$

灯具吸顶安装时的标注方式：

$$a-b\frac{c×d}{\quad}S$$

式中，a 为灯数；b 为型号或编号；c 为每盏灯具的灯泡（管）数量；d 为灯泡（管）容量（W）；e 为灯具安装高度（m）（壁灯灯具中心与地面之间的距离/吊灯灯具底部与地面之间的距离）；f 为安装方式。

例如，照明灯具标注为 $10-YZ40RR\frac{2×30}{2.8}P$，表示这个房间或某个区域安装 10 套型号为 YZ40RR 的荧光灯（Z 表示直管型，RR 表示日光色），每套灯具装有 2 根 30W 灯管，管吊式安装，安装高度为 2.8m。

又如，照明灯具标注为 $6-JXD6\frac{2×60}{\quad}S$，表示这个房间或某个区域安装 6 套型号为 JXD6 的灯具，每套灯具装有 2 个 60W 的白炽灯，吸顶安装。

3）开关及断路器的标注

一般标注方式：

$$a\frac{b}{c/i}或\ a-b-c/i$$

需要标注引入线的规格时的标注方式：

$$a\frac{b-c/i}{d(e\times f)-g}$$

式中，a 为设备编号；b 为设备型号；c 为额定电流（A）；i 为整定电流（A）；d 为导线型号；e 为导线根数；f 为导线截面（mm²）；g 为敷设方式。

在进行照明工程设计时，若将灯具、开关及熔断器的型号随图例标注在主要设备材料表中，则这部分内容可不在图上标出。

例如，开关标注为 C45N2-16/2P，表示 C45N2 系列、二级、脱扣器额定电流为 16A 的小型断路器。对于大电流断路器，还应注明脱扣器整定电流。

又如，开关标注为 $Q_2\dfrac{HH_3-100/3}{100/80}$，表示编号为 2 号的开关设备，它是型号为 $HH_3-100/3$ 的三级铁壳开关，额定电流为 100A，开关内熔断器所配熔体额定电流为 80A。

4）导线根数的标注

标注方式：

说明：用具体数字说明导线的根数。

扫一扫看视频：照明平面图导线根数识读

技能训练1 读取照明配电线路的导线根数

由于照明灯具一般都为单相负荷，其控制方式是多种多样的，加上施工配线方式的不同，对相线（火线）、中性线（零线）、保护线的连接各有要求，所以其连接关系比较复杂，如相线必须经开关后接灯座，中性线可以直接接灯座，保护线直接与灯具金属外壳相连接。这样就会在灯具之间、灯具与开关之间出现导线根数的变化。各照明灯具的开关必须接在相线上，从开关出来的线称为控制线，n 联开关共有$(n+1)$根导线：1 根相线（或 1 根中性线）和 n 根控制线。

下面分析在几种常见情况下如何读取导线的根数。

1. 一只开关控制一盏灯

最简单的照明控制线路是在一个房间内采用一只开关控制一盏灯，若采用管配线暗敷设方式，则其照明平面图如图 1-1 所示，透视接线图如图 1-2 所示。

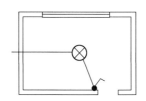
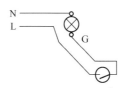

图 1-1 一只开关控制一盏灯的照明平面图　　图 1-2 一只开关控制一盏灯的透视接线图

可以看出，平面图和实际接线图是有区别的。由图 1-2 可知，电源与灯座之间的导线和灯座与开关之间的导线都是两根，但其意义不同。电源与灯座之间的两根导线，一根为直接接灯座的中性线（N 线），一根为相线（L 线）（相线必须经开关后接灯座）；而灯座与开关之间的两根导线，一根为相线，一根为控制线（G 线）。

2. 多只开关控制多盏灯

图1-3是两个房间的照明平面图，即多只开关控制多盏灯的情况。在图1-3中，有1个照明配电箱、3盏灯、1个双联单控开关和1个单联单控开关，采用管配线。其中，大房间的两盏灯之间为3根线，中间一盏灯与双联单控开关之间为3根线，其余都为两根线，因为线管中间不允许有接头，所以接头只能放在灯座盒内或开关盒内。该情况下的透视接线图如图1-4所示。

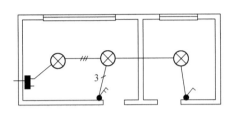

图1-3　多只开关控制多盏灯的照明平面图

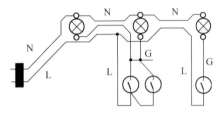

图1-4　多只开关控制多盏灯的透视接线图

由图1-4不难看出，大房间中的两盏灯之间的3根导线，一根为相线，一根为中性线，一根为控制线；而中间一盏灯与双联单控开关之间的3根导线，一根为相线，其余两根均为控制线。

3. 两只开关控制一盏灯

用两只双控开关在两处控制一盏灯的情况通常用于楼梯、过道或客房等处，其照明平面图如图1-5所示，透视接线图如图1-6所示。由图1-6可知，两只双控开关之间的导线都为3根，均是1根相线+2根控制线的形式。

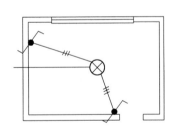

图1-5　两只开关控制一盏灯的照明平面图

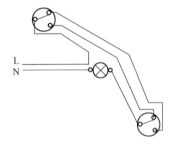

图1-6　两只开关控制一盏灯的透视接线图

读图方法与要点

1. 阅读建筑电气工程图的一般程序

针对一套建筑电气工程图，一般应先按以下顺序阅读，再对某部分内容进行重点阅读。

（1）看标题栏及图纸目录：了解工程名称、项目内容、设计日期及图样内容/数量等。

（2）看设计说明：了解工程概况、设计依据等，了解图样中未能表达清楚的各有关事项。

（3）看系统图，如供配电系统图、照明系统图等：了解系统的基本组成，主要电气设备、元件之间的连接关系，以及它们的规格、型号、参数等，掌握该系统的组成概况。

（4）看平面图（如照明平面图、防雷接地平面图等）：在阅读系统图、了解系统组成概况之后，就可依据平面图编制工程预算书、施工方案，并具体组织施工了。平面图的阅读可按照以下顺序进行：电源进线→总配电箱→干线→支线→分配电箱→电气设备。

（5）看电路图：了解系统中电气设备的电气自动控制原理，以指导设备安装与调试工作。

（6）看安装接线图：了解电气设备的布置与接线。

（7）看大样图：大样图是依据施工平面图进行安装施工和编制工程材料计划时的重要参考图纸。

（8）看主要设备材料表：了解工程中所使用的设备、材料的型号、规格和数量。

2. 电气照明施工图读图要点

1）照明系统图部分

在阅读照明系统图时，应注意并掌握以下内容。

（1）进线回路编号、进线线制、进线方式，导线（或电缆）的规格、型号、敷设方式和部位，穿线管的规格、型号。

（2）配电箱的规格、型号及编号，各开关（或熔断器）的规格、型号，用电设备的编号、名称及容量。

（3）配电箱/柜/盘有无漏电保护装置，以及其规格、型号、保护级别及范围。

（4）用电设备若是单相的，则还应注意其分相情况。

2）照明平面图部分

识读照明平面图一般按照以下顺序进行：电源进线→照明配电箱（配电盘）→照明干线→照明设备。

在阅读照明平面图时，应注意并掌握以下内容。

（1）灯具、插座、开关的位置、规格、型号、数量，照明配电箱的规格、型号、数量、安装位置、安装高度及安装方式，从照明配电箱到灯具和插座安装位置的管线规格、走向，以及导线根数和敷设方式等。

（2）电源进户线的位置、方式，线缆的规格、型号，总电源配电箱的规格、型号及安装位置，总配电箱与各分配电箱的连接形式及线缆的规格、型号等。

（3）核对照明系统图与照明平面图的回路编号、用途、名称、容量及控制方式是否相同。

（4）当建筑物为多层结构时，上下穿越的线缆敷设方式（管、槽、竖井等）及其规格、型号、根数、走向、连接方式（盒内式、箱内式），上下穿越的线缆敷设位置的对应。

（5）其他特殊照明装置的安装要求及布线要求、控制方式等。

技能训练2 照明平面图识读

扫一扫看视频：
住宅照明平面图
的设计与绘制

该技能训练以图 1-7、图 1-8 为例。图 1-7、图 1-8 分别为某高层公寓标准层插座平面图和照明平面图。

从图 1-7 中可以看出，照明配电箱设于进门处，从中引出 7 根插座支线，其中，n_4 引至餐厅、厨房和生活阳台，n_2 引至卧室和卫生间，n_5 引至卧室，n_7、n_8 分别引至起居室和主卧室（带卫生间），n_3、n_6 引至小卧室，同时，卫生间进行局部等电位联结。在图 1-8 中，从照明配电箱中引出 1 条支路，将房间内的所有灯具及开关连接在一起，供房间照明用（包

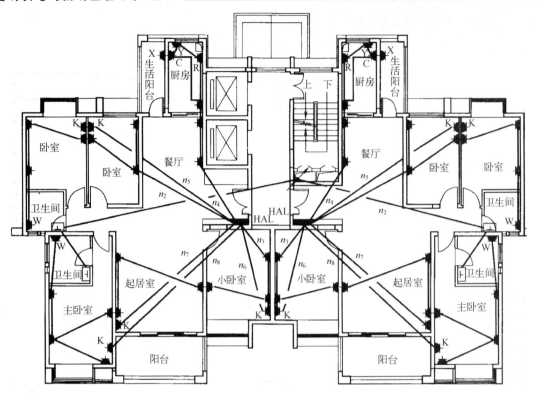

图 1-7　某高层公寓标准层插座平面图

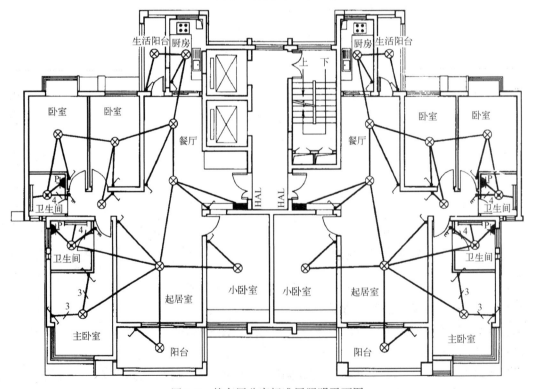

图 1-8　某高层公寓标准层照明平面图

括两个卫生间的排风扇专用插座）。每条灯具回路均接有 15 个灯具，其中，防水灯具 2 个，荧光灯具 2 个。从图 1-8 中还可以看出，主卧室内的单联双控跷板开关和卫生间内的三联单控跷板开关所连接灯具线路旁都用数字标注了导线的根数。

通过阅读照明平面图可以了解建筑物内部照明设备的布置情况，以及各支路的连接情况与电气设备和线路的安装、敷设方法，从而更加全面地了解电气照明系统的组成、连接情况，以便进行工程预算与安装施工。

技能训练 3 照明系统图识读

扫一扫看 PDF：照明系统图识读分析

下面以图 1-9～图 1-11 为例进行系统图的分析。

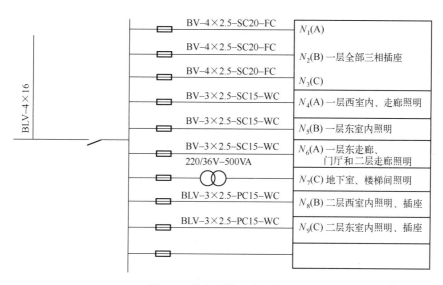

图 1-9 某办公楼照明系统图

知识梳理

读图要点：

1. 照明施工图是照明工程设计的主要成果，更是照明工程施工、预算和管理的主要依据，识读照明施工图是建筑电气许多工作岗位人员应具备的重要职业能力。

2. 照明施工图包括设计说明、电气照明系统图、电气照明平面图、大样图和主要设备材料表等。

3. 识读电气照明平面图的主要目的是了解照明设备的安装位置、电气线路的连接、照明控制方式等，识读电气照明系统图的主要目的是了解照明系统的配电形式、配电箱的规格、线缆的规格与敷设、开关和保护设备的型号与技术参数等。

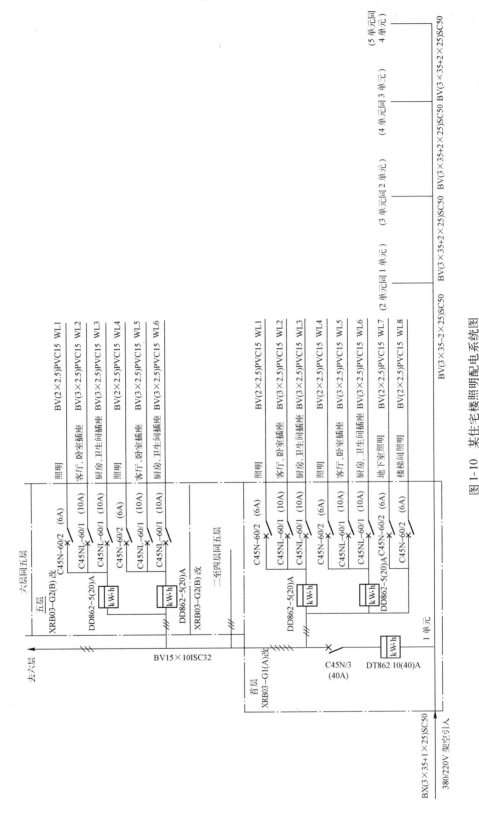

图1-10 某住宅楼照明配电系统图

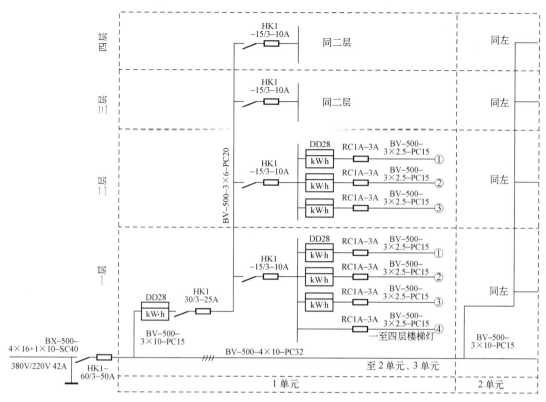

图 1-11 某住宅楼照明供电系统图 (单元 2、单元 3 线路从略)

任务 1.2 照明工程设计内容分解

在照明工程图认知的基础上进行照明工程设计程序、内容的研究, 以便熟悉照明工程设计的步骤和方法, 理解后续学习内容的重要性及其之间的关系。

1.2.1 照明工程设计的 3 个阶段

照明工程设计通常分为三个阶段: 方案设计、初步设计、施工图设计。大型照明工程设计严格按这三个阶段进行, 小型照明工程设计往往将方案设计和初步设计合二为一。各设计阶段的任务和要求简介如下。

1. 方案设计

在方案设计阶段, 电气专业设计人员的主要任务是先根据工程主持人给出的建筑物类别、建筑总平面图、层数、总高度、用途、类型, 建筑物的总面积、绝对标高点、相对标高点、位置和方向等各项技术参数, 国家现行的建筑电气工程设计标准、规范、安装定额, 按规范规定的 "W/m^2" 数匡算出照明用电总功率, 确定是高压用电还是低压用电, 以及电源引入方向、电缆走向路由及电源路数、变配电所位置, 并考虑是否设置应急柴油发电机组; 再按每平方米造价匡算出照明工程造价。

2. 初步设计

(1) 初步设计是方案设计的深化, 其主要任务如下。

① 了解和确定建设单位的用电要求。

② 落实供电电源及配电方案。

③ 确定工程的设计项目和内容。

④ 进行系统方案设计和必要的计算。

⑤ 编制出初步设计文件。

⑥ 估算各项技术与经济指标。

⑦ 解决好专业之间的配合问题。

（2）初步设计文件的深度要求如下。

① 可以确定设计方案。

② 满足主要设备及材料的订货需求。

③ 可以确定工程概算，控制工程投资。

④ 可以进行施工图设计。

3. 施工图设计

（1）施工图设计的主要任务如下。

① 进行具体的设备布置（如照明配电箱、灯具、开关的平面布置等）、线路敷设和必要的计算（电压损失计算、负荷计算、照度计算等）。

② 确定各电气设备的型号、规格及具体的安装工艺。

③ 编制施工图设计文件（包括照明平面图和照明系统图、设计说明、计算书）。

④ 与各专业密切配合，避免盲目布置而返工。

（2）施工图设计文件的深度要求如下。

① 可以编制出施工图预算书。

② 可以确定材料、设备的订货和安排非标准设备的制作。

③ 可以进行施工和安装。

扫一扫看视频：照明工程光照设计任务分析　扫一扫看图片：照明工程设计内容思维导图

1.2.2　照明工程设计的内容

照明工程设计包括照明光照设计和照明电气设计两大部分。其中，照明光照设计的主要任务是选择照明方式和照明种类，选择电光源及其灯具，确定照度标准并进行照度计算，合理布置灯具等；照明电气设计通常是在照明光照设计的基础上进行的，其主要任务是保证电光源能正常、安全、可靠且经济地工作。

概括起来，照明工程设计的内容如下。

（1）确定照明方式和照明种类。

（2）选择电光源和照明灯具的类型，确定照明灯具布置方案。

（3）进行照度计算，确定电光源的安装功率。

（4）选择供电电压和供电方式。

（5）进行供电系统的负荷计算。

（6）确定照明配电系统。

（7）选择导线和电缆的型号及布线方式。

（8）选择配电装置、照明开关和其他电气设备。

（9）绘制照明平面图，同时汇总安装容量，列出主要设备材料表。

（10）绘制相应的供电系统图。

在进行照明工程设计时，要注意新技术、新产品和新工艺的应用。目前，新电光源、智能照明产品和系统不断涌现，绿色照明、智能化照明已成为照明工程设计追求的目标。

1.2.3　照明工程设计的步骤

照明工程设计可以概括为以下 3 个步骤。

（1）收集照明工程设计所需的资料和技术条件，包括工艺性质和生产、使用要求，建筑和结构状况，建筑装饰状况，建筑设备和管道布置情况。

（2）提出设计方案，进行各项计算，确定各项光学和电气参数，编写设计说明书。

（3）绘制施工图，并编制材料明细表和工程概算书，必要时，按建设单位委托编制工程预算书。

以上 3 个步骤可细分如下。

1. 收集资料，了解情况

主要收集设计规范、标准、图集等设计依据资料，以及电光源和灯具产品样本等设备选型资料，同时要了解生产工艺、使用要求和建筑、结构情况。

2. 光照设计

光照设计步骤如下：收集原始资料→确定照明方式和照明种类→确定合理的电光源→选择灯具的形式并确定型号→合理布置灯具→进行照度计算并确定电光源的安装功率→进行眩光的评价→确定照明控制策略、方式。

3. 电气设计

电气设计步骤如下：确定供配电方式→划分各配电盘的供电范围及安装位置→计算各支线和干线的工作电流→选择导线截面和型号、敷设方式、穿管管径→进行中性线电流和电压损失的验算→进行电气设备的选择。

4. 管网汇总

在电气照明工程设计过程中，应与其他专业设计进行管网汇总，仔细查看管线之间是否存在矛盾和冲突的地方。如果有，那么在一般情况下应使电气线路避让或采取保护性措施。

在电气照明线路的安装和敷设过程中，往往有预埋穿线管道、支架的焊接件或预埋孔等，这些都应该在管网汇总时向土建提交。并且，所提交的资料必须具体、确切，如预留孔留在哪个位置，与房间某一坐标轴线相距多远，标高多少，尺寸多大，等等。

5. 施工图的绘制

绘制施工图的步骤如下：绘制照明平面图→绘制供配电系统图→编写工程说明→列出主要材料的明细表。

6. 工程概算（或预算）书的编制

根据建设单位的要求或设计委托书来决定概算（预算）书的编制工作。若没有具体要求，则只需编制工程概算书即可。

技能训练 4　照明工程设计需要的计算书

照明工程设计需要的计算书主要包括 3 种：照度计算书、负荷计算书和电压损失（电压降）计算书。

【温馨提示】

（1）照度计算书：选择灯具的功率及灯具数量的依据。

（2）负荷计算书（一般用需要系数法）：选择导线和保护电气设备的依据，同时应计算不平衡度。

（3）电压损失（电压降）计算书：验算所选择导线截面的合理性。

【练一练】 用 Excel 完成相应的计算表，并大致分析每张计算表中各个量之间的关系。

知识梳理

照明工程设计通常分为三个阶段：方案设计、初步设计、施工图设计。照明工程设计包括照明光照设计和照明电气设计两大部分。其中，照明光照设计的主要任务是确定照明方式和照明种类，正确选择电光源，进行灯具的合理布置，并进行室内照度计算等；照明电气设计的主要任务是求照明负荷的大小，合理选择导线、开关及其他照明电气设备。

任务 1.3　照明工程常用术语及其应用

在进行建筑电气照明设计和照明效果的检测时，要遵守《建筑照明设计标准》（GB 50034—2013）的规定，因此有必要了解照明工程中常用的术语。在这些术语中，有的用于设计计算，有的用于照明质量的检测，有的用于描述照明设备的性能。

良好的光环境离不开装饰材料的配合，因此，了解材料的光学性质有助于实现预定的照明效果。

扫一扫看 PPT：
照明工程术语与
光学基本知识

扫一扫看视频：
照明工程常用
术语

1.3.1　照明工程中的常用术语

（1）绿色照明——节约能源、保护环境、有益于提高人们生产、工作、学习的效率和生活质量、保护身心健康的照明。

（2）光通量——光向周围空间辐射，在单位时间内能够对人的视觉器官引起反应的那部分光辐射能量的大小。光通量用 Φ 表示，其单位是 lm（流明）。

光通量是人的视觉器官对光的一种评价，人们常说的某种光源亮、某种光源暗，所指的就是光通量的大和小；或者认为较亮的光源发出的光通量大、较暗的光源发出的光通量小。对于某种光源，光通量表示了光源的发光能力。

（3）发光强度——光源在某一特定方向上的单位立体角内所发出光通量的大小。它是一个基本的强度计量单位，简称光强，用 I 表示，其单位是 cd（坎德拉）。

由于光源形状不同，所以它在空间的不同范围内所辐射的光通量不一定是相同的，有时为了满足各种需求，会将光源制造成各种形状，从而产生不均匀的光通量分布。这时，为了表示光源发出的光通量在空间分布的情况，常用光通量在单位立体角内的密度，即发光强度这个物理量来定量地描述。它的定义式如下：

$$1 坎德拉 = 1 流明 / 1 立体角 \qquad 即 \qquad 1cd = 1lm/sr$$

在照明工程中，如果要阐述某个光源发光强度的大小，那么一定要指出是哪个方向上发光强度的数值。但是在有些时候，描述发光强度时不会特别强调是哪一个方向上的数值，这种情况下所描述的发光强度是指某个光源的平均发光强度。

可见，光通量和发光强度都是描述光源所产生辐射光的程度的物理量，是对光源发光能力的某种定量描述。

（4）亮度——描述光源表面发光强弱程度的物理量，用符号 L 表示，其单位是 nt（尼特）。

在实际的照明工程中，通常认为亮度是表示光源表面在发光强度方向上单位面积内发光强度大小的物理量，有时也称光源在某个方向上发光强度的大小为其表面亮度。亮度的定义式如下：

$$1\ 尼特 = 1\ 坎德拉/1\ 平方米 \quad\quad 即 \quad\quad 1nt = 1cd/m^2$$

需要特别强调的是，这里所指的光源表面的亮度是广义的，它可以是光源本身产生的，也可以是被照物体对光反射时所产生的表面亮度。因此，在照明工程中，如果用亮度来描述光的特性，那么所说的亮度的值通常是指光源表面亮度。值得注意的是，对于亮度的描述，有时分对光源的表面亮度和对物体的表面亮度的具体描述，这两种描述各有其特点。光源的表面亮度是由光源本身的结构特点和发光体的多方面技术指标决定的，即光源的表面亮度在光源产品出厂时就确定了；而物体的表面亮度是由光源产生的光的照射和物体表面产生的反射及多种因素决定的。可见，若想确定物体的表面亮度值，则所进行的计算会比较麻烦。因此，目前在照明工程中，通常不采用亮度作为评价照明质量的指标。但是有些国家将亮度标准作为对照明质量进行评价的指标。

（5）照度——单位被照物体表面所接收光通量的大小，用 E 表示，其单位是 lx（勒克斯）。

照度是从被照物体的角度对光的一种描述。它不考虑由于人们视觉条件的不同而造成的对物体的看清程度有所差异这方面因素的影响，只用照度值的大小定量描述对物体的看清程度。在适当的范围内，照度值的大小可以说明对物体的看清程度，照度值大比照度值小时看得清楚。它的定义式如下：

$$1\ 勒克斯 = 1\ 流明/1\ 平方米 \quad\quad 即 \quad\quad 1lx = 1lm/m^2$$

照度值是我国衡量照明质量的一个非常重要的光学技术指标。我国根据自身的特点和许多客观条件同时考虑了许多因素的影响，从而制定了适合各种场合、各种地点使用的详细的照度值标准，为使用者提供了非常方便而又具体的设计依据。

（6）参考平面——测量或规定照度的平面。

（7）亮度对比——视野中的识别对象与背景的亮度对比。

（8）维护系数——照明装置在使用了一定的周期后，规定表面的平均照度或平均亮度与该装置在相同条件下新安装时得到的平均照度或平均亮度之比。

（9）一般照明——整个场所的照度基本上均匀的照明。

下列场所宜选用一般照明方式：①受生产技术条件的限制而不适合装设局部照明或不必采用混合照明的场所；②无固定工作区且工作位置密度较大，对光照方向无特殊要求的场所。在工程实践中，车间、办公室、体育馆、教室、会议厅、营业大厅等场所都广泛采用一般照明方式。

（10）分区一般照明——针对场所的某一特定区域，设计成不同的照度来照亮该区域的一般照明。

分区一般照明常以工作对象为重点，使室内不同被照面上获得不同的照度，从而在保证照明质量的前提下有效地节约能源。分区一般照明适用于某一部分或几部分需要有较高照度的室内工作区，非工作区的照度可降低为工作区照度的 $1/5 \sim 1/3$。

（11）局部照明——为特定视觉工作或为照亮某个局部而设计的照明。

下列情况宜采用局部照明方式：①局部地点需要高照度或对照射方向有要求时；②由于遮挡而使一般照明有照射不到的范围时；③需要克服工作区及其附近的光幕反射时；④为加强某方向的光线以增强实体感时；⑤需要消除由气体放电光源产生的频闪效应的影响时。

（12）混合照明——由一般照明、分区一般照明与局部照明共同组成的照明。

对于有固定的工作区但工作位置密度不大、要求高照度、对照射方向有特殊要求的场所，若采用单独设置的照明方式不能满足要求，则可采用混合照明方式。

不同的照明方式各有其优/缺点，在照明工程设计中，不能将它们简单地分开，而应该视具体的设计场所和对象选择一种或同时选择几种合适的照明方式。

（13）正常照明——在正常情况下使用的室内外照明。它是为了满足人们的正常视觉要求，即符合照度水平标准的照明方式。

（14）应急照明——因正常照明的电源失效而启用的照明，包括备用照明、疏散照明和安全照明。

（15）疏散照明——作为应急照明的一部分，用于确保疏散通道被有效地辨认和使用的照明。

（16）安全照明——作为应急照明的一部分，用于确保处于潜在危险之中的人员安全的照明。

（17）备用照明——作为应急照明的一部分，用于确保正常活动继续进行的照明。

安全照明和备用照明都是以满足人的视觉系统可以正常工作的最低条件为目的的，或者说是满足视觉条件的最低照度值。这种照度值的确定是以当事故发生时，人可以基本看清门的位置、通道的路线，从而得以顺利疏散为条件的。

（18）频闪效应——在以一定的频率变化的光照下，观察到的物体运动显现出不同于其实际运动的现象。

（19）照度均匀度——规定表面上的最低照度与平均照度之比。

（20）眩光——由于视野中的亮度分布或亮度范围不适宜，或者存在极端的对比，以致引起不舒适的感觉或降低观察细部或目标能力的视觉现象。

（21）统一眩光值（UGR）——度量处于视觉环境中的照明装置发出的光使人眼不舒适的主观反应的心理参量，其值可按国际照明委员会（CIE）眩光值公式进行计算。

（22）光幕反射——视觉对象的镜面反射。它使视觉对象的对比降低，以致部分地或全部地难以看清细部。

1.3.2 光学与视觉系统的基本知识

1. 光的本质

光是能量的一种存在形式，这种能量可以从一个物体通过电磁辐射的方式传播给另一个物体。因而，**光的本质是一种电磁波。**

2. 可见光

电磁辐射的波长范围是极其广泛的，波长不同的电磁波的特性可能有很大的区别。在光的各个波长区域内，可见光仅占很小的一部分。波长为 380～780nm 的电磁波作用于人的视觉器官时能产生视觉，这一部分电磁波叫作**可见光**。

3. 光与颜色

可见光的颜色与其波长有关。可见光在其波长范围内，波长从大到小所呈现的颜色分别为红、橙、黄、绿、青、蓝、紫。

4. 光与人的视觉之间的关系

视觉是光射入眼睛后产生的一种知觉，即**视觉依赖于光**。光直接影响着视觉的生理机能。为保证视觉功能的正常发挥，必须创造一个良好的光环境。

（1）视野——也叫视场，是指人不动时眼睛可以看到的空间范围。人的视野范围：上 50°，下 75°，左右各 100°。

（2）视觉阈限——能引起光感的最低限度的亮度。影响视觉阈限的因素有目标物的大小、目标物的发光颜色、背景亮度、所视物体时间长短等。视觉阈限亮度为 $10^{-6}\mathrm{cd/m^2}$，视觉忍受的最大亮度为 $10^6\mathrm{cd/m^2}$。

（3）明视觉、暗视觉和中介视觉。

明视觉——视场亮度在 $3\mathrm{cd/m^2}$ 及以上。

暗视觉——视场亮度在 $0.03\mathrm{cd/m^2}$ 及以下。

中介视觉——视场亮度在 $0.03～3\mathrm{cd/m^2}$ 之间。

（4）明视觉与暗视觉的适应性——当视场亮度有较大变化时，视觉要有一个适应过程。适应过程的长短与适应前后的光环境有关，还与人的自身因素有关。适应性又分明适应和暗适应两种，明适应过程需要 1min 左右，暗适应过程需要 3～4min。

（5）视觉系统正常工作的条件（看清物体的基本条件）包含两方面的因素：①物体自身因素，即大小、速度、自身亮度；②物体所在视场的光环境，即环境亮度。当物体固定或低速运动且尺寸一定时，看清物体的基本条件主要有以下几方面：亮度、对比度、眩光的限制。

1.3.3　材料的光学特性

扫一扫看视频：材料的光学特性

照明效果不仅与光源有关，还与视场中所用建筑材料的光学特性有关。

1. 材料的反射系数、透射系数和吸收系数

（1）反射系数 ρ——介质反射光的光通量与入射到介质上的光通量之比。

影响因素：介质的表面光滑度、颜色、透明度，以及光的入射方式等。

（2）透射系数 τ——从介质穿透的光通量与入射到介质上的光通量之比。

影响因素：介质的透明度、厚度，以及光的入射方式、波长等。

（3）吸收系数 α——被介质吸收的光通量与入射到介质上的初始光通量之比。

影响因素：介质的透明度、颜色、表面光滑度、厚度，以及光的入射方式、波长等。

根据能量守恒定律，可知 $\rho+\tau+\alpha=1$。

在以上 3 个概念中，影响照明效果的重要因素是反射系数。

2. 光的反射

当光束遇到非透明物体时，一部分被吸收，一部分被反射，分为3种形式（见图1-12）。

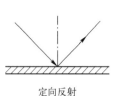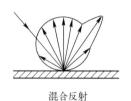

定向反射　　　　　漫反射　　　　　混合反射

图 1-12　光的反射

1）定向反射（规则反射、镜面反射）

应用：制成灯罩，合理配光，控制光束方向。

材料：玻璃镜面、磨光的金属表面。

2）漫反射（无规律反射）

应用：建筑装饰。

材料：涂料、合成树脂乳液涂料、壁纸等。

3）混合反射

应用：建筑装饰。

材料：瓷面砖、光的搪瓷、漆面等。

技能训练5　术语应用

要求：在网上查找一般照明、局部照明、混合照明场所的图片各一张，并依据《建筑照明设计标准》（GB 50034—2013）分别说出其照度值要求。

知识梳理

光的本质是一种电磁波，它是可以度量的，常用的度量指标有光通量、发光强度、照度和亮度。其中照度是照明计算中最常用的。照明质量的好坏通常用照度、照度均匀度、眩光的限制、光源显色性、亮度分布等指标来评价。材料的光学特性指标主要体现在材料的反射系数、透射系数和吸收系数3方面，在这3个概念中，影响照明效果的重要因素是反射系数。

任务 1.4　照明工程设计相关规范及其应用

在进行建筑电气照明工程设计、施工、验收等工作时，必须按照国家、行业和地方所制定的相关规范、标准等执行，还可以参考一些设计手册、安装图集等工具性资料。熟悉这些文件资料是从事照明工程设计、施工、验收和管理等工作的基础。

1.4.1　标准代号的规定

国家标准、工程建设标准代号说明如表1-5所示。

表 1-5 国家标准、工程建设标准代号说明

序号	标准代号	标准含义	标准主管部门	备注
1	GB	国家强制性标准	中华人民共和国国家市场监督管理总局	—
2	GB/T	国家推荐性标准	中华人民共和国国家市场监督管理总局	—
3	GB 50xxx	工程建设强制性国家标准	中华人民共和国国家技术监督局、中华人民共和国住房和城乡建设部	1991 年开始发布
4	GB/T 50xxx	工程建设推荐性国家标准	中华人民共和国国家技术监督局、中华人民共和国住房和城乡建设部	1991 年开始发布
5	CECS	工程建设推荐性标准	中华人民共和国中国工程建设标准化协会	—
6	CJ	城镇建设行业	中华人民共和国住房和城乡建设部	替代部分原中华人民共和国城乡建设环境保护部标准，曾用 JJ
7	CJ/T	城镇建设行业	中华人民共和国住房和城乡建设部	替代部分原中华人民共和国城乡建设环境保护部推荐性标准，曾用 JJ/T
8	CJJ	城镇建设行业	中华人民共和国住房和城乡建设部	工程建设标准
9	CJJ/T	城镇建设行业	中华人民共和国住房和城乡建设部	工程建设推荐性标准
10	JG/T	建工行业	中华人民共和国住房和城乡建设部	替代原建筑工程部标准，曾用"建规、BJG、JZ"
11	JGJ	建工行业	中华人民共和国住房和城乡建设部	工程建设标准
12	JGJ/T	建工行业	中华人民共和国住房和城乡建设部	工程建设推荐性标准
13	CJJ（CJ）	建工行业	中华人民共和国住房和城乡建设部	原中华人民共和国城乡建设环境保护部工程建设标准

地方标准代号以分数形式表示：分子是由企业拼音首写字母或省、市、自治区简称和 Q 组成的，分母按中央直属和地方企业分别由国务院有关部（局）和地方科委规定。

1.4.2 照明工程设计常用的规范与标准

目前，照明工程设计经常使用的规范、标准有以下几类。

1. 《民用建筑电气设计标准》（GB 51348—2019）

《民用建筑电气设计标准》由中华人民共和国住房和城乡建设部主编，自 2020 年 8 月 1 日起实施。新的规范在原行业标准《民用建筑电气设计规范》（JGJ/T 16—2008）的基础上进行了大量的修改更新，

扫一扫看 PDF:
民用建筑电气
设计标准

增加了多项强制性条文。该标准共 26 章，对民用建筑电气设计的技术标准、规定、要求进行了较全面的论述。

26 章内容分别是：①总则；②术语和缩略语；③供配电系统；④变电所；⑤继电保护、自动装置及电气测量；⑥自备电源；⑦低压配电；⑧配电线路布线系统；⑨常用设备电气装置；⑩电气照明；⑪民用建筑物防雷；⑫电气装置接地和特殊场所的电气安全防护；⑬建筑电气防火；⑭安全技术防范系统；⑮有线电视和卫星电视接收系统；⑯公共广播与厅堂扩声系统；⑰呼叫信号和信息发布系统；⑱建筑设备监控系统；⑲信息网络系统；⑳通信网络系统；㉑综合布线系统；㉒电磁兼容与电磁环境卫生；㉓智能化系统机房；㉔建筑电气节能；㉕建筑电气绿色设计；㉖弱电线路布线系统。

在此标准中，可以查到供配电与照明系统常用的术语、符号、代号，供配电系统设计的技术标准与规定，负荷计算方法，导线敷设要求，电气照明设计的技术标准与规定等内容。

2. 《建筑照明设计标准》（GB 50034—2013）

《建筑照明设计标准》由中华人民共和国住房和城乡建设部主编，系在原国家标准《建筑照明设计标准》（GB 50034—2004）的基础上，总结了居住、公共和工业建筑照明经验，通过普查和重点实测调查，并参考了国内外建筑照明标准和照明节能标准，经修订、合并而成。该标准共 7 章，主要规定了居住、公共和工业建筑的照明标准值、照明质量和照明功率密度。

扫一扫看 PDF：建筑照明设计标准

7 章内容分别是：①总则；②术语；③基本规定；④照明数量和质量；⑤照明标准值；⑥照明节能；⑦照明配电及控制。

3. 《供配电系统设计规范》（GB 50052—2009）

《供配电系统设计规范》由中华人民共和国国家发展和改革委员会主编，2009 年，中华人民共和国住房和城乡建设部批准它为强制性国家标准，于 2010 年 7 月 1 日起实施。该规范共 7 章，从贯彻执行国家的技术经济政策、保障人身安全、供电可靠、技术先进和经济合理的基本要求出发，对 100kV 及以下的变配电系统新建和扩建工程设计提出了规范要求。

扫一扫看 PDF：供配电系统设计规范

7 章内容分别是：①总则；②术语；③负荷分级及供电要求；④电源及供电系统；⑤电压选择和电能质量；⑥无功补偿；⑦低压配电。

4. 《低压配电设计规范》（GB 50054—2011）

《低压配电设计规范》由中国机械工业联合会主编，2011 年由中华人民共和国住房和城乡建设部批准为强制性国家标准，于 2012 年 6 月 1 日起实施。该规范共 7 章，从低压配电设计执行国家的技术经济政策、保障人身安全、配电可靠、电能质量合格、节约电能、技术先进、经济合理和安装保护方便出发，对新建和扩建工程的交流、工频 500V 以下的低压配电设计提出了规范要求。该规范考虑了与国际电工委员会（IEC）标准靠拢，许多方面采用了 IEC 标准。

扫一扫看 PDF：低压配电设计规范

7 章内容分别是：①总则；②术语；③电器和导体的选择；④配电设备的布置；⑤电气装置的电击防护；⑥配电线路的保护；⑦配电线路的敷设。

5. 《建筑物防雷设计规范》（GB 50057—2010）

《建筑物防雷设计规范》由中国机械工业联合会主编，于 2011 年 10 月 1 日起实施。该规范共 6 章，从防止或减少雷击建筑物所发生的

扫一扫看 PDF：建筑物防雷设计规范

人身伤亡和文物、财产损失，做到安全可靠、技术先进、经济合理的角度考虑，提出了建筑物防雷设计的规范要求。

6 章内容分别是：①总则；②术语；③建筑物的防雷分类；④建筑物的防雷措施；⑤防雷装置；⑥防雷击电磁脉冲。

6.《建筑设计防火规范》[GB 50016—2014（2018 版）]

扫一扫看 PDF：建筑设计防火规范

《建筑设计防火规范》由中华人民共和国公安部主编，2018 年 3 月 30 日被中华人民共和国住房和城乡建设部批准为强制性国家标准，于 2018 年 10 月 1 日开始实施。

该规范共分 12 章，内容分别是：①总则；②术语、符号；③厂房和仓库；④甲、乙、丙类液体，气体储罐（区）与可燃材料堆场；⑤民用建筑；⑥建筑构造；⑦灭火救援设施；⑧消防设施的设置；⑨供暖、通风和空气调节；⑩电气；⑪木结构建筑；⑫城市交通隧道。

7.《智能建筑设计标准》（GB/T 50314—2015）

《智能建筑设计标准》由中华人民共和国住房和城乡建设部主编，2015 年 11 月 1 日起实施。

该标准共有 18 章，其内容包括：①总则；②术语；③工程架构；④设计要素；⑤住宅建筑；⑥办公建筑；⑦旅馆建筑；⑧文化建筑；⑨博物馆建筑；⑩观演建筑；⑪会展建筑；⑫教育建筑；⑬金融建筑；⑭交通建筑；⑮医疗建筑；⑯体育建筑；⑰商店建筑；⑱通用工业建筑。

8.《智能建筑工程质量验收规范》（GB 50339—2013）

《智能建筑工程质量验收规范》由中华人民共和国住房和城乡建设部主编，2014 年 2 月 1 日起实施。

该规范共有 22 章：①总则；②术语和符号；③基本规定；④智能化系统集成；⑤信息接入系统；⑥用户电话交换系统；⑦信息网络系统；⑧综合布线系统；⑨移动通信室内信号覆盖系统；⑩卫星通信系统；⑪有线电视及卫星电视接收系统；⑫公共广播系统；⑬会议系统；⑭信息引导及发布系统；⑮时钟系统；⑯信息化应用系统；⑰建筑设备监控系统；⑱火灾自动报警系统；⑲安全技术防范系统；⑳应急响应系统；㉑机房工程；㉒防雷与接地。

除此之外，还有《城市夜景照明设计规范》（JGJ/T 163—2008）、《建筑照明设计手册》、《城市道路照明设计标准》（CJJ 45—2015）、《建筑电气安装工程图集》与 19DX101-1《建筑电气常用数据》等资料，可以提供参考。

1.4.3 其他参考资料

（1）《全国民用建筑工程设计技术措施：电气（2009 年版）》。

（2）《照明设计手册》（第二版），北京照明学会照明设计专业委员会编。

（3）国家建筑标准设计图集 19DX101-1《建筑电气常用数据》。

（4）国家建筑标准设计图集 D702-1～3《常用低压配电设备及灯具安装》（2004 年合订本）。

（5）国家建筑标准设计图集 D301-1～2《室内管线安装》（2002 年合订本）。

技能训练6 《民用建筑电气设计规范》的应用

训练目的、训练内容、训练要求及时间要求详见任务单（1.4.1）（见表1-6）。

表1-6 任务单（1.4.1）

项目名称	照明工程认知	总学时数	10
任务名称	《民用建筑电气设计规范》应用训练	完成时间	20min
训练目的	（1）熟悉《民用建筑电气设计规范》第10章（电气照明）的条款内容； （2）理解相关条款的含义； （3）准确应用规范内容		
训练内容	结合工程案例练习《民用建筑电气设计规范》中常用条款的应用		
训练要求	（1）工程案例由教师给定； （2）每组从工程案例中找出至少10处"规范"应用的例子； （3）对应记录"规范"中的具体内容； （4）尝试说明案例中为何应用这些"规范"； （5）将暂时不能解释的部分写在作业本上，作为自己今后的作业		
记 录			
评价标准 和方法	评价标准：每找对一条，得10分，满分100分；每解释对一条加1分，作为作业加分。 评价方法：采用组间依次循环评价的方式，被评价组具有解释权，指导教师具有裁定权		

技能训练7 《建筑照明设计标准》的应用

训练目的、训练内容、训练要求及时间要求详见任务单（1.4.2）（见表1-7）。

表1-7 任务单（1.4.2）

项目名称	照明工程认知		总学时数	10
任务名称	《建筑照明设计标准》应用训练		完成时间	20min
训练目的	（1）熟悉《建筑照明设计标准》的各章构成； （2）了解各章的大致内容； （3）重点训练第5章的内容及其应用（其他部分在后续教学中继续训练）			
训练内容	结合工程案例练习《建筑照明设计标准》中常用条款的应用			
训练要求	（1）工程案例由教师给定； （2）每组从工程案例中找出至少10处该"标准"应用的例子； （3）对应记录"标准"中的具体内容； （4）尝试说明案例中为何应用这些"标准"； （5）将暂时不能解释的部分写在作业本上，作为自己今后的作业			
记 录				
评价标准 和方法	评价标准：每找对一条，得10分，满分100分；每解释对一条加1分，作为作业加分。 评价方法：采用组间依次循环评价的方式，被评价组具有解释权，指导教师具有裁定权			

【温馨提示】要正确理解标准、规范中"应""宜""不应""不宜"的含义。

思考与练习题 1

1. 某办公室电气照明平面图如图 1-13 所示，试说明该平面图中各符号代表的设备名称及各标注的含义。

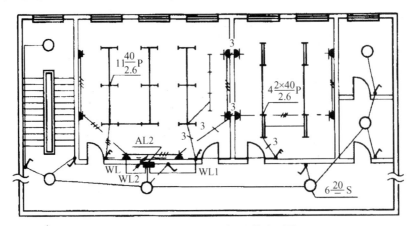

图 1-13　某办公室电气照明平面图

2. 某住宅楼标准层照明平面图如图 1-14 所示，试进行简单分析。

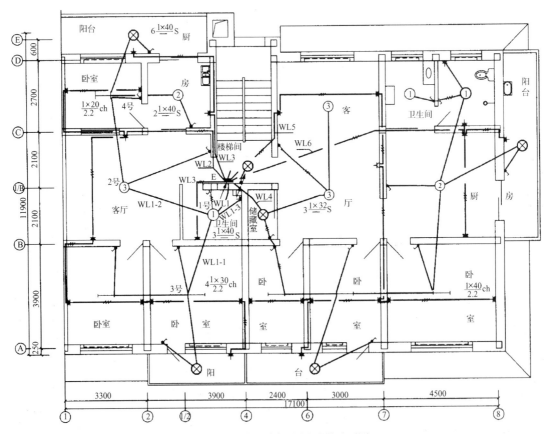

图 1-14　某住宅楼标准层照明平面图

3. 某配电箱系统图如图 1-15 所示，说明其中各标注的含义。

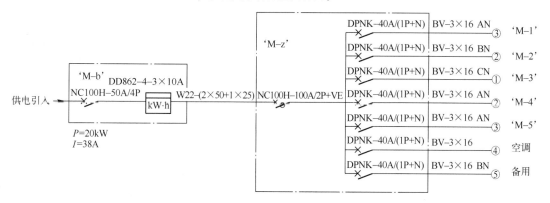

图 1-15 某配电箱系统图

4. 照明工程设计的三个阶段分别是什么？每个阶段各完成什么任务？

5. 照明工程设计包括哪些内容？

扫一扫做测试：
照明工程基本
知识

6. 简述照明工程设计的步骤。

7. 照明工程设计需要编制哪些计算书？每种计算书有何用途？

8. 什么叫绿色照明？

9. 什么叫光通量？单位如何表示？

10. 在照明工程计算中，最常计算的量是什么？其含义如何？

11. 解释照度均匀度的含义。

12. 什么叫频闪效应？

13. 光的本质是什么？可见光的波长范围是多少？

14. 什么叫视觉阈限？它对应的亮度值是多少？

15. 简述看清物体的基本条件。

16. 描述材料光学特性的指标有哪些？影响照明效果的重要因素是哪个指标？

 考考你的能力

方法与步骤：

1. 经过亲自实地考察，画出某一场所（教室、寝室、阅览室、走廊、实验室等）的照明平面图。

2. 对该图进行读图分析，注意至少应用 5 个术语。

3. 指出相关规范和标准在该图中的应用。

4. 与其他学生交换照明平面图，相互纠错。

你的能力指数（满分 10 分）：

完成第 1 步，得 5 分；

完成第 2 步，得 7 分；

完成第 3 步，得 8 分；

完成第 4 步，满分！（前提：对方被说服了，此项由对方打分）

项目 2
照明工程光照设计

教学	项目简介	照明工程光照设计的主要任务是选择照明方式和照明种类、选择电光源及灯具、确定照度标准并进行照度计算、合理布置灯具等。 光照部分设计的步骤大体如下：收集原始资料并了解工艺及建筑情况→确定设计照度→选择照明方式和照明种类→选择电光源和照明灯具→布置照明灯具→照度计算→照明质量评价→进行节能计算并校验照明灯具和电光源的选择→确定照明控制方法。 在进行照明工程光照设计时，要依据相应设计规范和设计标准的要求，确保照明质量的提高
	教学载体	本项目以教学综合楼照明工程设计为教学载体，在分析照明工程光照设计内容的基础上完成以下任务：根据照明场所的具体要求确定照度、照明方式、照明种类；收集不同建筑常见电光源和灯具的相关资料，并根据需要做出正确的选择；进行灯具的布置；进行室内照度计算并填制照度计算表；评价照明质量的综合指标
	推荐教学方式	分组学习、任务驱动
	建议学时	20 学时
学	学生知识储备	1. 电光源、灯具等产品知识； 2. 光照设计标准常识； 3. 照度计算表的格式内容与含义
	能力目标	能根据不同照明场合的要求确定灯具布置方式；能根据灯具布置进行室内照度计算；能进行照明效果的评价；能绘制照明平面图

教学过程示意图

7. 总结并布置新任务

2. 分组总结设计步骤

6. 合作完成学习任务，进行成果展示

3. 清点任务、明确分工

1. 共同分析光照环境、布置设计任务

5. 教师随时接受咨询

4. 分头行动，完成不同的工作

>>>>> 训练方式和手段 <<<<<

整个训练分为两个阶段：

第1阶段的训练目的 —— 了解照明设备。

第2阶段的训练目的 —— 光照设计研究。

第1阶段：

学生身份如下。

身份1：某灯具厂技术开发部工程师。

身份2：某灯具厂销售部业务经理。

身份3：照明设备展销会主办单位负责人。

教师身份为展销会投资方。

训练步骤：

1. 教师布置任务，进行必要的学习引导。

2. 学生分组研究任务分工，明确不同身份人员的工作职责。

3. 学生收集相关资料（电光源及灯具的图文资料 —— 产品样本、技术参数等）。

4. 展销会主办单位负责人进行必要的准备，并与投资方共同商讨展销事宜。

（投资方可做广告，广告由主办方设计，这是创新思维之处，建议其内容与本课程或本专业相关）

5. 召开展销会，各灯具厂技术开发部展示产品资料，销售部进行产品宣传。

（实际上是进行学习汇报，非汇报学生扮演观看展销会的人，可以提出相关问题）

第2阶段：

第2阶段可以设置室内灯具布置和室内照度计算两个训练任务。

1. 教师布置任务，提供相关资料（照度计算书、照度计算表的格式与设计条件图等）。

2. 学生收集学习资料（包括设计规范、标准、照明设计手册等），研究设计条件。

3. 分组研究室内灯具布置方法与步骤，进行灯具布置，绘制照明平面图。

4. 分组研究室内照度计算的方法与步骤，计算室内照度，并完成照度计算表和照度计算书的填制。

　5. 设计成果展示与评价。

学生学习成果展示：

　1. 自制灯具产品样本。

　2. 照度计算表。

　3. 照度计算书。

　4. 照明平面图。

教学载体　教学综合楼照明工程设计

【设计条件】

　　某学院教学综合楼由 A、B、C、D、E、F、G 七个区组成，总面积为 48 000m²，最高处的高度为 49.7m。其中，A 区为主楼，共 11 层；B、D、E、G 区为教学用房，其中，一层高 4.2m，五层高 5.9m，其他层高 3.9m，三层阶梯教室占用四层空间；C、F 区为大阶梯教室，共两层。

【设计范围】

　　D 区一至五层室内光照设计。

【设计要点提示】

　　（1）教室荧光灯纵向布置，与黑板垂直，以减少眩光和光幕反射区。黑板照明选用专用黑板灯，其布置与黑板平行。

　　（2）普通教室桌面 0.75m 水平面上的照度不低于 300lx。

　　（3）普通教室前后墙上设带保护门型组合插座两组。

　　（4）多媒体、计算机教室与美术教室的电光源选用显色性较好的三基色荧光灯，照度不低于 500lx。

　　（5）若有实验室，则电源插座宜设在实验台上。

【温馨提示】

　　以角色扮演的训练方式熟悉不同电光源和灯具的参数、性能，并在此基础上通过室内灯具布置和室内照度计算两大训练任务完成照度计算表与照度计算书的填制，绘制照明平面图。

　　图纸目录及说明如表 2-1 所示。

表 2-1　图纸目录及说明

序号	图纸名称	图别	图号	图幅
35	D 区一层照明平面图	电施	81-35	1#
36	D 区二层照明平面图	电施	81-36	1#
37	D 区三层照明平面图	电施	81-37	1#
38	D 区四层照明平面图	电施	81-38	1#
39	D 区五层照明平面图	电施	81-39	1#
40	D 区一层插座平面图	电施	81-40	1#
41	D 区二、四层插座平面图	电施	81-41	1#
42	D 区三层插座平面图	电施	81-42	1#
43	D 区五层插座平面图	电施	81-43	1#

扫一扫看 PDF：项目 2 教学载体工程资料

任务2.1　照明工程光照设计任务分析

在进行照明工程光照设计之前，首先要收集原始资料，了解工艺及建筑情况，根据房间的性质确定房间的设计照度，根据建筑和工艺对电气的要求选择合理的照明方式，结合房间对照明效果的要求完成电光源和照明灯具的选择；然后合理布置照明灯具；最后验算所实现的照度是否符合相关标准的要求。

2.1.1　室内光照设计的内容与要求

扫一扫看视频：照明工程光照设计概述　扫一扫看视频：设备标注设计分析

照明工程光照设计包括照度的选择、电光源的选用、照明灯具的选择与布置、照明控制策略与方式的确定、照明计算等诸多方面。

将以工作面上的视看对象为照明对象的照明技术称为明视照明，主要涉及照明生理学；将以周围环境为照明对象的照明技术称为环境照明，主要涉及照明心理学。这两种照明设计需要考虑的主要问题如表2-2所示。

扫一扫看视频：导线根数识读分析

表 2-2　明视照明和环境照明设计需要考虑的主要问题

明视照明	环境照明
工作面上要有充分的亮度	亮或暗要根据需要进行设计
亮度应当均匀	照度要有差别，不可相同，采用变化的照明可产生不同的感觉
不应有眩光，要尽量减少甚至消除眩光	可以应用金属、玻璃或其他有光泽的物体，以小面积眩光产生魅力感
阴影要适当	需要将阴影扩大，从而起到强调突出的作用
电光源的显色性要好	宜用特殊颜色的光作为色彩照明，或者用夸张手法进行色彩调节
灯具布置与建筑物协调	可采用特殊的装饰照明手段（灯具及其设备）
要考虑照明心理效果	有时与明视照明的要求正好相反，却能获得很好的照明效果
照明方式应当经济	从全局来看是经济的，从局部来看可能是不经济的或比较豪华的

2.1.2　照明工程光照设计的步骤

扫一扫看视频：照明工程电气设计任务分析

照明工程光照设计的步骤为：收集原始资料并了解工艺及建筑情况→确定设计照度→选择照明方式和照明种类→选择电光源和照明灯具→布置照明灯具→照度计算→照明质量评价→进行节能计算并校验照明灯具和电光源的选择→确定照明控制方法。

1. 收集原始资料并了解工艺及建筑情况

（1）了解建筑物及各房间的工艺性质和生产、使用要求。

这里包括对照度、照度均匀度、照明方式、照明种类、电光源色表和显色性、眩光的限制等方面的要求，同时应充分了解光环境的清洁状况，以便确定维护系数。

（2）了解建筑物的建筑结构、建筑装饰和其他建筑设备的情况。

根据建筑平面图、剖面图和立面图，了解建筑物尺寸，电梯、门、窗等的位置，熟悉屋面布置、吊顶情况、室内装饰材料及颜色、反射比，了解空调、采暖、通风、给排水等设备及管道的布置情况。

2. 确定设计照度

根据各个房间对视觉工作的要求和室内环境的清洁状况，按照有关照明标准规定的照度标准确定各房间或场所的照度。

通常情况下，工业建筑的照度取其最低照度值，民用建筑的照度取其平均照度值。不同建筑照明的照度标准值如表 2-3～表 2-6 所示。说明：UGR（Unified Glare Rating，统一眩光值）是度量处于视觉环境中的照度装置发出的光对人眼引起不适感主观反应的心理参数，其值可按 CIE 统一眩光值公式进行计算；Ra 为一般显色指数（General Colour Rendering Index），是 8 个一组色试样的 CIE1974 特殊显色指数的平均值，通称显色指数，是描述光源显现物体固有颜色的指标；U_0 为一般照明照度的均匀度。

表 2-3 居住建筑照明的照度标准值

房间或场所		参考平面及其高度	照度标准值/lx	Ra
起居室	一般活动	0.75m 水平面	100	80
	书写、阅读		300*	
卧室	一般活动	0.75m 水平面	75	80
	床头、阅读		150*	
餐厅		0.75m 餐桌面	150	80
厨房	一般活动	0.75m 水平面	100	80
	操作台	台面	150*	
卫生间		0.75m 水平面	100	80
电梯前厅		地面	75	60
走道、楼梯间		地面	50	60
车库		地面	50	60

注：* 指混合照明照度。

表 2-4 图书馆建筑照明的照度标准值

房间或场所	参考平面及其高度	照度标准值/lx	UGR	U_0	Ra
一般阅览室	0.75m 水平面	300	19	0.60	80
多媒体阅览室	0.75m 水平面	300	19	0.60	80
老年阅览室	0.75m 水平面	500	19	0.70	80
珍善本、舆图阅览室	0.75m 水平面	500	19	0.60	80
陈列室、目录厅（室）、出纳厅	0.75m 水平面	300	19	0.60	80
档案库	0.75m 水平面	200	19	0.60	80
书库、书架	0.25m 垂直面	50	—	0.40	80
工作间	0.75m 水平面	300	19	0.60	80
采编、修复工作间	0.75m 水平面	500	19	0.60	80

表2-5　办公建筑照明的照度标准值

房间或场所	参考平面及其高度	照度标准值/lx	UGR	U_0	Ra
普通办公室	0.75m 水平面	300	19	0.60	80
高档办公室	0.75m 水平面	500	19	0.60	80
会议室	0.75m 水平面	300	19	0.60	80
视频会议室	0.75m 水平面	750	19	0.60	80
接待室、前台	0.75m 水平面	200	—	0.40	80
服务大厅、营业厅	0.75m 水平面	300	22	0.40	80
设计室	实际工作面	500	19	0.60	80
文件整理、复印、发行室	0.75m 水平面	300	—	0.40	80
资料、档案存放室	0.75m 水平面	200	—	0.40	80

注：此表适用于所有类型建筑的办公室和类似用途场所的照明。

表2-6　学校建筑照明的照度标准值

房间或场所	参考平面及其高度	照度标准值/lx	UGR	U_0	Ra
教室、阅览室	课桌面	300	19	0.60	80
实验室	实验桌面	300	19	0.60	80
美术教室	桌面	500	19	0.60	90
多媒体教室	0.75m 水平面	300	19	0.60	80
电子信息机房	0.75m 水平面	500	19	0.60	80
计算机教室、电子阅览室	0.75m 水平面	500	19	0.60	80
电梯间	地面	100	22	0.40	80
教室黑板	黑板面	500*	—	0.70	80
学生宿舍	地面	150	22	0.40	80

注：* 指混合照明照度。

3. 选择照明方式和照明种类

1) 选择照明方式

根据建筑和工艺对电气的要求、房间的照明规定，选择合理的照明方式。

扫一扫看 PPT：
照明方式和照明种类

扫一扫看视频：
照明方式和照明种类

照明方式是指照明灯具按其布局方式或使用功能而构成的基本形式。前面提到，根据现行规范，照明方式可分为一般照明、分区一般照明、局部照明和混合照明四种。

在设计时，按下列要求确定照明方式。

（1）工作场所通常应设置一般照明。

（2）当同一场所内的不同区域有不同的照度要求时，应采用分区一般照明方式。

（3）对于部分作业面照度要求较高，只采用一般照明不合理的场所，宜采用混合照明方式。

（4）在一个工作场所内不应只采用局部照明。

与视觉工作对应的照明分级范围如表2-7所示。

表 2-7　与视觉工作对应的照明分级范围

视觉工作	照度分级范围/lx	照明方式	适用场所示例
简单视觉工作的照明	<30	一般照明	普通仓库
一般视觉工作的照明	50～500	一般照明、分区一般照明、混合照明	设计室、办公室、教室、报告厅
特殊视觉工作的照明	750～2 000	一般照明、分区一般照明、混合照明	大会堂、综合性体育馆、拳击场

2）选择照明种类

（1）照明种类的划分：按照明用途的不同，照明可分为正常照明、应急照明、值班照明、警卫照明和障碍照明。

① 正常照明：正常工作时使用的永久安装照明。

② 应急照明：在正常照明时电源因故障而失效的情况下，供人员疏散、保障安全或继续工作用的照明。

对于暂时继续工作用的备用照明，其照度不应低于一般照明的10%；安全照明的照度（一般建筑或影剧院）不低于一般照明的5%，体育建筑不低于正常照明的50%，医院手术室、科研院校的特殊危险的实验室保持正常照明的照度水平；对于保证人员疏散用的照明，主要通道上的照度不应低于0.5lx。

③ 值班照明：供值班人员使用的照明。值班照明可利用正常照明中能单独控制的一部分，设置专用控制开关。大面积场所宜设置值班照明。值班照明对照度要求不高（20lx以上）。

④ 警卫照明：根据警卫任务需要而设置的照明。

⑤ 障碍照明：装设在障碍物上或附近，作为障碍标志用的照明，如高层建筑物的障碍标志灯，道路局部施工、管道入井施工标志灯，航标灯等。这三类障碍标志灯在颜色、闪光频率、可视范围和光强值等方面均各有规定，并不通用，使用时应引起注意。

此外，还可有以下几种照明种类。

装饰照明：为美化、烘托、装饰某一特定空间环境而设置的照明，如建筑物轮廓照明、广场照明、绿地照明等。

广告照明：以商品的品牌或商标为主，配以广告词和其他图案的照明。该照明种类用内照式广告牌、霓虹灯广告牌、电视墙等灯光形式渲染广告的主题思想，同时为夜幕下的街景增添了情趣。

艺术照明：通过运用不同的电光源、照明灯具、投光角度、灯光颜色营造出一种特定的空间气氛的照明。

（2）照明种类的确定：应按下列要求确定照明种类。

① 工作场所均应设置正常照明。

② 工作场所在下列情况下应设置应急照明。

◆ 正常照明因故障熄灭后，需要确保正常工作或活动继续进行的场所，如大型商场、超市的大营业厅、贵重物品柜台、收银台和门厅等。

◆ 正常照明因故障熄灭后，需要确保处于潜在危险之中的人员安全的场所，如一般建筑的残疾人坡道、医院建筑的手术室等。

◆ 正常照明因故障熄灭后，需要确保人员安全疏散的出口和通道，如住宅建筑长度超过 20m 的内走道，以及疏散楼梯间、安全出口等。

③ 大面积场所宜设置值班照明，如商店营业厅、仓库、酒店及大型建筑的主要出入口。

④ 有警戒任务的场所应根据警戒范围的要求设置警卫照明。

⑤ 在危及航行安全的建筑物、构筑物上，应根据航行要求设置障碍照明。

4. 选择电光源和照明灯具

依据房间装饰色彩、配光、光色的要求与环境条件等因素选择电光源和照明灯具。

选用电光源时应综合考虑照明设施的要求、使用环境及经济合理性等因素。一般情况下，各种使用场所都需要高效的电光源，同时应考虑显色性、色温等其他性能要求，以及初期投资和年运行费用等问题。

5. 布置照明灯具

照明灯具的布置从照明光线的投射方向、工作面的照度、照度均匀度和眩光的限制，以及建设投资运行费用、维护检修方便和安全等方面综合考虑。

照明灯具的布置包括灯具悬挂的高度及平面布置两项内容。对室内灯具的布置除要求保证最低的照度条件外，还应使工作面上照度均匀、光线的射向适当、无眩光阴影、维护方便、使用安全、整齐美观，并与建筑空间相协调。

6. 照度计算

照度计算是照明工程设计中重要的计算内容之一，特别是大面积室内照明场所，照度计算的结果用来检验照明设计是否符合标准。照度计算的方法有多种，实际设计时应根据房间的用途和具体的情况选择恰当的方法。

7. 照明质量的评价

《建筑照明设计标准》中已对照明质量从照度要求、照度均匀度、眩光的限制、电光源的颜色和各面反射比方面做了规定，依此进行照明质量的评价。

8. 进行节能计算并校验照明灯具和电光源的选择

在进行照明工程光照设计时，应充分融入节能的设计理念，在自然光的利用、节能灯具的选择等方面予以重视。《建筑照明设计标准》中已对各种建筑照明功率密度值进行了规定，照明设计完成后，应按照给定的照明功率密度值进行校验。

9. 确定照明控制方法

随着电子技术的发展，照明控制技术也在不断地发展。现代照明控制技术的发展趋势是将照明控制技术和计算机智能控制联系在一起。常用的照明控制方法有时间程序控制、光敏控制、感应控制、区域场景控制、无线遥控控制和智能照明控制等。

照明控制方法从控制层次上分为电光源的控制、房间的控制和楼宇的控制三种情况，在设计时可根据实际情况和要求进行选择。

例如，公共建筑和工业建筑的走廊、楼梯间、门厅等公共场所的照明宜采用集中控制，并按建筑使用条件和天然采光状况采取分区、分组控制措施；体育馆、影剧院、候机厅、候车厅等公共场所应采用集中控制，并按需要采取调光或降低照度的控制措施；旅馆的每间（套）客房应设置节能控制型总开关；居住建筑有天然采光的楼梯间、走道的照明除应急照明外，还宜采用节能自熄开关等。

技能训练8　照明质量的评价

光照设计的优劣主要用照明质量来衡量，在进行光照设计时，应全面考虑和适当处理照度水平、亮度分布、照度均匀度、照度的稳定性、眩光、电光源的颜色、阴影等主要的照明质量指标。

 扫一扫看 PDF：照明质量的评价

 扫一扫看视频：LPD 值计算与节能校验

 扫一扫看 PPT：眩光及其控制

知识梳理

1. 照明工程光照设计包括照度的选择、电光源的选用、照明灯具的选择与布置、照明控制策略与方式的确定、照度计算等诸多方面。

2. 光照设计的步骤是：收集原始资料并了解工艺及建筑情况→确定设计照度→选择照明方式和照明种类→选择电光源和照明灯具→布置照明灯具→照度计算→照明质量评价→进行节能计算并校验照明灯具和电光源的选择→确定照明控制方法。

3. 按照明用途的不同，照明可分为正常照明、应急照明、值班照明、警卫照明和障碍照明。

4. 照明质量应从照度要求、照度均匀度、眩光的限制等方面进行评价。

5. 完整的绿色照明内涵包含高效节能、环保、安全和舒适四项指标。

任务2.2　电光源及其选择

建筑电气照明设备包括电光源、照明器（又称灯具或控照器）及其附件和各类专用材料等。电光源是电气照明设备的核心部分，因此只有熟悉电光源的分类、各类产品的性能指标、工作原理、适用场合等基本知识，才能在工程中具有正确选型及安装的能力。

在本任务中，主要介绍建筑照明工程光照设计中所用到的电光源的性能指标、参数及其选择方法等。

2.2.1　电光源的分类及其性能指标

1. 电光源的分类

 扫一扫看 PPT：电光源概念与分类

 扫一扫看视频：电光源概念与分类

根据发光原理，电光源可分为三类四代：热辐射电光源、气体放电电光源、固体电光源。前两类是工程上常用的、成熟的、已形成系列的产品；后一类为新型的、带有方向性研究的产品，有些已形成规模、成熟的系列产品，有些尚未实现成熟的工程应用。

热辐射电光源：利用电能使物体（耐高温、低挥发）加热到白炽程度而发光的光源。

气体放电电光源：利用气体或蒸汽的放电而发光的光源。

固体电光源：在电场作用下，使固体物质发光的电源。它将电能直接转变为光能，包括场致发光光源和发光二极管两种。

常见电光源如表2-8所示。

表 2-8 常见电光源

电光源类别	俗称代数	电光源主要代表	
热辐射电光源	第一代产品	白炽灯、卤钨灯	
气体放电电光源	第二代产品	低压气体放电灯	普通荧光灯
			低压钠灯
	第三代产品	高压气体放电灯（HID 灯）	高压汞灯、钠灯
			氙灯
			金属卤化物灯
			稀土节能灯
固体电光源	第四代产品	发光二极管（LED）	

2. 电光源的性能指标

电光源的性能指标包括光学性能指标和电学性能指标，统称电光源的光电参数。

扫一扫看 PPT：电光源的性能指标

扫一扫看视频：电光源的光学性能指标

1）光学性能指标

（1）光通量 Φ（单位：lm）：衡量电光源发光能力的重要指标，通常用额定光通量表示。额定光通量指电光源在额定工作条件下，在无约束发光工作环境下的光通量。额定光通量分为两种计量情况：初始光通量（如卤钨灯）和 100h 后的光通量（如荧光灯）。

（2）发光效率 η（单位：lm/W）：表征电光源经济效果的重要参数。发光效率指电光源在额定状态下消耗 1W 电功率所发出的光通量。

（3）寿命 τ（单位：h）：衡量电光源可使用时间长短的重要指标。它又有下面几种记法。

全寿命——某电光源从第一次点燃到不能使用的时间。

平均寿命——取一组同一规格的电光源一同点燃，至 50% 的损坏程度所经过的时间。

有效寿命——电光源从第一次点燃到不能使用的时间。

（4）显色性：衡量电光源颜色质量的指标，描述电光源对被照物体颜色的显现能力，一般用显色指数 Ra 表示，Ra 的取值为 0～100，此值越大，显色性越好。

（5）点燃时间、再点燃时间和稳定时间（单位：min）：

点燃时间——电光源接通电源到达到额定光通量输出时所需的时间。

再点燃时间——电光源正常工作时熄灭再点燃所需的时间。

稳定时间——电光源点燃后达到额定光通量或额度状态的时间。

2）电学性能指标

（1）额定电压 U_N——规定的电光源的正常工作电压（单位：V）。

（2）额定功率 P_N——电光源设计功率（单位：W）。

扫一扫看视频：电光源的电学性能指标

3. 环境条件对两种电光源性能的影响

（1）频闪效应——气体放电电光源在交流电源的作用下的光通量随电流一同做周期性变化。

扫一扫看视频：环境条件对电光源性能的影响

（2）电压特性——电光源电压与额定电压不符时对其使用造成的影响。

（3）温度特性——环境温度过高或过低会影响其使用性能。

2.2.2　常用的电光源

扫一扫看PPT：常见的电光源

扫一扫看视频：常见的电光源

1．普通白炽灯

1）结构、种类和工作原理

结构：普通白炽灯由玻璃壳、灯丝、支架、引线和灯头几部分组成，如图2-1所示。几种白炽灯灯头的外形如图2-2所示。

种类：真空灯泡——一般<40W；充气灯泡——一般≥40W。

工作原理：当钨丝因通电而加热至白炽状态（2 400～3 000K）时，发出可见光。

图2-1　普通白炽灯的结构

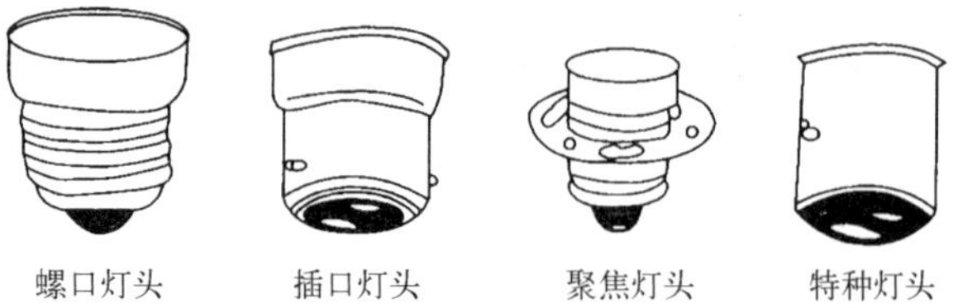

螺口灯头　　插口灯头　　聚焦灯头　　特种灯头

图2-2　几种白炽灯灯头的外形

2）特点

优点：具有高度的集光性，便于控制，适于频繁开关，点燃和熄灭对灯的性能寿命影响小，辐射光谱连续，显色性好（Ra的取值为95～99），价格便宜，使用方便，便于控光，开灯即亮。

缺点：使用时放热，发光效率较低，寿命短。

3）用途

普通白炽灯可用于居室、客厅、大堂、客房、商店、餐厅、走廊、会议室、庭院。

色温较高（3 200K）：摄影、舞台、电影放映光源。

色温中等（2 700～2 900K）：家庭、旅馆、饭店、艺术照明、信号照明。

色温较低（<2 500 K）：红外线灯。

4）主要类别

普通白炽灯可分为普通照明用白炽灯、装饰白炽灯、反射型灯泡、局部照明灯泡。

5）使用时的注意事项

（1）启动电流大（$12I_N$～$16I_N$），一个开关的控制数量有限。

（2）对电压敏感：U升高5%→寿命缩短50%；U降低5%→光通量减小18%。

（3）使用时间越长，灯丝越细，功率越小，光通量就越小。

（4）表面温度高（40～200℃），需要防止烫伤和炸裂。

2．卤钨灯

1）结构和工作原理

管型卤钨灯的结构如图2-3所示。

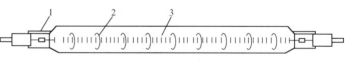

1—钼箔；2—支架；3—灯丝。

图2-3　管型卤钨灯的结构

结构：石英管、灯丝、支架、电极，管内充入惰性气体和少量卤族元素或相应的卤化物。

工作原理：被蒸发的钨和卤素在管壁附近化合成卤化物，卤化物由管壁向灯丝扩散迁移，在钨丝周围，由于温度高而使卤化物分解为卤素和钨蒸汽，这样，一部分钨蒸汽重新回到钨丝上，可以防止钨沉积在管壁上导致发黑，同时抑制了钨的蒸发，可以延长其使用寿命。

2）特点

优点：与普通白炽灯相比，卤钨灯具有体积小（长 80～330mm、直径 8～10mm）、寿命长、发光效率高（寿命终了时的光通量为初始值的 95%～98%）、工作温度高、光色得到改善、显色性好等优点。

缺点：价格高、功率大、耐振性能差、玻璃壳温度高。

3）应用

卤钨灯用于会议室、展览展示厅、客厅、商业照明、影视舞台、仪器仪表、汽车、飞机及其他特殊照明。

4）分类

卤钨灯按用途分为以下六类。

（1）照明卤钨灯：又分为高压双端灯、低压单端灯和多平面冷反射低压定向照明灯三种，广泛用于商店、橱窗、展厅、家庭室内照明。

（2）汽车卤钨灯：又分为前灯、近光灯、转弯灯、刹车灯等。

（3）红外、紫外辐照卤钨灯：红外辐照卤钨灯用于加热设备和复印机，紫外辐照卤钨灯已开始用于牙科固化粉的固化工艺。

（4）摄影卤钨灯：已在舞台影视和新闻摄影照明中取代普通白炽灯。

（5）仪器卤钨灯：用于现代显微镜、投影仪、幻灯机及医疗仪器等光学仪器。

（6）冷反射仪器卤钨灯：用于轻便型电影机、幻灯机、医用和工业用内窥镜、牙科手术着色固化、彩色照片扩印等光学仪器。

5）使用时的注意事项

（1）不适于有易燃、易爆物的场合，引线耐高温。

（2）水平安装，倾斜角范围为±4℃。

（3）不宜用于移动式照明。

（4）定期用酒精或丙酮擦洗，保持其透光性。

3. 荧光灯

1）结构和种类

荧光灯的结构如图 2-4 所示。

种类：直管型、环型、紧凑型等。紧凑型荧光灯多为单端荧光灯，通常为电子型镇流器。常见的单端荧光灯类型如图 2-5 所示。

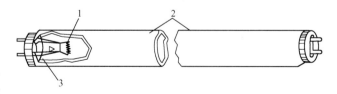

1—电极；2—玻璃管（内表面涂荧光粉）；3—水银。

图 2-4 荧光灯的结构

2）特点

优点：表面亮度低、光线柔和、发光效率高、寿命长、属冷色光，适用于办公、阅览场所。

缺点：点燃慢、有频闪效应、可造成汞伤害、显色性差。

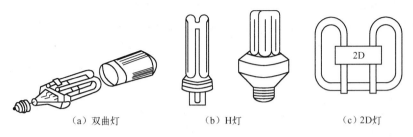

（a）双曲灯　　　　　　（b）H灯　　　　　（c）2D灯

图 2-5　常见的单端荧光灯类型

3）附件

荧光灯的附件有镇流器、启辉器、补偿电容器。

4）接线方式和工作原理

以电感式的附件荧光灯的工作原理为例，其工作线路图如图 2-6 所示。工作原理为：接通电源，220V 电压加在启辉器的金属片上，启辉器产生辉光放电，双金属片伸开，两极短接通电；灯丝加热至 800～1 000℃，灯丝上涂的氧化钡产生热电子发射，同时汞少量气化（1.3Pa）；此时，辉光放电结束，镇流器产生高压电动势（600～1 500V），加在灯管两端使汞蒸汽电离，电离的汞产生光辐射（紫外光：253.7nm），紫外光激发荧光粉产生可见光并点亮后，加在灯管上的电压只有 100V，而启辉器的熄灭电压在 130V 以上。电容的作用：增大功率因数（0.5→0.9）。

目前，市场上供应的电子型镇流器不需要启辉器，由低通滤波器、整流器、缓冲电容、高频功率放大器和灯电流稳压器五部分组成。图 2-7 是电子型镇流器的原理图。

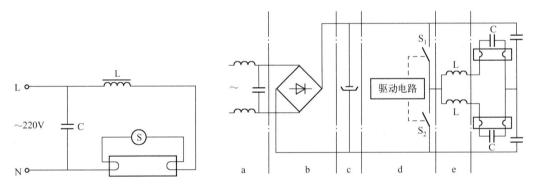

图 2-6　荧光灯的工作线路图

a—降压电路；b—整流电路；c—滤波电路；d—驱动电路；e—镇流电路。

图 2-7　电子型镇流器的原理图

电子型镇流器具有节能（30%～40%）、启动时间短（0.4～1.5s）、无频闪、体积小、寿命长（2 倍以上）等优点。常用的电子型镇流器荧光灯有直管型和紧凑型两种，紧凑型俗称节能灯，简称 CFL，它将电子型镇流器和所有元器件都集中安装在灯头内部，构成一个完整的灯体，常见的有 H 形、U 形、2U 形、3U 形、2D 形和螺旋形等。

5）工作特性

（1）电源电压变化的影响：±10%，否则会缩短其使用寿命。

（2）发光效率：一般在 50lm/W 及以上，最高可达 85lm/W。

（3）寿命：3 000～5 000h，最高可达 10 000h。

（4）显色指数：60～85。

（5）频闪效应：以 2 倍的电源频率闪烁。

（6）温度特性：20～35℃最佳。

用直管型荧光灯取代普通白炽灯可节电 70%～90%，寿命增加 5～10 倍；对直管型荧光灯进行升级换代可节电 15%～50%；用紧凑型荧光灯取代普通白炽灯可节电 70%～80%，寿命增加 5～10 倍。

6）使用时的注意事项

（1）工作环境温度：18～25℃。

（2）不宜频繁启动。

（3）电源电压波动不宜超过±5%。

（4）防止汞伤害。

（5）有旋转物的场合不宜使用。

4. 高强度气体放电电光源（HID 光源）

所谓高强度气体放电电光源，就是指灯管内的工作压强超过 6at（1at ＝90.07kPa），依赖高压汞蒸汽、高压钠蒸汽被热激发而产生辐射发光。高强度气体放电电光源从结构和工作原理上与低压气体放电电光源有着很大的不同。

1）高压汞灯

高压汞灯的结构及工作电路如图 2-8 所示。

工作原理：当接通开关 S 时，主电极 E_1 与辅助电极 E_3 之间产生辉光放电，同时产生大量热电子和离子。热电子和离子的扩散使主电极 E_1 和 E_2 之间产生弧光放电，石英放电管起燃，辐射紫外线，灯泡内壁的荧光粉受紫外线激发而发出可见光。此时，镇流器起限制灯管电流的作用。

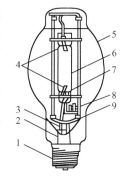
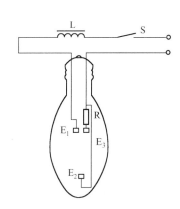

1—灯头；2—抽气管；3—导线；4—主电极 E_1、E_2；5—玻璃外壳；6—石英放电管；7—辅助电极 E_3；8—启动电阻 R；9—支架。

图 2-8　高压汞灯的结构及工作电路

特点：发光效率高、平均寿命长、显色性差、亮度较高、成本相对较低。

用途：广场照明、道路照明、室内外工业照明、商业照明、施工场所的室外照明。

2）高压钠灯

高压钠灯的结构及工作电路如图 2-9 所示。

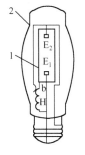
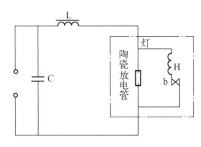

1—陶瓷放电管；2—玻璃外壳。

图 2-9　高压钠灯的结构及工作电路

工作原理：当接通电源时，钠灯的启动电流经加热线圈 H 和双金属片触点 b 形成电路，使加热线圈 H 发热；达到一定温度后，双金属片触点 b 断开，镇流器 L 上产生很高的自感电压，加在陶瓷放电管两端，使其击穿放电而点燃发光。陶瓷放电管点燃发光时产生的热量使双金属片触点 b 保持分断状态。

特点：显色性差、发光效率比较高、寿命长、亮度高、紫外线辐射少、透雾性强，属节能型光源。

用途：车站照明、广场照明、体育馆照明，特别适用于城市道路照明。

3）金属卤化物灯

金属卤化物灯是在高压汞灯的基础上，在石英放电管中加入各种不同的金属卤化物制成的。它依靠这些金属原子的辐射增大灯管内金属蒸汽的压力，有利于发光效率的提高，从而获得比高压汞灯更高的发光效率和更好的显色性。金属卤化物灯的结构及工作电路如图 2-10 所示。

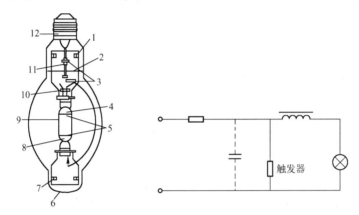

1、7—支架；2—隔热片；3—启动电阻；4—启动电极；5—钍钨电极；6—玻璃外壳；
8—保温涂层；9—石英放电管；10—双金属片开关；11—二极管；12—灯头。

图 2-10　金属卤化物灯的结构及工作电路

工作原理：金属卤化物灯管中虽然像高压汞灯那样也充入了汞，但这些金属的激发电位低于汞，因此在放电辐射中，金属谱线占主要地位。由于金属卤化物比汞难蒸发，所以充入汞的作用就是使灯容易起燃。刚起燃时，金属卤化物灯就如高压汞灯一般；起燃后，金属卤化物被蒸发，放电辐射的主导地位转移为金属离子的辐射。

特点：体积小、质量轻、寿命长、发光效率高、显色性好、抗电压波动稳定性较高。

用途：工业照明、城市亮化工程照明、商业照明、车站码头和体育场馆照明及道路照明等。

5. 其他电光源

1）场致发光灯（屏）

场致发光灯（屏）是利用场致发光现象制成的发光灯（屏）。场致发光灯（屏）的工作原理为：在电场的作用下，自由电子加速到具有很高的能量，从而激发发光层，使之发光。

场致发光灯（屏）可以通过分割做成各种图案与文字，可用在指示照明、广告、计算机显示屏等对照度要求不高的场所。

2）发光二极管（LED）

LED 是 Light Emitting Diode（发光二极管）的缩写，它的基本结

扫一扫看视频：
LED 及其性能

构是一块电致发光的半导体材料置于一个有引线的架子上，四周用环氧树脂密封，起到保护内部芯线的作用，因此 LED 的耐振性能好。LED 的核心部分是由 P 型半导体和 N 型半导体组成的晶片，在 P 型半导体和 N 型半导体之间有一个过渡层，称为 PN 结。在某些半导体材料的 PN 结中，注入的少数载流子与多数载流子复合时会把多余的能量以光的形式释放出来，从而把电能直接转换为光能。PN 结加反向电压时，少数载流子难以注入，故不发光。这种利用注入式电致发光原理制作而成的二极管叫作发光二极管，通称 LED。当它处于正向工作状态时（两端加上正向电压），电流从 LED 的阳极流向阴极，半导体晶片发出从紫外线到红外线不同颜色的光，光的强弱与电流有关。

由于 LED 具有寿命长、可靠性高、节能、无噪声等优点，因此普遍被制作成指示灯、显示器、交通信号灯、汽车灯、舞台聚光灯、红外线灯，目前还多用于城市景观照明。

LED 的特点如下。

（1）电压：LED 使用低压电源，供电电压为 6～24V，根据产品不同而异。因此，它是一个比使用高压电源更安全的电源，尤其适用于公共场所。

（2）效能：消耗能量较相同发光效率的白炽灯降低 80%。

（3）适用性：体积很小，每个单元 LED 小片是 3～5mm 的正方形，因此可以制成各种形状的器件，并且适用于易变的环境。

（4）稳定性：100 000h，光衰为初始的 50%。

（5）响应时间：白炽灯的响应时间为毫秒级，LED 的响应时间为纳秒级。

（6）环境污染：无有害金属汞。

（7）颜色：改变电流可以变色，LED 方便地通过化学修饰方法调整材料的能带结构和带隙，实现红、黄、绿、蓝、橙多色发光。例如，小电流时为红色的 LED，随着电流的增大，可以依次变为橙色、黄色，最后为绿色。

（8）价格：LED 的价格比较昂贵，相较于白炽灯，几只 LED 的价格就可以与一只白炽灯的价格相当，而通常每组信号灯需要由 300～500 只 LED 构成。

技能训练 9　电光源的选择

 扫一扫看 PPT：电光源的选择　 扫一扫看视频：电光源的选择

对于电光源的选择，首先要符合国家现行的相关标准、规范的有关规定，其次应满足照明要求。

选用电光源时不仅应综合考虑照明设施的要求、使用环境及经济合理性等因素，还应突出绿色照明工程要求。

1. 根据照明设施的目的与用途选择电光源

对显色性要求较高的场所应选用平均显色指数 Ra≥80 的电光源，如美术馆、商店、化学分析实验室、印染车间等。

对色温的选用主要根据使用场所的要求。办公室、阅览室宜选用高色温电光源，使办公、阅读更有效率；休息场所宜选用低色温电光源，给人以温馨、放松的感觉。

频繁开关的场所宜采用白炽灯；需要调光的场所宜采用白炽灯、卤钨灯，当配有调光镇流器时，也可选用荧光灯；需要瞬时点亮的照明装置，如各种场所的事故照明，不能采用启动时间和再启动时间都较长的 HID 灯；美术馆展品照明不宜采用紫外线辐射量大的电光源；在要求防射频干扰的场所，对气体放电电光源的使用要特别谨慎。

2. 按照环境的要求选择电光源

低温场所不宜选择配有电感镇流器的预热式荧光灯管，以免启动困难；在有空调的房间内，不宜选用发热量大的白炽灯、卤钨灯等，以降低空调工作用电量；电源电压波动急剧的场所不宜采用容易自熄的 HID 灯；机床设备旁的局部照明不宜选用气体放电灯，以免产生频闪效应；对于有振动或紧靠易燃物品的场所，不宜选用卤钨灯，可使用高压汞灯和高压钠灯；当悬挂高度在 4m 及以下时，宜采用荧光灯；当悬挂高度在 4m 以上时，宜采用高强度气体放电灯，若不宜采用高强度气体放电灯，则可采用普通白炽灯。

3. 按初期投资与年运行费用选择电光源

选择电光源还要考虑电气设备的费用、材料的费用、安装的费用、运行的费用等影响因素。提高电光源的发光效率可节约电费、减少灯数、降低维护费用。对于室外广告、室外饰景美化等处，尽量选用新型电光源，如 LED、高频无极灯等，以降低运行费用。对于高大厂房、有复杂生产设备的厂房及维护困难的场所，适合选用高效、长寿命电光源，以减少维护更换工作，降低运行费用。年运行费用包括电费、年耗用灯泡费、照明装置的维护费及折旧费，其中电费和照明装置的维护费占较大比重。

4. 以实施绿色照明工程为基点选择电光源

在节约电能、保护环境的绿色照明概念被提出之后，照明的质量和水平已成为衡量社会现代化程度的一个重要标志。绿色照明成为人类社会可持续发展的一项重要措施。在推进绿色照明工程的实施过程中，电光源的选择应遵循以下一般原则。

（1）限制普通白炽灯的应用。

（2）采用卤钨灯取代普通白炽灯。

（3）推荐采用紧凑型荧光灯取代普通白炽灯。

（4）推荐采用 $\phi 26mm$、$\phi 16mm$ 细管荧光灯。

（5）推荐采用钠灯和金属卤化物灯。

选择电光源时需要注意的是，玻璃外壳应光滑，不允许有气泡和沙眼，否则运行中会影响电光源的发光、寿命，甚至会出现电光源玻璃外壳爆裂的情况。灯泡内若有支架，则应观察灯丝及支架的分布状况，支架位置应对称、灯丝缠绕疏密要一致。依安装地点、条件选择电光源时还要考虑：选择有无防紫外线辐射的灯罩？安装地点有无良好的散热条件？安装地点需要什么样的安装方式？关于电光源的安装，要考虑安装方式应注意的问题，对于破损或报废的电光源，不应随意丢弃，防止产生汞污染。

表 2-9 和表 2-10 给出了不同电光源的使用范围及主要性能指标，在进行照明设计时，可作为参考。

表 2-9 不同电光源的使用范围

序号	房间名称	基本要求	适用电光源
1	起居室	明亮、高照度、点亮连续时间长	紧凑型、环型、直管型荧光灯
		要求较高的艺术装修和豪华场所	白炽灯的花灯、台灯、壁灯，重点照明用低压卤钨灯
2	卧室	暖色调、低照度、需要宁静温馨的气氛，在卧室内长时间阅读、书写时，需要高照度	白炽灯做一般照明 台灯可用紧凑型荧光灯

续表

序号	房间名称	基本要求	适用电光源
3	梳妆台	暖色调、显色性好、富于表现人的肌肤和面貌，照度要求高	以白炽灯为主
4	小厅	亮度高，连续点亮时间长，要求节能	紧凑型荧光灯
5	餐厅	以暖色调为主，显色性好，还原食物色泽，增加食欲	白炽灯
6	书房	书写及阅读要求照度高，重点以照明为主	紧凑型荧光灯
7	卫生间	光线柔和，灯泡开关次数频繁	白炽灯
8	门厅、楼梯间、储藏室	照度要求较低，开关频繁	白炽灯

表 2-10　不同电光源的主要性能指标

性能指标	白炽灯	卤钨灯	荧光灯	紧凑荧光灯	高压汞灯	高压钠灯	金属卤化物灯
额定功率/W	10～1 500	60～5 000	4～200	5～55	50～1 000	35～1 000	35～3 500
发光效率/(lm/W)	7.3～25	14～30	44～87	30～50	70～100	52～130	—
平均寿命/h	1 000～2 000	1 500～2 000	8 000～15 000	5 000～10 000	10 000～20 000	12 000～24 000	3 000～10 000
一般显色指数 Ra	95～99	95～99	70～95	>80	30～60	23～85	60～90
色温/K	2 400～2 900	2 800～3 300	2 500～6 500	2 500～6 500	4 400～5 500	1 900～3 000	3 000～7 000
表面亮度/(cd/m^2)	10^7～10^8	10^7～10^8	10^4	$(5～10)×10^8$	10^5	$(6～8)×10^8$	$(5～78)×10^4$
点燃稳定时间	瞬时	瞬时	1～4s	10s	4～8min	4～8min	4～10min
再点燃稳定时间	瞬时	瞬时	1～4s	10s	5～10min	10～15min	10～15min
功率因数	1	1	0.33～0.7	0.5～0.9	0.44～0.67	0.44	0.4～0.6
闪烁	无	无	有	有	有	有	有
电压变化对光通量输出的影响	大	大	较大	较大	较大	大	较大
环境变化对光通量输出的影响	小	小	大	大	较小	较小	较小
耐振性能	较差	差	较好	较好	好	较好	好
附件	无	无	有	有	有	有	有
适用场合	家用照明、商店照明（橱窗）、餐厅和旅馆照明、医院照明（检查）、剧场和电视照明	商店照明（橱窗）、餐厅和旅馆照明、音乐厅照明、电影照明	家用照明、办公、学术照明、医院照明、剧场和电视照明、餐厅和旅馆照明	家用照明、音乐厅照明	商店照明、餐厅和旅馆照明、工业照明（低天花板）、体育馆照明、道路照明、广场照明	道路照明、广场照明	商店照明（普通）、体育馆照明、公园和广场照明

知识梳理

扫一扫做测试：电光源及其选择

1. 建筑照明中通常用的电光源分为两类，即热辐射电光源和气体放电电光源。常用的热辐射电光源是白炽灯和卤钨灯，常用的气体放电电光源有荧光灯、高压钠灯、高压汞灯和金属卤化物灯等。

2. 电光源的光学性能指标有光通量、发光效率、寿命、显色性、点燃时间和再点燃时间等，熟悉这些光学性能指标在各种电光源上的具体体现有助于正确选择电光源。

3. 许多电光源的性能都会受周围环境及其使用条件的影响，因此在选型时，要关注电源电压、电源频率、环境温度等因素。更重要的是，要尽可能选用高效节能、环保的电光源，以实现绿色照明。

任务2.3 照明器及其选择

  扫 扫看PPT：照明器及其选择 扫一扫看视频：照明器及其选择

前面提到，照明器又称灯具或控照器。照明器的选择是照明工程光照设计中照明设备选择的内容之一，合理的电光源要配上合适的照明器，因为它不但可以对光进行有效的分配，对节能、提高照明质量具有重要作用，还具有美化装饰的效果，这一点在现代生活中尤为重要。

在本任务中，主要介绍照明器的性能、参数及其选择方法等。

照明器是透光、分配和改变电光源光的分布的器具，包括除电光源外所有用于固定和保护电光源的零部件及电源连接所必需的线路附件。

2.3.1 照明器的作用

1. 控光作用

利用照明器的反射罩、透光棱镜、格栅或散光罩等将电光源所发出的光重新分配，照射到被照面上，满足各种照明场所的光分布需要，达到照明的控光作用。

2. 保护电光源作用

照明器保护电光源免受机械损伤和外界污染；将照明器中的电光源产生的热量尽快散发出去，避免照明器内部温度过高，使电光源和导线过早老化与损坏。

3. 安全作用

照明器采用符合使用环境条件（如能够防尘、防水，确保适当的绝缘和耐压性）的电气零件和材料，避免发生触电与短路。

4. 美化环境作用

照明器分功能性照明器和装饰性照明器。功能性照明器主要考虑保护电光源、提高发光效率、降低眩光，而装饰性照明器就要达到美化环境和装饰的效果，因此要考虑照明器的造型和光线的色泽。

2.3.2 照明器的光学性能指标

照明器的主要光学特性体现在配光曲线（光强分布）、效率和遮光角（保护角）三方面。

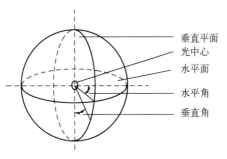

垂直平面
光中心
水平面

水平角

垂直角

图 2-11 配光术语示意图

1. 配光曲线

 扫一扫看视频：配光曲线案例讲解

用以描述照明器在空间各个方向上光强分布的曲线称为配光曲线。工程中，配光曲线有三种表示方法：极坐标表示法、直角坐标表示法、列表表示法。

配光术语示意图如图 2-11 所示。

1) 极坐标表示法

极坐标表示法最适合于具有旋转对称配光曲线特性的照明器，如装有白炽灯、高压汞灯、高压钠灯的照明器。

画配光曲线的方法：以极坐标原点为中心，以极坐标的角度表示照明器的垂直角，以极坐标的矢量长度表示光强的大小，以一定比例的光强值为半径画一系列同心圆表示光强线。

具有非对称配光曲线特性的照明器的光强空间分布不对光轴旋转对称，但在一个垂直面内一般关于光轴对称，一般情况下，画出 3 个水平面不同角度（0℃、45℃、90℃）垂直面上的配光曲线即可，如图 2-12 所示。

注意：把荧光灯管的轴线称纵轴（B-B），荧光灯最主要的垂直配光曲线是垂直于纵轴的垂直面的配光曲线（A-A）（灯长方向为 B-B 方向）。

2) 直角坐标表示法

直角坐标表示法最适合于聚光型照明器。聚光型照明器的光束角小，若用极坐标表示法读数，则比较困难。

配光曲线的极坐标表示法和直角坐标表示法如图 2-13 所示。

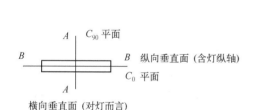

图 2-12 具有非对称配光曲线特性
的照明器的光强空间分布

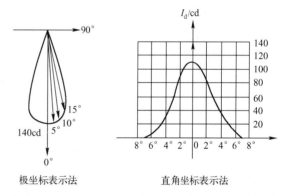

极坐标表示法　　　　直角坐标表示法

图 2-13 配光曲线的极坐标表示法和直角坐标表示法

3) 列表表示法

列表表示法的实质与极坐标表示法完全一样，只是将曲线用表中的数值表示而已，可用插入法由表求出各点的光强值。

【温馨提示】无论是极坐标表示法还是列表表示法，所表示的光强均是在电光源的光通量输出为 1 000lm 时的值。

当实际电光源的光通量输出不是 1 000lm 时，求光强应进行换算，换算公式如下：

$$I_\theta = [\Phi \cdot I_\theta(1\ 000)]/1\ 000$$

2. 效率

照明器的效率是反映照明器技术经济效果的重要指标。它是指从一个照明器输出的光通量与电光源发出的总光通量之比，即 $\eta = \Phi_L/\Phi_S$，又分上射光通量输出比 $\eta_U = \Phi_U/\Phi_S$ 和下射光通量输出比 $\eta_D = \Phi_D/\Phi_S$。

影响照明器效率的因素有照明器的形状、所用材料及照明器内电光源的位置。

3. 保护角

照明器的保护角 α 是灯具为保护人眼不受直射眩光作用而设计的角。它为光源下端到照明器下边缘连线与水平线的夹角，作用是限制眩光，因此 α 又被称为遮光角。从理论上讲，此角越大，眩光限制得越好，但过大会使电光源的光通量被照明器吸收掉相当一部分，造成输出光通量减小，因此应当辩证地看待照明器的保护角。照明器的保护角有一个限制范围值，如格栅照明器的保护角满足 $25° \leqslant \alpha \leqslant 45°$，若 $\alpha \leqslant 25°$，则无法限制眩光；若 $\alpha > 45°$，则照明器的效率降低。一般照明器的保护角满足 $15° < \alpha < 30°$，如图 2-14 所示。

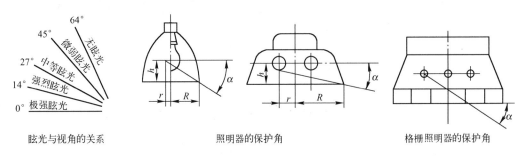

图 2-14 眩光与保护角的示意图

2.3.3 常用照明器的分类

照明器可以按其结构特点、安装方式、距高比、配光曲线等分类，通常按配光曲线分类，即按上射光通量和下射光通量所占的比例分类，如表 2-11 所示。

表 2-11 照明器按上射光通量与下射光通量所占的比例分类

类型		直接型	半直接型	漫射型	半间接型	间接型
光通量分布	上半球	0%～10%	10%～40%	40%～60%	60%～90%	90%～100%
	下半球	100%～90%	90%～60%	60%～40%	40%～10%	10%～0%
使用材料		不透光材料	半透光材料	漫射透光材料	半透光材料	不透光材料
配光曲线						
特 点		光线集中，在工作面上可获得充分的照度	光线能集中在工作面上，空间也可得到适当的照度，比直接型眩光小	空间各个方向上的光强基本一致，可达到无眩光的效果	增加了反射光的作用，使光线比较均匀、柔和	扩散性好，光线柔和、均匀，但光的利用率低

照明器按照安装方式可分成如图 2-15 所示的几种。

照明器按照结构特点可分成如图 2-16 所示的几种。

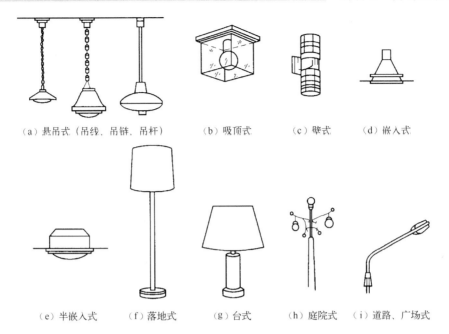

（a）悬吊式（吊线、吊链、吊杆）　（b）吸顶式　（c）壁式　（d）嵌入式

（e）半嵌入式　（f）落地式　（g）台式　（h）庭院式　（i）道路、广场式

图 2-15　照明器按安装方式分类

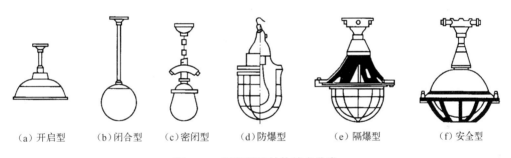

（a）开启型　（b）闭合型　（c）密闭型　（d）防爆型　（e）隔爆型　（f）安全型

图 2-16　照明器按结构特点分类

技能训练 10　照明器的选择

1. 一般场所照明器的选择

照明器一般应根据使用环境、房间用途、光强分布、限制眩光等要求，选用效率高、维护或检修方便的。对于不同的环境，从满足室内照明功能出发，考虑光色、显色性、发光效率，正确选择电光源与照明器，力求造型美观，视觉舒适。同时，照明器的布置也要与其他设施相协调，如空调通风口、扩音器等，尽量使其浑然一体，与建筑及装饰风格协调一致。

1）住宅照明

住宅照明根据居室照度不同，布灯方式趋于多样化，但仍以混合照明为大多数，以小功率白炽灯、荧光灯为主电光源。

（1）起居室可兼有客厅、餐厅等功能，亮度和气氛应能适应这种变化，一般设有一组主灯和几处辅灯。主灯选择装饰性较强的照明器，辅灯施以局部照明，且照明以 30～50lx 为宜，以适用于会客、团聚、娱乐等场景。

（2）卧室照明的目的是创造宁静舒适的休息环境，一般采用主灯加专用照明的方式，顶

灯可采用光线柔和的白炽灯或吸顶异型荧光灯，不宜采用漫射型主灯，考虑到读书、梳妆等要求，可在床头、书桌、梳妆台等处安装小功率深照型灯具，以避免干扰他人。

（3）书房常用的灯具有顶灯和台灯。顶灯宜采用荧光灯，便于寻找室内各处的资料；台灯可任意调节方向和移动位置。为避免眩光，可选择不透光的灯罩。当书房兼为会客室时，一般在沙发旁设落地灯。

2）教室照明

教室的设施主要是课桌和黑板。课桌照明采用一般照明器，通常选择荧光灯为电光源，若顶棚较低，则也可采用嵌入式荧光灯。黑板上的垂直照度应是室内水平照度的 1.5 倍，可采用局部照明，安装时应注意防止黑板的反射眩光。

3）办公室照明

办公室照明一般采用荧光灯，安装位置要考虑避免在办公桌上产生眩光，并尽量采用自然采光方法照明。较大的办公室可以自然采光，并补充局部照明。

4）会议室照明

会议室照明通常将灯具布置在会议桌上方，大多采用吊灯，也可采用发光顶棚进行装饰，四周设壁灯以备用。

2. 按光强分布特性选择照明器

当按光强分布特性选择照明器时，应遵守的主要规定有下列几条。

（1）一般生活和工作场所可选择直接型、半直接型、漫射型及荧光照明器。

（2）当安装高度在 15m 及以下（不包括 6m）时，宜采用宽配光特性的深照型照明器。

（3）当安装高度为 6～15m 时，宜采用集中配光的直射型照明器，如窄配光深照型照明器。

（4）当安装高度为 15m 及以上时，宜采用高纯铝深照灯或其他高光强照明器。

（5）当照明器上方有需要观察的对象时，宜采用上半球有光通量分布的漫射型照明器，如乳白玻璃圆球罩灯。

（6）对于室外大面积工作场所，一般选用广照型照明器；道路照明可选用投光照明器。

3. 根据环境条件选择照明器

（1）在正常环境中，可选用开启型照明器。

（2）在潮湿、多灰尘的场所，应选用密闭型防水、防潮、防尘照明器。

（3）在有爆炸危险的场所，可根据爆炸危险的级别适当选择相应的防爆照明器。

（4）在有化学腐蚀的场所，可选用由耐腐蚀性材料制成的照明器。

（5）在易受机械损伤的环境中，应采用带保护网罩的照明器。

总之，应根据不同的工作环境条件灵活、实用、安全地选用开启式、防尘式、封闭式、防爆式、防水式及直接和半直接型等多种形式的照明器。有关手册中给出了各种照明器的选型表，供选择时参考。

4. 照明器的形状应与建筑物风格相协调

（1）建筑物按建筑艺术风格可分为古典式和现代式、中式和欧式等。若建筑物为现代式建筑风格，则其照明器应采用流线型具有现代艺术的造型照明器。照明器外形应与建筑物相协调，不要破坏建筑物风格。

（2）建筑物按结构形式分为直线形、曲线形、圆形等。在选择照明器时，应根据建筑结构的特征合理地选择和布置照明器，如在直线形结构的建筑物内宜采用直管日光灯组成的直线光带或矩形布置，突出建筑物的直线形结构特征。

（3）建筑物按功能分为民用建筑物、工业建筑物和其他用途建筑物等。在民用建筑物照明中，可采用照明与装饰相结合的照明方式；而在工业建筑物照明中，则以照明为主。

此外，在选择照明器时还应考虑经济性，应选用发光效率高、使用寿命长和节能电光源型照明器，降低运行成本。

表 2-12～表 2-15 给出了选择照明器的一些参考数据。

表 2-12　照明器的防触电保护分类

照明器等级	照明器主要性能	应用说明
0 类	依赖基本绝缘防止触电，一旦绝缘失败，就靠周围环境提供保护，否则，易触及部分和外壳会带电	安全程度不高，适用于安全程度好的场合，如空气干燥、尘埃少、木地板等条件下的吊灯、吸顶灯
Ⅰ 类	除基本绝缘外，易触及的部分和外壳有接地装置，一旦基本绝缘失效，不致有危险	用于金属外壳的照明器，如投光灯、路灯、庭院灯等
Ⅱ 类	采用双重绝缘或加强绝缘作为安全防护，无保护导线（地线）	绝缘性好，安全程度高，适用于环境差、人经常触摸的照明器，如台灯、手提灯等
Ⅲ 类	采用安全电压（交流有效值不超过 50V），灯内不会产生高于此值的电压	安全程度最高，可用于恶劣环境，如机床工作灯、儿童用灯

表 2-13　按照明器的配光曲线分类

类别	特点
正弦分布型	光强是角度的正弦函数，在 $\theta=90°$ 时，光强最强
广照型	最强的光强分布在较大的角度处，可在较为宽广的面积上形成均匀的照度
均匀配照型	各个角度的光强基本一致
配照型	光强是角度的余弦函数，在 $\theta=0°$ 时，光强最强
深照型	光通量和最大光强值集中在 θ 为 $0°\sim30°$ 所对应的立体角内
特深照型	光通量和最大光强值集中在 θ 为 $0°\sim15°$ 所对应的立体角内

表 2-14　按照明器的结构特点分类

结构	特点
开启型	光源与外界空间直接接触（无罩）
闭合型	透明罩将电光源包合起来，但内外空气仍能自然流通
密闭型	透明罩固定处加严密封闭，与外界隔绝相当可靠，内外空气不能流通
防爆型	符合《防爆电气设备制造检验规程》的要求，能安全地在有爆炸危险性介质的场所使用，有安全型和隔爆型。安全型在正常运行时不产生火花电弧，或者把正常运行时产生的火花电弧的部件放在独立的隔爆室内；隔爆型在照明器内部产生爆炸时，火焰通过一定间隙的防爆面后，不会引起照明器外部的爆炸
防振型	照明器采取防振措施，安装在有振动的设施上

表 2-15　按照明器的安装方式分类

安装方式	特点
壁灯	安装在墙壁上、庭柱上，用于局部照明或没有顶棚的场所
吸顶灯	将照明器吸附在顶棚面上，主要用于没有吊顶的房间。吸顶式的光带适用于计算机房、变电站等

安装方式	特点
嵌入式	适用于有吊顶的房间，照明器是嵌入在吊顶内安装的，可以有效消除眩光；与吊顶结合能形成美观的装饰艺术效果
半嵌入式	将照明器的一半或一部分嵌入顶棚，其余部分露在顶棚外，介于吸顶式和嵌入式之间，适用于顶棚吊顶深度不够的场所，在走廊处应用较多
吊灯	最普通的一种照明器安装形式，主要利用吊杆、吊链、吊管、吊灯线来吊装照明器
地脚灯	主要作用是照明走廊，便于人员行走，用在医院病房、公共走廊、宾馆客房、卧室等
台灯	主要放在写字台、工作台、阅览桌上，用于书写、阅读
落地灯	主要用于高级客房、宾馆、带茶几/沙发的房间及家庭的床头或书架旁
庭院灯	灯头或灯罩多数向上安装，灯管和灯架多数安装在庭院地坛上，特别适用于公园、街心花园、宾馆及机关学校的庭院内
道路广场灯	主要用于夜间的通行照明，如车站前广场、机场前广场、港口、码头、公共汽车站广场、立交桥、停车场、集合广场、室外体育场等
移动式灯	用于室内外移动性的工作场所及室外电视、电影的摄影等场所
自动应急照明灯	适用于宾馆、饭店、医院、影剧院、商场、银行、邮电、地下室、会议室、动力站房、人防工程、隧道等公共场所，可用于应急照明、紧急疏散照明、安全防火照明

知识梳理

扫一扫做测试：照明器及其选择

1．照明工程中常用的照明器有多种分类形式，一般按照明器的用途和防护形式分类。

2．照明器的选择原则是合适的配光曲线、足够的照度、合适的使用场所，符合安全要求，经济性好。

3．照明器的光学性能参数有配光曲线、保护角和效率。

任务 2.4　灯具的布置

在正确选择电光源和灯具（照明器）之后，影响照明质量的因素又是什么呢？答案是灯具的空间位置。在本任务中，主要介绍灯具布置的步骤、常见问题及解决方法等。

灯具的合理布置是电气照明中的重要内容，是保证照明质量的重要技术措施，也是确定照度的基础。灯具的布置包括灯具的高度布置及平面布置两方面内容，对室内灯具的布置除要求保证最低的照度条件外，还应使工作面上的照度均匀、光线的射向适当、无眩光阴影、维修方便、实用安全、整齐美观，并与建筑空间相协调。

2.4.1　灯具的高度布置

扫一扫看PPT：室内灯具布置

扫一扫看视频：室内灯具布置内容及要求

灯具的高度布置即确定灯具与灯具之间，以及灯具与顶棚、墙面等之间的距离。

1. 几种高度的具体规定

图 2-17 表示出了与灯具的布置有关的高度参数。

（1）灯具的垂吊高度（顶棚空间高度）h_{cc}（垂度）：固定灯具的位置至灯具中心的距离。

（2）灯具的悬挂高度（安装高度）：灯具中心至地面的距离。

（3）灯具的计算高度（室内空间高度）h_{rc}：灯具中心高度至工作面的距离。

（4）工作面高度（地面空间高度）h_{fc}：被照面至地面的距离。有时被照面是地面，这时工作面就是地面。

（5）房间高度 H：固定灯具的位置至地面的距离。

2. 确定灯具高度时要考虑的因素和确定方法

1）悬挂高度（安装高度）的确定

选择合适的灯具悬挂高度是光照设计的主要内容。在《建筑照明设计标准》（GB 50034—2013）中，综合考虑了使用安全、无机械损坏、限制眩光、提高灯具的利用系数、便于安装维护、与建筑物协调美观等因素，规定了室内一般照明灯具的最低悬挂高度（见表 2-16），供设计人员参考。

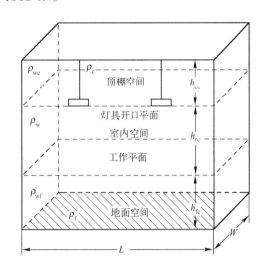

L—房间的长（m）；ρ_c—顶棚反射比；
W—房间的宽（m）；ρ_{wc}—顶棚空间墙面反射比；
h_{cc}—顶棚空间高度（m）；ρ_w—室内空间墙面反射比；
h_{rc}—室内空间高度（m）；ρ_f—地面反射比；
h_{fc}—地面空间高度（m）；ρ_{wf}—地面空间墙面反射比。

图 2-17　房间的空间特征

表 2-16　照明灯具最低悬挂高度与保护角

光源种类	灯具类型	灯具保护角/(°)	光源功率/W	最低悬挂高度/m
白炽灯	有反射罩	10～30	≤60	2.0
			100～150	2.5
			150～200	3.0
			200～300	3.5
			≥500	4.0
	乳白玻璃漫射罩	—	≤100	2.0
			150～200	2.5
			300～500	3.0
卤钨灯	有反射罩	30～60	≤500	6.0
			1 000～2 000	7.0
荧光灯	无反射罩	—	≤40	2.0
			>40	3.0

光源种类	灯具类型	灯具保护角/(°)	光源功率/W	最低悬挂高度/m
荧光灯	有反射罩	0～10	≤40	2.0
			>40	2.0
荧光高压汞灯	有反射罩	10～30	≤125	3.5
			125～250	5.0
			≥400	6.0
	有反射罩带格栅	>30	≤125	3.0
			125～250	4.0
			≥400	5.0
金属卤化物灯	搪瓷反射罩	10～30	≤400	6.0
	铝抛光反射罩		≥1 000	14.0
高压钠灯	搪瓷反射罩	10～30	<125	3.5
	铝抛光反射罩		125～250	6.0
混光电光源	有反射罩	10～30	<150	4.5
			150～200	5.5
			250～400	6.5
			>400	7.5

确定灯具高度时要考虑的主要因素有以下几个。

（1）灯具的安全防护问题。当灯具在房间中悬挂时，其高度必须保证工作人员在正常工作时不能够触及，以免出现将灯具损坏和工作人员触电的情况。对于不同的房间，有不同的最低悬挂高度，在相关规范中根据实际情况制定了有关规定。

（2）安装和维护问题。灯具的悬挂高度应考虑安装和维护方便。在采用一般的辅助工具就可以进行安装和维护时的高度应该是首先选择的高度值。

（3）灯具（电光源）的适宜高度。灯具中电光源的特征决定了它只能适合某种高度的照明，超出这个值时电光源不能正常工作。

例如，普通的直管荧光灯（YG1-40）只有在悬挂高度为 3～4m 时才可以正常工作，60W 的白炽灯只有在悬挂高度为 2～3m 时才可以正常工作。当超出这些数值时，电光源产生的辐射能量损失非常大，以致在照射到工作面上时几乎没有光通量。因此，每种形式的灯具（电光源）都有其自身适宜的悬挂高度。

2）工作面高度和计算高度的确定

工作面高度是根据被照面的高度确定的。例如，大厅的被照面是地面，工作面高度就是地面的高度；办公室的被照面是办公桌，办公桌距地面的高度就是工作面高度。

而计算高度则可根据悬挂高度和工作面高度的差值确定：

$$计算高度＝悬挂高度－工作面高度$$

3）垂吊高度的确定

灯具的垂吊高度通常为 0.3～1.5m，一般取 0.7～1.0m。灯具垂吊高度过大，易使灯具摆动；灯具垂吊高度过小，易使照度不足而影响照明质量。

2.4.2　灯具的平面布置

灯具的平面布置即确定灯具之间、灯具与墙之间的距离。

1. 平面布置的分类

1）均匀布置

均匀布置不考虑室内设施的位置，将灯具有规律地均匀布置，能使工作场所获得一致的照度，一般为办公室、阅览室所采用。该方式具体又分为正方形布置、矩形布置和菱形布置3 种主要形式。

均匀布置主要用来确定距高比 L/h_{rc}（灯具的等效距离与计算高度的比值）。

均匀布置的几种形式和等效距离的计算如图 2-18 所示。其中，L_1 和 L_2 为实际灯间距，在已知 L 的前提下，可通过假设 L_1 和 L_2 的比例关系来确定二者的具体值。

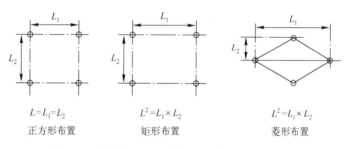

图 2-18　均匀布置的几种形式和等效距离的计算

2）选择布置

选择布置是一种满足局部照明要求的灯具布置方案。对于局部照明（或定向照明）方式，当采用均匀布置达不到所需的照度分布时，多采用这种方案。它的特点是可以加强某个局部的照度，或者突出某一部位。

2. 平面布置的方法

扫一扫看 PPT：
室内灯具布置
计算

灯具布置合理与否取决于室内照度均匀度，照度均匀度又取决于距高比是否合理。若距高比的值小，则灯具密度增大，照度均匀度好，但投资增加；若距高比的值大，则灯具密度减小，照度均匀度差。

各种灯具都有各自的最大允许距高比，只要满足灯具的最大允许距高比，就基本能保证照度均匀度。表 2-17 是部分灯具的最大允许距高比。各灯具厂家生产的不同型号的灯具都在产品样本中标明其最大允许距高比，供设计人员参考。

表 2-17　部分灯具的最大允许距高比

灯具	型号	光源种类及容量/W	最大允许距高比 L/H		最低照度系数 Z 值
			A-A	B-B	
配照型灯具	$GC1-\dfrac{A}{B}-1$	B150	1.25		1.33
		G125	1.41		1.29

续表

灯具	型号	光源种类及容量/W	最大允许距高比 L/H		最低照度系数 Z 值
			A-A	B-B	
广照型灯具	GC1-$\dfrac{A}{B}$-2	G125	0.98		1.32
		B200，B150	1.02		1.33
深照型灯具	GC5-$\dfrac{A}{B}$-3	B300	1.40		1.29
		G250	1.45		1.32
	GC5-$\dfrac{A}{B}$-4	B300，B500	1.40		1.31
		G400	1.23		1.32
简式荧光灯	YG1-1	1×40	1.62	1.22	1.29
	YG2-1	2×40	1.46	1.28	1.28
	YG2-2	2×40	1.33	1.28	1.29
吸顶式荧光灯	YG6-2	2×40	1.48	1.22	1.29
	YG6-3	3×40	1.5	1.26	1.30
嵌入式荧光灯	YG15-2	2×40	1.25	1.20	—
	YG15-3	3×40	1.07	1.05	1.30
搪瓷罩卤钨灯	DD3-1 000	1 000	1.25	1.40	
卤吊灯	DD1-1 000	1 000	1.08	1.33	—
简式双层卤钨灯	DD6-1 000	1 000	0.62	1.33	—
房间高度较低且反射条件较好		灯排数≤3	—		1.15～1.2
		灯排数>3			1.10
其他白炽灯（B）布置合理时			—		1.1～1.2

【温馨提示】 在实际布置中，实际距高比≤理想距高比。

灯具布置计算的步骤如下。

（1）对称电光源灯具的布置。

① 确定计算高度 h_{rc}。

② 查距高比 λ：由已知条件（主要指灯具的类型）查距高比。

③ 求灯具之间的距离（灯间距）：按公式 $L=\lambda \cdot h_{rc}$ 求出灯间距。

若为正方形布置，则 L 为灯间距。

若为矩形布置，则 L 为等效间距，可先确定 L_1，再按公式 $L_2=L^2/L_1$ 求出 L_2。

若为菱形布置，则与矩形布置时的算法相同。

④ 求灯具与墙面之间的距离。

当靠墙无工作面时，灯具与墙面之间的距离为（1/3 ～1/2）L 或（0.4～0.5）L；

当靠墙有工作面时，灯具与墙面之间的距离为（1/5 ～1/3）L 或（0.25～0.3）L。

（2）非对称电光源灯具的布置（如荧光灯，如图 2-19 所示）。

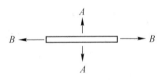

图 2-19 荧光灯规定方向参考图

在某些资料中，*A-A* 和 *B-B* 方向的规定可能相反，在读取距高比数值时应注意方向的规定。

① 确定计算高度 h_{rc}。

② 查距高比 λ_{A-A} 和 λ_{B-B}：由已知条件（主要指灯具的类型）查距高比。

③ 求灯间距：按公式 $L_{A-A}=\lambda_{A-A}\cdot h_{rc}$ 和 $L_{B-B}=\lambda_{B-B}\cdot h_{rc}$ 求出灯间距。

④ 求灯具与墙面之间的距离：由于荧光灯的结构特点决定了在其灯长方向（*B* 方向）发出的光受到固定灯管的支架和灯管两端灯角的限制，所发出的光通量要比另一方向（*A* 方向）小，因此建议荧光灯的端部至墙面的距离取 300～600mm，或者按下列要求计算。

B-B 方向：当靠墙有工作面时，灯的端部至墙面的距离为 (1/5～1/3)×灯长；当靠墙无工作面时，灯的端部至墙面的距离为 (1/3～1/2)×灯长。

A-A 方向：灯与墙面之间的距离与对称时的算法相同。

在以上灯具布置的基础上，还可以根据房间的长和宽计算出均匀布置灯具的行、列数，从而确定房间内所安装的灯具的总数，为下一步的室内照度计算做准备。这一问题留给读者自己思考。

技能训练 11　室内灯具布置

任务单（2.4）如表 2-18 所示。

表 2-18　任务单（2.4）

项目名称	照明工程光照设计	总学时	20
任务名称	室内灯具布置	学时	4
教学目标	1. 熟悉灯具布置过程中应注意哪些问题； 2. 熟悉灯具布置涉及哪些计算； 3. 熟练掌握灯具布置的步骤与方法； 4. 熟悉相关设计规范和设计标准的应用； 5. 能够独立完成室内灯具布置训练任务		
教学载体	某一建筑房间		
学习资料	1.《民用建筑电气设计标准》（GB 51348—2019）； 2.《建筑照明设计标准》（GB 50034—2013）； 3. 灯具的技术参数表		
学习总结	说明：针对以上要求进行学习内容的总结和归纳		
问题及解决			
相关能力	1. 室内灯具布置能力； 2. 设计相关资料应用能力； 3. 设计结果图纸表达能力		
过程设计	任务布置（10 分钟）；分组学习讨论（30 分钟）；学习总结整理（10 分钟）；学生汇报（30 分钟）；教师总结（20 分钟）；灯具布置练习（2 学时）		
教学方法	分组学习讨论法、模拟实练法		

技能训练 12　确定某车间灯具布置距离

某车间的空间高度为 4m，灯具的悬挂高度为 3m，工作面高度为 1m，选用 GC-A-1 配照型灯具，其最大允许距高比为1.25。

要求：用正方形布置方案，确定灯间距和灯具与墙面之间的距离。

分析：灯具的计算高度 $h_{rc}=3m-1m=2m$。

查表2-17得 GC A 1 配照型灯具的最大允许距高比 $\lambda=1.25$，由此可得以下结果。

灯间距：$L=1.25\times2m=2.5m$。

灯具与墙面之间的距离：$L'=(0.25\sim0.3)\times2.5m=(0.625\sim0.75)m$。

此处取 $L'=0.7m$。

技能训练13 确定某教室灯具布置距离

扫一扫看PPT：
阶梯教室灯具
布置案例

扫一扫看视频：
阶梯教室灯具
布置案例

在某教室布置荧光灯，选用荧光灯的型号为 YG1-1，教室空间高度为3.5m，灯具的垂吊高度为0.7m，工作面高度为0.75m。

要求：计算确定灯间距和灯具与墙面之间的距离。

分析：灯具的计算高度为 $h_{rc}=3.5m-0.7m-0.75m=2.05m$。

查表2-17得 YG1-1 型荧光灯的最大允许距高比为 $\lambda_{A-A}=1.62$，$\lambda_{B-B}=1.22$，由此可得以下结果。

灯具 A-A 方向的间距：$L_{A-A}\le1.62\times2.05m=3.32m$。

灯具 B-B 方向的间距：$L_{B-B}\le1.22\times2.05m=2.50m$。

灯具与之间墙面的距离：$L'_{A-A}=(1/5\sim1/3)\times3.32m=(0.664\sim1.11)m$，$L'_{B-B}=(1/5\sim1/3)\times2.50m=(0.5\sim0.83)m$。

此处取 $L'_{A-A}=1.0m$，$L'_{B-B}=0.6m$。

在进行完上述计算之后，还可以根据计算结果画出灯具平面布置图，并进行尺寸标注。

【问题】如何进行室内插座设计？

扫一扫看PPT：室内插座设计

扫一扫看视频：室内插座设计

知识梳理

1. 灯具的布置包括高度布置和平面布置两项内容。高度布置的主要任务是确定计算高度；平面布置的主要任务是根据灯具的型号找到合适的距高比，从而计算出灯间距、灯具与墙面之间的距离。

扫一扫做测试：室内灯具布置

2. 灯具的布置分为均匀布置和选择布置两种方式，其中，均匀布置可以获得均匀的照明效果，比较适合于公共场所室内外照明灯具的布置。

3. 一般情况下，灯具布置的步骤是：求计算高度→确定距高比→求灯间距和灯具与墙面之间的距离→计算布灯数量。

任务2.5 室内照度计算

当灯具的类型和布置方案确定以后，就可以根据室内的照度标准要求确定每盏灯的功率及装设总功率。反之，也可根据已知的灯的功率计算出工作面的照度，以检验其设计是否符合照度标准。

扫一扫看PPT：照度计算概述

照明计算包括照度、亮度及眩光等功能效果计算和照明负荷计算两大部分内容。一般情况下，照明工程设计中只需进行照度计算和负荷计算，本任务主要讲解照度计算。照度计算的目的：一是依据所需照度及其他条件确定电光源的容量与数量及灯具布置方案，二是依据电光源情况及其他条件验算照度是否符合标准。

有关照度计算的方法主要有两种：一是逐点照度计算法，二是平均照度计算法。逐点照度计算法以被照面上的一点为对象，用于局部照明计算；平均照度计算法以整个被照面为对象，用于一般照明计算。两种方法各有其特点和用途，计算误差为 10%～20%。在民用建筑电气照明设计计算中，一般采用平均照度计算法。

平均照度计算法主要有利用系数法、单位容量法、灯具概算曲线法等，其中利用系数法是主要的计算方法。在方案设计阶段和初步设计阶段，多采用单位容量法；而在施工图设计阶段，则多采用利用系数法。

2.5.1　利用系数法

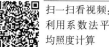

1. 基本公式及相关概念

1）基本公式

利用系数法的基本公式为

$$E_{av} = \frac{\phi_s \cdot N \cdot U \cdot K}{A}$$

式中，E_{av} 为工作面的平均照度（lx）；N 为灯具数；ϕ_s 为每个灯具中电光源的额定总光通量（lm）；U 为利用系数；K 为维护系数；A 为工作面面积（m^2）。

2）相关概念

（1）利用系数：由电光源发出的额定光通量与最后落到工作面上的光通量之比。它表示照明电光源光通量被利用的程度。

利用系数与房间的形状、装饰材料性质、灯罩形式及使用材料等因素有关，其求法是进行照度计算的关键。

（2）维护系数（又称减光系数）：考虑到灯具在使用过程中会由于电光源发出的光通量衰减、灯具房间的污染等因素而导致照度下降，从而引入维护系数的概念，其公式如下：

$$K = \frac{某电光源在规定时间内产生的照度}{初始照度}$$

维护系数由电光源光通量衰减系数 K_1、灯具积尘维护系数 K_2 和房间积尘维护系数 K_3 决定，即

$$K = K_1 \cdot K_2 \cdot K_3$$

各维护系数值可查表 2-19～表 2-22。

表 2-19　电光源光通量衰减系数（K_1）

光源类型	白炽灯	荧光灯	卤钨灯	高压钠灯	高压汞灯
K_1	0.85	0.8	0.9	0.75	0.87

表 2-20 灯具表面灰尘造成的光通量衰减系数（灯具积尘维护系数，K_2）

房间清洁程度	灯具清洁次数/（次/年）	K_2		
		直接型灯具	半间接型灯具	间接型灯具
比较清洁	2	0.95	0.87	0.85
一般清洁	2	0.86	0.76	0.60
不清洁	3	0.75	0.65	0.50

表 2-21 房间灰尘造成的光通量衰减系数（房间积尘维护系数，K_3）

房间清洁程度	K_3		
	直接型灯具	半间接型灯具	间接型灯具
比较清洁	0.95	0.9	0.85
一般清洁	0.92	0.8	0.73
不清洁	0.9	0.75	0.55

表 2-22 维护系数 K

环境污染特征	工作房间或场所	维护系数	灯具擦洗次数/（次/年）
清洁	卧室、办公室、阅览室、餐厅、病房、客房、电子元器件装配车间、仪器仪表装配车间等	0.8	2
一般	商店营业厅、影剧院观众厅、机加工车间、机械装配车间、体育馆等	0.7	2
污染严重	铸工、锻工车间，厨房，水泥车间等	0.6	3
室外	道路、广场、雨篷、站台等	0.65	2

2. 平均照度的计算

扫一扫看视频：
利用系数法计
算步骤及公式

平均照度的计算步骤如下。

1）确定房间各特征量

房间的空间划分和各参量可参考图 2-17。

（1）室形指数 RI：用以表示照明房间的几何特征。它的计算公式如下：

$$室形指数 = \frac{等效地面面积 + 等效顶棚面积}{室空间部分墙面面积}$$

对长方形房间，有

$$RI = \frac{2L \cdot W}{2(L+W) \cdot h_{rc}} = \frac{L \cdot W}{(L+W) \cdot h_{rc}}$$

为了便于计算，一般将室形指数划分为 0.6、0.8、1.0、1.25、1.5、2.0、2.5、3.0、4.0、5.0 十个等级。

（2）室空间比：用以表示房间的空间特征。

如图 2-17 所示，将室内划分为 3 个空间：顶棚空间、室内空间、地面空间。

顶棚空间比：
$$CCR = \frac{5h_{cc} \cdot (L+W)}{L \cdot W}$$

室内空间比：
$$RCR = \frac{5h_{rc} \cdot (L+W)}{L \cdot W}$$

地面空间比：
$$FCR = \frac{5h_{fc} \cdot (L+W)}{L \cdot W}$$

在这 3 个参数中，RCR 是最重要的，是查利用系数的依据。RCR 共有 10 个等级，分别为 1、2、3、4、5、6、7、8、9、10。

2）确定顶棚空间等效反射比

由顶棚和顶棚空间部分墙面构成的顶棚空间内表面的平均反射比为

$$\rho_{ca} = \frac{\rho_c \cdot A_c + \rho_{wc} \cdot A_{wc}}{A_c + A_{wc}}$$

式中，ρ_c、A_c 分别为顶棚的反射比和面积，$A_c = L \cdot W$；ρ_{wc}、A_{wc} 分别为顶棚空间墙面的反射比和面积，$A_{wc} = 2h_{cc} \cdot (L+W)$。

顶棚空间等效反射比为

$$\rho_{cc} = \frac{\rho_{ca} \cdot A_c}{(A_c + A_{wc}) - \rho_{ca} \cdot (A_c + A_{wc}) + \rho_{ca} \cdot A_c}$$

或

$$\rho_{cc} = \frac{2.5\rho_{ca}}{2.5 + (1 - \rho_{ca}) \cdot CCR}$$

3）确定墙面的平均反射比

室内空间的墙面除墙外，还可能有门、窗等结构。由于它们与墙使用的材料不同，所以对光的反射能力不同，因此应考虑它们的作用。

一般情况下，只考虑窗（玻璃）的影响。

墙的平均反射比为

$$\rho_{wa} = \frac{\rho_w \cdot (A_w - A_g) + \rho_g \cdot A_g}{A_w}$$

扫一扫看 PPT：
利用系数法案
例解析

式中，ρ_w、ρ_g 分别为墙体、窗的反射比，一般 $\rho_g = 0.1$；A_w 为室内空间部分墙的总面积（m^2），$A_w = 2h_{rc} \cdot (L+W)$；$A_g$ 为窗的总面积（m^2）。

可见，当室内空间的墙面由多种材料组成时，其平均反射比的计算公式为

$$\rho_{wa} = \frac{\sum \rho_i \cdot A_i}{\sum A_i}$$

扫一扫看视频：
利用系数法案
例解析

式中，ρ_i 为第 i 块面积的反射比；A_i 为第 i 块面积值。

4）确定利用系数

由以上公式求出 RCR、ρ_{cc}、ρ_{wa} 的值后，按灯具形式查利用系数表求出利用系数 U 的值（见表 2-23）。

表 2-23　利用系数 U 的值（YG1-1 型 40W 荧光灯，距高比为 1.0）

顶棚空间等级反射比 ρ_{cc}	0.70				0.50				0.30				0.10			
墙面平均反射比 ρ_{wa}	0.70	0.50	0.30	0.10	0.70	0.50	0.30	0.10	0.70	0.50	0.30	0.10	0.70	0.50	0.30	0.10

续表

顶棚空间等级 反射比 ρ_{cc}		0.70				0.50				0.30				0.10			
室内空间比 RCR	1	0.75	0.71	0.67	0.63	0.67	0.63	0.60	0.57	0.59	0.56	0.54	0.52	0.52	0.50	0.48	0.46
	2	0.68	0.61	0.55	0.50	0.60	0.54	0.50	0.46	0.53	0.48	0.45	0.41	0.46	0.43	0.40	0.37
	3	0.61	0.53	0.46	0.41	0.54	0.47	0.42	0.38	0.47	0.42	0.38	0.34	0.41	0.37	0.34	0.31
	4	0.56	0.46	0.39	0.34	0.49	0.41	0.36	0.31	0.43	0.37	0.32	0.28	0.37	0.33	0.29	0.26
	5	0.51	0.41	0.34	0.29	0.45	0.37	0.31	0.26	0.39	0.33	0.28	0.24	0.34	0.29	0.25	0.22
	6	0.47	0.37	0.30	0.25	0.41	0.33	0.27	0.23	0.36	0.29	0.25	0.21	0.32	0.26	0.22	0.19
	7	0.43	0.33	0.26	0.21	0.38	0.30	0.24	0.20	0.33	0.26	0.22	0.18	0.29	0.24	0.20	0.16
	8	0.40	0.29	0.23	0.18	0.35	0.27	0.21	0.17	0.31	0.24	0.19	0.16	0.27	0.21	0.17	0.14
	9	0.37	0.27	0.20	0.16	0.33	0.24	0.19	0.15	0.29	0.22	0.17	0.14	0.25	0.19	0.15	0.12
	10	0.34	0.24	0.17	0.13	0.30	0.21	0.16	0.12	0.26	0.19	0.15	0.11	0.23	0.17	0.13	0.10

若 RCR 不为整数，且 $RCR_1 < RCR < RCR_2$（RCR_1、RCR_2 为两个相邻的值），则查出对应的两组数（RCR_1, U_1）和（RCR_2, U_2），按插入法求出对应于实际 RCR 值的利用系数。插入法公式如下：

$$U = U_1 + \frac{U_2 - U_1}{RCR_2 - RCR_1} \cdot (RCR - RCR_1)$$

在确定利用系数时，应注意以下几个问题。

（1）利用系数在利用系数表中查取，条件是已知灯具的型号，求出顶棚空间等效反射比 ρ_{cc}、墙面平均反射比 ρ_{wa} 和室内空间比 RCR。

（2）在灯具的利用系数表中，RCR 都为 1～10 的整数，若实际计算的 RCR 值不是整数，则可以用直线内插入值进行计算。

（3）在灯具的利用系数表中，ρ_{cc}、ρ_{wa} 均为 10 的整数倍数值，若实际计算的 ρ_{cc}、ρ_{wa} 不是 10 的整数倍数值，则可采用四舍五入的方法。

（4）灯具的利用系数表是按地面空间等效反射比（下面介绍）$\rho_{fc} = 20\%$ 编制的，若实际计算的 $\rho_{fc} \neq 20\%$，则应用适当的修正值进行修正。

（5）灯具利用系数表中的 ρ_{cc}、ρ_{wa} 为 0 的利用系数用于室外照明设计。

5）确定地面空间等效反射比

地面空间内表面平均反射比公式为

$$\rho_{fa} = \frac{\rho_f \cdot A_f + \rho_{wf} \cdot A_{wf}}{A_f + A_{wf}}$$

式中，ρ_f、A_f 分别为地面的反射比和面积；ρ_{wf}、A_{wf} 分别为地面空间内墙面的反射比和面积。

地面空间等效反射比为

$$\rho_{fc} = \frac{\rho_{fa} \cdot A_f}{(A_f + A_{wf}) - \rho_{fa} \cdot (A_f + A_{wf}) + \rho_{fa} \cdot A_f}$$

或

$$\rho_{fc} = \frac{2.5 \rho_{fa}}{2.5 + (1 - \rho_{fa}) \cdot FCR}$$

6）确定利用系数的修正值

当 RCR、ρ_{fc}、ρ_{wa} 不是表 2-23 中分级的整数时，可以从修正系数表中查接近于 ρ_{fc}（30%、10%、0%）、列表中接近于 RCR 的两组数（RCR_1，γ_1）和（RCR_2，γ_2），并用下列插入法求出对应于实际 RCR 的修正值 γ（修正系数表详见附录 E）：

$$\gamma = \gamma_1 + \frac{\gamma_2 - \gamma_1}{RCR_2 - RCR_1}(RCR - RCR_1)$$

式中，γ 为修正系数，γ_1 和 γ_2 是接近于 γ 的两个值，且 $\gamma_1 < \gamma < \gamma_2$；RCR 为室内空间比，$RCR_1$ 和 RCR_2 是接近于 RCR 的两个值，且 $RCR_1 < RCR < RCR_2$。

7）确定室内平均照度

完成以上各步骤后，按公式 $E_{av} = N \cdot \phi_s \cdot K \cdot (\gamma \cdot U)/A$ 求室内平均照度。如果已知平均照度，则可以用公式 $N = E_{av} \cdot A / \phi_s \cdot K \cdot (\gamma \cdot U)$ 确定所需灯具的数量，进而进行灯具的布置。

2.5.2　单位容量法

在实际照明设计中，常采用单位容量法对照明用电量进行估算，即根据不同类型的灯具、不同的室内空间条件，列出单位面积安装电功率（W/m²）的表格，以便查用，如表 2-24 所示。

扫一扫看 PPT：单位容量法平均照度计算

扫一扫看视频：单位容量法平均照度计算

表 2-24　YG1-1 型荧光灯的比功率（单位面积安装功率）

计算高度/m	房间面积/m²	平均照度/lx					
		30	50	75	100	150	200
2～3	10～15	3.2	5.2	7.8	10.4	15.6	21
	15～25	2.7	4.5	6.7	8.9	13.4	18
	25～50	2.4	3.9	5.8	7.7	11.6	15.4
	50～150	2.1	3.4	5.1	6.8	10.2	13.6
	150～300	1.9	3.2	4.7	6.3	9.4	12.5
	300 以上	1.8	3.0	4.5	5.9	8.9	11.8
3～4	10～15	4.5	7.5	11.3	15	23	30
	15～20	3.8	6.2	9.3	12.4	19	25
	20～30	3.2	5.3	8.0	10.8	15.9	21.2
	30～50	2.7	4.5	6.8	9.0	13.6	18.1
	50～120	2.4	3.9	5.8	7.7	11.6	15.4
	120～300	2.1	3.4	5.1	6.8	10.2	13.5
	300 以上	1.9	3.2	4.9	6.3	9.5	12.6

单位容量法的依据也是利用系数法，只是进一步简化了。单位容量法是一种估算方法。

1. 单位容量计算表的编制条件

单位容量计算表是在比较各类常用灯具效率与利用系数关系的基础上，按照下列条件编制的。

（1）室内顶棚反射比为70%，墙面反射比为50%，地面反射比为20%。由于是近似计算，所以一般不必详细计算各面的等效反射比，而用实际反射比进行计算。

（2）计算平均照度 E 为 1lx，维护系数 K 为 0.7。

（3）白炽灯的发光效率为 12.5lm/W（220V，100W），荧光灯的发光效率为 60lm/W（220V，40W）。

（4）灯具效率不低于 70%，当装有遮光格栅时，灯具效率不低于 55%。

（5）灯具配光分类符合 CIE 的规定。

2. 基本公式

单位容量法的基本公式为

$$\sum P = p_0 \cdot A$$

式中，$\sum P$ 为受照房间的电光源总功率（W）；p_0 为电光源的比功率，即单位面积安装功率（W/m²）；A 为受照房间总面积（m²）。

可由已知条件（计算高度、房间面积、所需平均照度、电光源类型）查出相应电光源的比功率 p_0，从而求出受照房间的总安装功率。

如果已知每盏灯的功率为 P_N，那么还可以用公式 $N = \sum P / P_N$ 确定灯具数量。

2.5.3　灯具概算曲线法

为了简化计算，把利用系数法计算的结果制成曲线，并假设被照面上的平均照度为100lx，求出房间面积与所用灯具数量的关系曲线，该曲线称为概算曲线。灯具概算曲线法（灯数概算图表法）适用于一般均匀照明的照度计算。

 扫一扫看 PPT：
室内平均照度
计算

 扫一扫看视频：
室内平均照度
计算

在应用概算曲线进行平均照度计算时，应已知以下条件。

（1）灯具类型及电光源的种类和容量（不同的灯具有不同的概算曲线）。

（2）计算高度。

（3）房间的面积。

（4）房间的顶棚、墙壁、地面的反射比。

1. 换算公式

根据以上条件，就可以从概算曲线上查得所需灯具的数量 N。

概算曲线是在假设被照面上的平均照度为100lx、维护系数为 K' 的条件下绘制的。因此，如果实际需要的平均照度为 E、实际采用的维护系数为 K，则实际采用的灯具数量 n 可按下列公式进行换算：

$$n = \frac{E \cdot K' \cdot N}{100K} \quad 或 \quad E = \frac{100K \cdot n}{K' \cdot N}$$

式中，n 为实际采用的灯具数量；N 为根据概算曲线查得的灯具数量；K 为实际采用的维护系数；K' 为概算曲线上假设的维护系数（常取 0.7）；E 为设计需要的平均照度（lx）。

2. 确定平均照度的步骤

各种灯具的概算曲线都是由灯具生产厂商提供的。图 2-20 所示为 YG1-1 40W 荧光灯的概算曲线图。根据概算曲线，对室内灯具数量进行计算就十分方便。具体的计算步骤如下。

（1）确定灯具的计算高度 h_{rc}。

（2）求室内面积 A。

（3）根据室内面积 A、灯具的计算高度 h_{rc}，在灯具概算曲线上查出灯具的数量，如果计算高度 h_{rc} 处于图中相邻两值之间，则采用内插法进行计算。

（4）通过 $n = E \cdot K' \cdot N / (100K)$ 或 $E = 100K \cdot n / (K' \cdot N)$ 即可计算出所需灯具的数量 n 或所要求的平均照度 E。

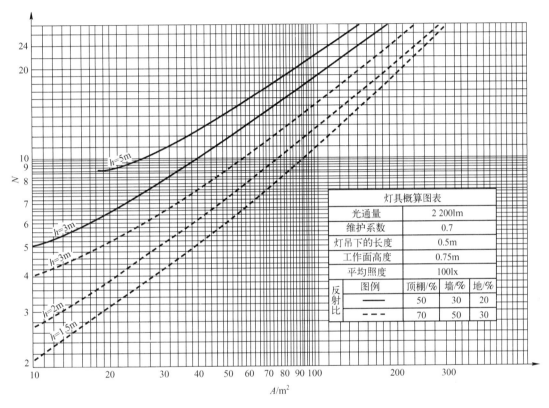

图 2-20　YG1-1 40W 荧光灯的概算曲线图

技能训练 14　室内照度计算训练

任务单（2.5）如表 2-25 所示。

表 2-25　任务单（2.5）

项目名称	照明工程光照设计	总学时	20
任务名称	室内照度计算	学时	6
教学目标	1. 熟悉室内照度计算的方法、内容与步骤； 2. 熟悉相应技术参数的查取方法； 3. 能够根据房间性质选择正确的计算方法； 4. 能够根据房间条件进行室内照度计算		
教学载体	某建筑资料		

续表

项目名称	照明工程光照设计		总学时	20
任务名称	室内照度计算		学时	6
学习资料	1.《建筑照明设计标准》（GB 50034—2013）； 2. 不同灯具的技术参数表； 3. 建筑图纸			
学习记录	说明：针对以上要求进行的学习内容的总结和归纳			
相关知识（学生总结还需学习什么知识）	概念			
	计算			
	其他			
相关能力	1. 室内照度计算能力； 2. 设计相关资料应用能力			
过程设计	任务布置（10分钟）；教师讲解（40分钟）；分组研究讨论（50分钟）；室内照度计算训练（100分钟）；学生汇报（50分钟）；学习评价（10分钟）；教师归纳总结（40分钟）			
教学方法	分组学习讨论法、模拟训练法			

技能训练 15　用利用系数法确定某教室照明灯具的数量

某教室的长度为 9m，宽度为 6m，房间高度为 3m，工作面距地面的高度为 0.75m。当采用单管简式 40W 的荧光灯照明时，若要满足照度值不低于 250lx 的要求，试用利用系数法确定照明灯具的数量（顶棚反射比为 0.7，墙面平均反射比为 0.7，地面反射比为 0.3）。

分析：（1）求 RCR。

取 $h_{cc}=0.5m$，有 $h_{rc}=3m-0.75m-0.5m=1.75m$，可得

$$\text{RCR}=\frac{5h_{rc}\cdot(L+W)}{L\cdot W}=\frac{5\times1.75\times(9+6)}{9\times6}\approx2.43$$

（2）求 ρ_{cc}：

$$\rho_{ca}=\frac{\rho_c\cdot A_c+\rho_{wc}\cdot A_{wc}}{A_c+A_{wc}}=\frac{0.7\times9\times6+0.7\times(15\times2\times0.5)}{(9\times6)+(15\times2\times0.5)}=0.7$$

$$\rho_{cc}=\frac{\rho_{ca}\cdot A_c}{(A_c+A_{wc})-\rho_{ca}\cdot(A_c+A_{wc})+\rho_{ca}\cdot A_c}$$
$$=\frac{0.7\times54}{(15\times2\times0.5+54)(1-0.7)+0.7\times54}\approx0.646\quad（取0.7）$$

（3）求 ρ_{wa}。

由题目已知条件可得 $\rho_{wa}=0.7$。

（4）求利用系数 U。

经查表得（RCR_1，U_1）=（2，0.85），（RCR_2，U_2）=（3，0.78）。

用插入法求 U：

$$U=U_1+\frac{U_2-U_1}{\text{RCR}_2-\text{RCR}_1}(\text{RCR}-\text{RCR}_1)=0.85+\frac{0.78-0.85}{3-2}\times(2.43-2)\approx0.82$$

（5）求 ρ_{fc}：

$$\rho_{fa} = \frac{\rho_f \cdot A_f + \rho_{wf} \cdot A_{wf}}{A_f + A_{wf}} = \frac{0.3 \times 54 + 0.7 \times (15 \times 2 \times 0.75)}{15 \times 2 \times 0.75 + 54} \approx 0.42$$

$$\rho_{fc} = \frac{\rho_{fa} \cdot A_f}{(A_f + A_{wf}) - \rho_{fa} \cdot (A_f + A_{wf}) + \rho_{fa} \cdot A_f}$$

$$- \frac{0.42 \times 54}{(15 \times 2 \times 0.75 + 54) \times (1 - 0.42) + 0.42 \times 54} \approx 0.34 \quad （取 0.3）$$

（6）求 γ。

经查表得（RCR_1，γ_1）=（2，1.068），（RCR_2，γ_2）=（3，1.061）。

用插入法求 γ：

$$\gamma = \gamma_1 + \frac{\gamma_2 - \gamma_1}{RCR_2 - RCR_1}(RCR - RCR_1)$$

$$= 1.068 + \frac{1.061 - 1.068}{3 - 2} \times (2.43 - 2) \approx 1.065$$

（7）求 N。

查维护系数表得 $k_1 = 0.8$，$k_2 = k_3 = 0.95$，故有 $k = k_1 \cdot k_2 \cdot k_3 = 0.722$。由此可得

$$N = \frac{E_{av} \cdot L \cdot W}{\phi \cdot (\gamma \cdot U) \cdot K} = \frac{250 \times 54}{2\,000 \times (1.065 \times 0.82) \times 0.722} \approx 10.7 \quad （盏）$$

为了布置灯具方便，取 $N = 12$。

技能训练 16　用单位容量法确定某教室照明灯具的数量

有一教室面积 A 为 $9 \times 6 = 54$（m^2），房间高度为 3.6m。已知室内顶棚反射比为 70%，墙面反射比为 50%，地面反射比为 20%，$K = 0.7$，拟选用 40W 普通单管荧光吊链灯具（简式荧光灯具），$h_{cc} = 0.6$m，要求设计照度为 150lx，试用单位容量法确定照明灯具的数量。

分析：由题可知 $h_{rc} = h - h_{cc} - h_{fc} = 3.6 - 0.6 - 0.75 = 2.25$（m）。

由 $h_{rc} = 2.25$m，$E_{av} = 150$lx 及 $A = 54m^2$ 查表 2-23 得 $p_0 = 10.2$W/m²。

因此总的安装功率为

$$\sum P = p_0 \cdot A = 10.2 \times 54 = 550.8 \quad （W）$$

需要装设灯具的数量为

$$N = \frac{\sum P}{P_N} = \frac{550.8}{40} = 13.77 \quad （盏）$$

为了便于布置，可取 14 盏。

技能训练 17　用灯具概算曲线法确定某教室照明灯具的数量

扫一扫看图片：灯具概算曲线法案例

某教室面积为 $54m^2$，安装了 9 盏 YG1-1 40W 荧光灯，安装高度为 3.1m，课桌高度为 0.8m，已知室内顶棚反射比为 70%，墙面反射比为 50%，地面反射比为 20%，$K = 0.7$，若要求教室设计照度为 150lx，试用灯具概算曲线法确定照明灯具的数量。

分析：（1）选定电光源和灯具（已知给定），确定相应的概算曲线，如图 2-20 所示。

（2）确定计算高度 $h_{rc} = 3.1m - 0.8m = 2.3m$。

（3）计算房间面积 $A = 54\text{m}^2$。

（4）根据 $A = 54\text{m}^2$、$\rho_c = 70\%$、$\rho_w = 50\%$、$\rho_f = 20\%$，查图 2-20 得 $N = 7.6$ 盏。

（5）求照明灯具的数量 $n = E \cdot K' \cdot N / (100K) = 150 \times 0.7 \times 7.6 / (100 \times 0.7) = 11.4$ （盏），可取 12 盏。

知识梳理

扫一扫做测试：平均照度计算

1. 在工业与民用建筑中，照度计算主要是室内平均照度计算。

2. 照度计算的方法有利用系数法、单位容量法和灯具概算曲线法等。

3. 平均照度计算法的关键是根据房间特征量、灯具型号和室内装饰材料确定光通量的利用系数。它适用于一般照明的照度计算，用来计算平均照度及所需灯具的数量。单位容量法通常用于做方案设计或在初步设计阶段估算照明用电量。

4. 用利用系数法计算室内平均照度的步骤是：确定房间各特征量→确定顶棚空间等效反射比→确定墙面的平均反射比→确定利用系数→确定地面空间等效反射比→确定利用系数的修正值→确定室内平均照度。

思考与练习题2

扫一扫看视频：LPD 的计算与节能校验（拓展）

1. 简述光照设计的内容。

2. 简述光照设计的步骤。

3. 简述照明的方式，并举例说明其适用范围。

4. 简述照明的种类。

5. 建筑照明工程中常用的照明控制方法有哪些？

6. 如何进行照明质量的综合评价？

7. "绿色照明"的含义是什么？包括哪几项指标？

8. 国际照明委员会的英文缩写是什么？

9. 限制眩光常用哪些方法？

10. 常用的电光源有哪些光电参数？它们如何反映电光源的特性？

11. 常用的电光源可以分为哪几类？

12. 画出荧光灯的工作原理图，简述荧光灯的发光原理，并说明荧光灯的各种分类。

13. 高压钠灯最大的优点是什么？它常用于哪些场合？

14. 选用电光源应遵循的原则是什么？

15. 简述 LED 的特点。

16. 卤钨灯在使用时应注意哪些事项？

17. 按配光曲线分类，常用的灯具有哪些类型？按安装方式分类，又有哪些类型？

18. 灯具具有哪些作用？

19. 什么叫灯具的保护角？它的作用是什么？保护角的范围一般是多少？

20. 简述灯具的选用方法。

21. 什么是灯具的效率？如何提高灯具的效率？

22. 什么叫配光曲线？它有哪些表示方法？各种方法的适用场合如何？

23. 什么是最大允许距高比？设计时应如何考虑？

24. 照明方式有哪几种？其特点是什么？

25. 什么是照度均匀度？如何保证照明场所的照度均匀度？

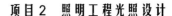
26. 某房间的灯具安装高度为 3m，工作面高度为 0.8m，采用平圆形吸顶灯（白炽灯 60W），求灯间最大距离（设正方形布置）。

27. 某教室长 7.2m，宽 5.4m，高 3.6m，采用简易直管荧光灯（1×40W），试确定灯具布置方案，并根据房间的尺寸确定灯具数量。

28. 某房间长 10m，宽 6m，高 3m，工作面为地面，采用白炽灯，距高比为 1.5，若采用矩形灯具布置方案，试确定所需灯具的数量。

29. 照明计算的基本方法有哪些？常用的平均照度计算方法有哪几种？

30. 简述用利用系数法进行照度计算的步骤。

31. 分析影响维护系数的因素。

32. 分析说明室内空间比与光通量利用系数之间的关系。

33. 有一教室长 12m，宽 8.8m，高 3.6m，灯具距地面的高度为 3.1m，课桌高度为 0.75m，当要求桌面的平均照度为 150lx 时，请用单位容量法确定采用 YG2-1 荧光灯具的数量和灯具的布置。

34. 有一实验室长 9.5m，宽 6.6m，高 3.6m，在顶棚下方 0.5m 处均匀安装 9 盏 YG1-1 型 40W 荧光灯（光通量为 2 400lm），设实验桌高度为 0.8m，实验室内各表面的反射比如图 2-21 所示，试用利用系数法计算实验桌上的平均照度。

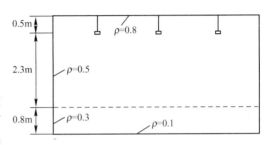

图 2-21　实验室内各表面的反射比

35. 已知某绘图室长 14.6m，宽 7.2m，高 3.2m，在离棚顶 0.5m 的高度内安装 YG1-1 型 40W 荧光灯（荧光灯的光通量取 2 200lm），要求室内照度不低于 150lx，课桌高度为 0.7m，教室内各反射比如下：$\rho_{cc}=0.5$，$\rho_{wa}=0.7$，维护系数 $K=0.8$。试用利用系数法确定灯具数量 N。

36. 已知某教室长 6.6m，宽 6.6m，高 3.6m，在离棚顶 0.5m 的高度内安装 6 只 YG1-1 型 40W 荧光灯（荧光灯的光通量取 2 400lm），课桌高度为 0.75m，教室内各反射比如下：$\rho_{w}=0.5$，$\rho_{c}=0.8$，$\rho_{wc}=0.5$，$\rho_{fc}=0.2$，维护系数 $K=0.8$。试用利用系数法计算课桌面上的平均照度 E_{av}。

 考考你的能力

方法与步骤

1. 经过实地考察，对某一场所（教室、寝室、阅览室、实验室等）进行室内灯具布置和照度计算。

2. 将计算结果与实际结果进行比较，并找出不同之处。

3. 对不同之处进行分析，判断哪个方案更为合理。

4. 若你的方案更加合理，就找教师求证一下吧。

你的能力指数（满分 10 分）

完成第 1 步：得 5 分（灯具布置 2 分，照度计算 3 分）。

完成第 2 步：得 7 分。

完成第 3 步：得 9 分。

完成第 4 步：满分！（前提是：你的方案更加合理，且教师被说服，此项由教师打分。若你的方案不够合理，想得满分就另找一个场所重新再来。）

项目 3
照明工程电气设计

教	项目简介	照明工程电气设计通常是在光照设计的基础上进行的，主要目的是保证电光源和灯具能正常、安全、可靠而经济地工作。为达到这一目的，必须设计合理的供配电系统，使之符合照明技术设计标准和电气设计规范的要求。照明工程电气设计的步骤：收集原始资料并了解电源情况→确定供电电源形式→确定照明配电系统→进行负荷分配→进行负荷计算→照明设备选型
	教学载体	本项目以教学综合楼电气设计为教学载体，在分析照明工程电气设计内容的基础上完成以下任务：确定照明负荷电源容量，进行照明用电负荷计算，选择照明线路上的导线、保护设备及开关设备，熟练绘制各种系统图，熟练编制负荷计算表和负荷计算书，从而达到照明工程电气设计及配电设备的选型能力
	推荐教学方式	分组学习、任务驱动
	建议学时	20 学时
学	学生知识储备	1. 导线及开关设备的产品知识； 2. 照明工程设计规范和标准； 3. 负荷计算的表达式、内容与含义
	能力目标	具有进行负荷计算的能力；具有配电导线选择的能力；具有照明线路开关及保护电器的选型能力；具有漏电保护器的知识；具有照明配电箱的设计能力；具有独立完成照明工程电气系统设计的能力

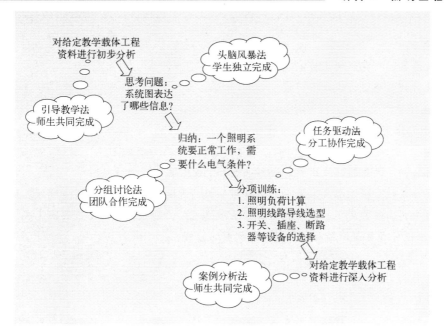

教学过程示意图

对给定教学载体工程资料进行初步分析

思考问题：系统图表达了哪些信息？

头脑风暴法 学生独立完成

引导教学法 师生共同完成

任务驱动法 分工协作完成

归纳：一个照明系统要正常工作，需要什么电气条件？

分组讨论法 团队合作完成

分项训练：
1. 照明负荷计算
2. 照明线路导线选型
3. 开关、插座、断路器等设备的选择

案例分析法 师生共同完成

对给定教学载体工程资料进行深入分析

训练方式和手段

整个训练分为5个阶段：

第1阶段

训练目的：结合工程图纸，初步了解照明工程电气设计的内容。

训练方法：教师针对本项目教学内容提出相关问题，引导学生从图纸中寻求答案。

问题如下：

1. 系统图上画了哪些设备？

2. 系统图上体现了哪些数据？

3. 系统图有哪几种？

第2阶段

训练目的：熟悉系统图应表达的内容。

训练方法：利用头脑风暴法实施教学。

训练步骤：

1. 总结系统图表达的内容（每位学生结合图纸和第一阶段的问题自行总结不同系统图表达的内容，要求独立完成）。

2. 找出3位学生回答该问题。

3. 学生自由补充。

4. 教师给出完整答案。

5. 学生个人查漏补缺。

6. 独立思考遗漏的内容的用途，进行记录。

第3阶段

训练目的：研究照明工程电气设计的范围。

训练方法：分组讨论以下问题。

1. 选择什么设备？如何选择？

2. 进行什么参数的计算？如何计算？

第4阶段

训练目的：学会照明线路电气设备选型和相关数据的计算方法。

训练方法：分项训练法，采用案例分析→假题真做→真题真做的训练模式。

案例分析由教师完成，假题真做由学生独立完成，真题真做由团队共同完成。

（本阶段完成负荷计算表的编制、系统图的绘制）

第5阶段

训练目的：强化学生对照明工程电气设计的内容、步骤与方法的理解，使学生具有相应的设计能力。

训练方法：案例分析法（对本项目的教学载体工程资料进行深入、细致的研究。本阶段完成照明工程电气设计步骤的归纳）。

学生学习成果展示：

1. 负荷计算表。

2. 系统图。

3. 照明工程电气设计步骤与内容说明图（格式不限）。

教学载体　教学综合楼电气设计

【设计条件】

某学院教学综合楼由 A、B、C、D、E、F、G 七个区组成，总面积 48 000m²，最高处 49.7m。其中，A 区为主楼，共 11 层；B、D、E、G 为教学用房，其中，一层高 4.2m，五层高 5.9m，其他层高 3.9m，三层阶梯教室占用四层空间；C、F 区为大阶梯教室，共两层。

【设计范围】

D 区一至五层室内电气设计。

【设计要点提示】

（1）照明、插座均由不同的支路供电。

（2）所有插座回路均设漏电断路器保护。

（3）开关、插座分别距地 1.4m、0.3m 暗装。

（4）照明分支线路导线一般选择 2.5m² BV 线。

（5）每条照明回路一般连接照明器 20 个，最多不超过 25 个或 $I_c \leqslant 16A$。

扫一扫看 PDF：项目 3 教学载体工程资料——B、D 区照明系统图

扫一扫看 PDF：项目 3 教学载体工程资料——事故照明系统图

【温馨提示】

照明负荷为单相负荷，在进行照明设备线路分配时，注意各相均匀分配。

图纸目录及说明如表3-1所示。

表3-1 图纸目录及说明

序号	图纸名称	图别	图号	图幅
6	B、D区照明系统图	电施	81-6	1#
8	事故照明系统图	电施	81-8	1#

任务3.1 照明工程电气设计任务分析

扫一扫看视频：
照明工程电气
设计

照明工程电气设计是电气照明系统设计的又一个重要组成部分，一般是在光照设计的基础上进行的，它不但要求相关人员具有照明负荷计算、导线上电压损失的计算、照明配电线路的选择、照明线路的保护和开关设备的选择等能力，而且要求具备照明供配电系统的设计方法等知识。

3.1.1 电气设计的基本要求

扫一扫看PPT：
照明工程电气
设计任务分析

扫一扫看视频：
照明工程电气
设计任务分析

1. 安全

对于任何一个与电有关的系统，安全总是最重要的第一要求。这里所说的安全包括人身安全和设备安全两方面。在日常生活中，照明设备的应用和分布很广泛，而且线路分支较复杂，为了保障照明设备和人身安全，必须重视照明设备及其线路的电气安全。系统如果设计考虑不周或施工质量不良，或者材料、设备选用不当，那么都可能直接造成设备或人身事故，或者大面积停电或火灾等严重后果。为此，电气设计和光照设计都应严格执行有关规程，力求把人身触电事故和设备损坏事故降到最低限度。

2. 经济

"经济"指一方面尽量采用高效新型节能电光源和灯具，充分发挥照明设施的实际效益，尽量以较少的投资获得较好的照明效果；另一方面是在符合各项规程、指标的前提下，要符合国家当前的电力、设备和材料等方面的生产水平，尽量减少投资。

3. 美观

由于照明设备不但要保证生产和生活需要的能见度要求，而且要具有装饰房间、美化环境的作用，因此设计时应在满足实用、经济的条件下适当注意美观，所选择的电光源和灯具要与建筑物风格相协调。整个供配电系统与施工应尽量不损坏建筑物的整体效果。因此，在选择布线方式、线路敷设位置和电器的外形及安装方式等方面都必须注意配合建筑物的美观要求。

4. 可靠

这里所说的"可靠"指照明系统供电的可靠性，即不间断供电，在实际设计中，应根据照明用电负荷的等级确定供电方式。

5. 便利

所谓"便利"，主要就是指在进行电气设计时，应考虑使用、维护的方便性，合理确定灯开关、插座和配电箱、配电柜、计量箱等的安装位置、安装高度，确保操作通道符合有关要求。

6. 发展

这里的"发展"主要指在进行照明工程电气设计时，以近期建设为主，适当考虑发展的可能性，在选择导线、开关及其他电气设备时，留有适当的发展空间。

3.1.2 电气设计的主要任务

电气设计的主要任务可归纳如下。

（1）正确选择供电电压、配电方式，确保照明设备对电能质量的要求，以保证照明质量和照明设备的使用寿命。

（2）进行负荷计算，以正确地选择导线型号、截面及控制与保护电器的规格、型号。

（3）选择合理、方便的控制方式，以便于照明系统的管理、维护和节能。

（4）选择合理的保护方法，确保照明设备和人身安全。

（5）尽量减少电气部分的投资和年运行费用。

3.1.3 电气设计的步骤

照明工程电气设计的步骤如下。

（1）收集原始资料，主要了解电源情况，以及照明负荷对供电连续性的要求。

（2）根据照明负荷性质确定供电电源形式。

（3）确定照明配电系统，包括配电分区的划分，设多少个配电箱，各配电箱供给的区域、楼层，确定配电箱的安装位置及方式，确定电源点至各配电箱的接线方式。

（4）确定灯具的开关控制方式，以便确定开关的数量和安装位置。

（5）确定照明线路各级保护设备，以及照明配电系统的接地形式和电气安全措施。

（6）进行负荷计算、电压损失计算、无功功率补偿计算和保护装置整定计算。

（7）选择导线型号、截面及敷设方式。

（8）确定电能的计量方式。

1. 收集原始资料

（1）熟悉建筑的平面图、立面图和剖面图。

了解该建筑及邻近建筑的概况、建筑层高、楼板厚度、地面、楼面、墙体做法；熟悉主/次梁、结构柱、过梁的结构布置情况及所在轴线的位置；熟悉屋顶有无设备间、水箱间等。

（2）全面了解该建筑的建设规模、工艺、建筑构造和总平面布置情况。

（3）向当地供电部门调查电力系统的情况，了解该建筑供电电源的供电方式、供电的电压等级、电源的回路数、对功率因数的要求、电费收取方法、电表如何设置等情况。

（4）向建筑单位及有关专业人员了解工艺设备布置图和室内布置图。

（5）向单位了解建设标准。

2. 确定供电电源形式

1）照明系统供电要求

（1）照明负荷应根据中断供电可能造成的影响及损失合理地确定负荷等级，并应正确地选择供电方案。

（2）当电压出现偏差或波动而不能保证照明质量或电光源寿命时，在技术经济合理的条件下，可采用有载自动调压电力变压器、调压器或照明专用变压器供电。

（3）备用照明应由两路电源或两回路供电。当采用两路高压电源供电时，备用照明的供电干线应接自不同的变压器。

（4）当设有自备发电机组时，备用照明的一路电源应接自发电机作为专用回路供电，另一路可接自正常照明电源（当为两台以上变压器供电时，应接自不同的母线干线）。在重要场所应设置带有蓄电池的应急照明灯或用蓄电池组供电的备用照明，在发电机组投运前的过渡期间使用。

（5）当采用两路低压电源供电时，备用照明的供电应从两段低压配电干线上分别接引。

（6）当供电条件不具备两路电源或两回路时，备用电源宜采用蓄电池组或带有蓄电池的应急照明灯。

（7）当备用照明作为正常照明的一部分同时使用时，其配电线路及控制开关应分开装设。如果备用照明仅在事故情况下使用，则当正常照明因故断电时，备用照明应自动投入工作。

（8）当疏散照明采用带有蓄电池的应急照明灯时，正常供电电源可接自本层（或本区）分配电盘的专用回路，或者本层（或本区）的防灾专用配电盘。

2）照明供电方式

（1）正常照明的供电方式。

① 一般工作场所。一般工作场所的照明负荷可由一个具有单变压器的变电所供电，即照明与电力共享变压器，常用形式如图 3-1 所示。

图 3-1（a）：变电所低压侧采用放射式供电方式，照明和电力在母线上分开供电，照明电源接自变压器低压侧总开关之后的照明专用低压屏上，即采用独立的照明干线；若变电所低压屏的出线回路有限，则可先采用低压屏引出少量回路，再利用动力配电箱进行照明配电。

图 3-1（b）：采用"变压器—干线"且对外无低压联络线方式，正常照明电源接自变压器低压总断路器前。

图 3-1（c）：一台变压器及蓄电池组的供电方式。

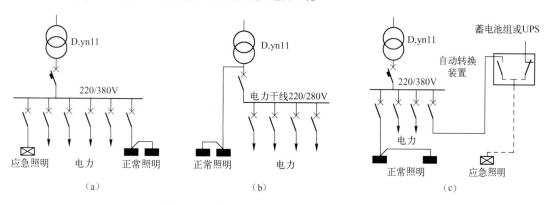

图 3-1　一般工作场所照明负荷的供电方式

② 较重要工作场所。较重要工作场所多采用两台变压器的供电方式，常用形式如图 3-2 所示。

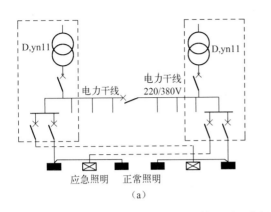

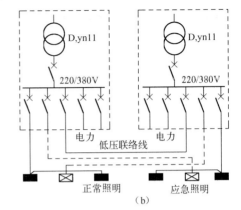

（a）

图 3-2　较重要工作场所照明负荷的供电方式

图 3-2（a）：由两台变压器供电的"变压器—干线"方式，照明电源接自变压器低压总断路器后，当一台变压器停电后，通过联络断路器接到另一段干线上。

图 3-2（b）：照明与电力在母线上分开供电。

③ 重要工作场所。重要工作场所多采用双变压器的供电方式，且两个电源是独立的，如图 3-3 所示。

④ 特别重要工作场所。特别重要工作场所除采用两路独立电源外，最好另设第三独立电源。例如，设自启动发电机作为第三独立电源，如图 3-4（a）所示；也可设蓄电池组或 UPS 等作为第三独立电源，如图 3-4（b）所示。第三独立电源应能自动投入使用。

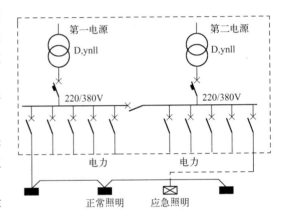

图 3-3　重要工作场所照明负荷的供电方式

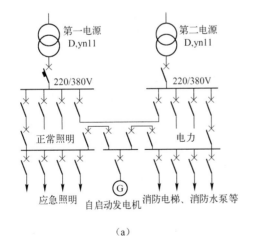

（a）

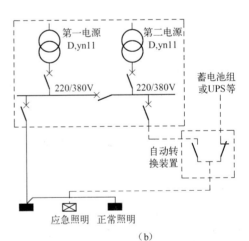

（b）

图 3-4　特别重要工作场所照明负荷的供电方式

（2）应急照明的供电方式。应急照明的供电方式及其他具体设计要求如下。

① 供电电源。应急照明是在正常照明电源产生故障时使用的照明设施，因此应由与正常照明电源分开的独立电源供电，可以选用以下几种电源。

- 供电网络中独立于正常电源的专用馈电线路，如接自有两回路独立高压线路供电变电所的不同变电器引出的馈电线路，如图 3-3 所示。重要的公共建筑常使用这种方式或该方式与其他方式结合使用。对于不是特别重要的场所，当独立的馈电线路难以实现时，允许根据使用条件适当放宽要求，可将应急照明电源与正常照明电源接自不同的变压器，如图 3-2 所示；或者接自同一变压器引出的不同低压馈线，如图 3-1（a）所示。

- 独立于正常电源的发电机组，如图 3-4（a）所示，一般根据电力负荷、消防及应急照明三者的需要综合考虑，单独为应急照明进行设置往往是不经济的。对于难以从电网取得第二电源，而又需要应急照明电源的工厂及其他建筑，通常采用这种方式；高层或超高层民用建筑通常与消防要求一起设置这种电源。

- 独立于正常电源的蓄电池组或 UPS 等，其特点是可靠性高，灵活、方便，但容量较小，且持续工作时间较短。对于特别重要的公共建筑，除要有独立的馈电线路作为应急照明电源外，还可设置或部分设置蓄电池作为疏散照明电源，如图 3-4（b）所示；对于重要的公共建筑或金融建筑、商业建筑中安全照明或要求快速点亮的备用照明，当来自电网的馈电线路作为电源而可靠性不够时，可增设蓄电池电源；对于中小型公共建筑，电力负荷和消防设有应急照明电源要求，而当自电网取得备用电源有困难或不经济时，应急照明电源宜用蓄电池组或 UPS，如图 3-1（c）所示。

② 转换时间、转换方式和持续工作时间。

- 转换时间。CIE 规定，当正常照明电源产生故障后，对转换到由应急照明电源供电点亮的时间要求如下：疏散照明不大于 5s；安全照明不大于 0.5s；备用照明不大于 15s，对于银行、大中型商场的收款台及商场贵重物品销售柜等场所，备用照明不大于 1.5s。

- 转换方式。当采用独立的馈电线路或蓄电池组作为应急照明电源时，当正常电源产生故障时，对于安全照明，必须自动转换；对于疏散照明和备用照明，通常也应自动转换。当采用应急发电机时，机组应处于备用状态，并有自动启动装置，当正常电源产生故障时，能自动启动并自动转换到应急系统。

- 持续工作时间。采用来自电网的馈电线路作为应急照明电源通常能保证足够的持续工作时间；当采用应急发电机时，应根据应急照明，特别是备用照明持续工作时间要求和电力负荷要求备足燃料；当采用蓄电池时，应按持续工作时间要求确定蓄电池的容量。

对应急照明电源的持续工作时间的要求如下。

疏散照明：《建筑设计防火规范》［GB 50016—2014（2018 年版）］规定，应急照明和疏散指示标志可采用蓄电池组作为备用电源，且连续供电时间不应少于 20min；高度超过 100m 的高层建筑的连续供电时间不应少于 30min。

安全照明和备用照明：其持续工作时间应根据该场所的工作或生产操作的具体需要确定。例如，生产车间某些部位的安全照明的持续工作时间一般不少于 20min 可满足要求；医

院手术室的备用照明的持续工作时间往往要求为 3 ～ 8h；作为停电后进行必要的操作和处理设备停运的生产车间，其备用照明可按操作复杂程度而定，一般持续工作时间为 20 ～ 60min；对于为继续维持生产的车间备用照明，应持续工作到正常电源恢复。

3. 确定照明供配电系统

1）照明供配电网络的组成

扫一扫看 PPT：照明供电与配电

照明供配电网络主要由馈电线、干线和分支线组成。照明供配电网络的基本形式如图 3-5 所示。

馈电线是将电能从变电所低压配电屏送至照明总配电箱的线路，对于无变电所的建筑物，其馈电线多指进户线，是由进户点到室内总配电箱的一段导线。

干线是将电能从总配电箱送至各个照明分配电箱的线路。该段线路通常被称为供电线路。

分支线是将电能从分配电箱送至每个照明负荷的线路。该段线路通常被称为配电线路。

2）照明供配电网络的接线方式

照明供配电网络主要有 3 种基本接线方式：放射式、树干式和混合式。

如图 3-5 所示，在配电屏与各建筑总配电箱之间，以及总配电箱与各分配电箱之间，一般采用放射式接线方式，而在分配电箱与各用电设备之间，多采用树干式或混合式接线方式。

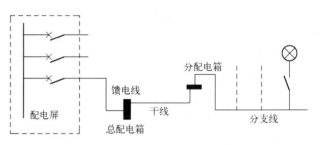

图 3-5　照明供配电网络的基本形式

照明供配电系统的设计除要正确选择供配电方式外，还应进行各支线负荷的平均分配，确定线路走向，划分各配电箱的供电范围，确定各配电箱的安装位置等。

扫一扫看 PPT：照明配电之分相

扫一扫看视频：照明配电之分相

扫一扫看 PPT：照明支路设计

扫一扫看视频：照明支路设计

3）照明供配电网络的设计原则

（1）由低压配电屏供电的三相照明线路的计算电流不宜大于 100A，单相供电线路的电流不宜超过 30A，每一回路连接的照明配电箱一般不超过 4 个，高层住宅的供配电一般以 6 层为一个供电区段。

（2）从常用导线截面、导线长度、灯数和电压降的分配等方面综合考虑，对于室内每一单相分支回路的电流：一般电光源的照明不宜超过 16A，高强气体放电灯或它的混合照明不宜超过 30A；对于室内每一分支回路的长度：三相 220/380V 线路一般不宜超过 100m，单相 220V 线路一般不宜超过 35m，分支线供电半径宜为 30 ～ 50m。

（3）从便于使用和管理等方面考虑，照明回路不宜超过 18 个，大型建筑组合灯具每一单相回路电光源不宜超过 60 个，建筑物轮廓灯每一单相回路不宜超过 100 个。

（4）备用照明和疏散照明的回路上不应设置插座，并且，当备用照明作为正常照明的一部分同时使用时，其配电线路及控制开关应分开装设；如果备用照明仅在事故情况下使用，则当正常照明因故障断电后，备用照明应自动投入工作。

（5）导线选择：配电箱进线不宜小于 BV-450/750V-6mm²，分支回路的导线一般选择 BV-450/750V-2.5mm²；三相四线配线中的中性线截面与相线相同。

（6）注意三相平衡度：最大相负荷不宜超过三相平均负荷值的 115%，最小相负荷不宜小于三相平均负荷值的 85%。

（7）不同回路的线路不宜穿在同一根管内。

（8）断路器选择：照明工程一般选用微型断路器，其电流整定值大于计算电流值，且小于导线载流量值；有专业人员管理的工厂、公共建筑的分支回路可采用单极断路器。

（9）电器器件选择应满足一般工作条件，如额定电压、额定电流、保护特性、工作状态、工作环境等，还应注意满足在短路条件下对短路耐受电流的要求。例如，对于变电所照明，假设母线段短路电流为 20kA，而照明总开关选用市场上较好的 C65N，其分段能力为 6～10kA，不能满足短路要求，此时的处理方式为更换其他断路器或在断路器上级加一组熔断器。

（10）插座不宜和照明灯具接在同一分支回路中，每一分支回路所接插座数量不宜大于 10，插座回路除有特殊要求外（如消防设备、安防设备、手术室），一般均设漏电保护器（剩余电流保护器），其动作电流不大于 30mA。

（11）潮湿场所照明及手提式照明应采用安全低电压供电。

（12）对于特别重要的照明负荷，宜在负荷末级配电箱上采用自动切换电源的方式，也可采用由两个专用回路各带约 50% 照明灯具的配电方式。

4. 进行负荷计算

对于一般工程，可采用单位面积耗电量法进行估算。根据工程的性质和要求，查阅有关手册，选取照明设备单位面积的耗电量，并乘以相应的面积即可得到所需照明供电负荷的估算值。如果需要进行准确计算，则应根据实际安装或设计负荷汇总，并考虑一定的照明负荷同时系数，即利用需要系数法确定照明计算负荷，以供电流计算之用。

扫一扫做测试：照明配电

知识梳理

1. 照明工程电气设计的主要任务：正确选择供电电压、配电方式；进行负荷计算；选择合理、方便的控制方式；选择合理的保护方法；尽量减少电气部分的投资和年运行费用等。

2. 照明工程电气设计应按照收集原始资料并了解电源情况→确定供电电源形式→确定照明配电系统→进行负荷分配→进行负荷计算→照明设备选型的步骤进行。

3. 不同的照明负荷应选择与之相适应的照明供电方式，同时，在进行照明工程电气设计时，应注意照明配电网络的设计原则等要求。

任务 3.2　照明负荷计算

负荷计算主要包括求计算负荷、尖峰电流，确定一、二级负荷和季节性负荷容量等内容。

负荷计算中最重要的就是求计算负荷，计算负荷是一组用电负载在实际运行时消耗电能最多的半小时的平均功率，用 P_c、Q_c、S_c、I_c 表示，工程上一般用 P_{js}、Q_{js}、S_{js}、I_{js} 表示。

求计算负荷的目的是将它作为按发热条件选择配电变压器、导体及电器的依据，并用来计算电压损失和功率损耗。在工程上为方便计算，也可将其作为电能消耗及无功功率补偿的计算依据。

求计算负荷常用的方法有需要系数法、二项式法、单位指标法、负荷密度法等，照明负荷计算的方法通常采用需要系数法和负荷密度法。

照明负荷计算就是计算照明电路所消耗功率的大小，也可以说是求照明线路电流的大小，但并不是求功率和电流的实际值，而是求"计算功率"和"计算电流"，二者均被称为计算负荷。

求照明负荷的目的是合理地选择供电导线、变压器和开关设备等元件，使电气设备和材料得到充分的利用，也是确定电能消耗量的依据。《民用建筑电气设计标准》（GB 51348—2019）中指出，在初步设计及施工图设计阶段，照明负荷宜采用需要系数法计算。

下面对民用建筑电气工程设计中常用的照明负荷计算方法进行介绍。

3.2.1 需要系数法

扫一扫看 PPT：
住宅照明负荷
计算

当采用需要系数法进行照明负荷计算时，应首先统计出各照明分支线路上的设备总容量，然后求出各照明分支线路的计算负荷，最后依次求出照明干线、低压总干线、进户线的计算负荷。

1. 仅存在同一类光源的情况

1) 确定各照明分支线路上的设备总容量 P_e

（1）对于热辐射电光源，如白炽灯、卤钨灯和带电子镇流器的气体放电电光源，照明分支线路上的设备总容量为各设备额定功率之和，即

$$P_e = \sum P_N$$

（2）带电子镇流器、触发器、变压器等附件的气体放电电光源的设备总容量等于灯管（泡）的额定功率 P_N 与附件功率损耗之和：

$$P_e = \sum (1 + \alpha) P_N$$

式中，α 为电光源的功率损耗系数，如表3-2所示。

表3-2　气体放电电光源的功率损耗系数

光源的种类或名称	功率损耗系数 α	光源的种类或名称	功率损耗系数 α
普通荧光灯	0.2	金属卤化物灯	0.14～0.23
高压汞灯	0.08～0.3	高压钠灯	0.12～0.2
自镇流的高压汞灯	0.08～0.15	—	—

（3）对于民用建筑内的插座，当未明确接入设备时，每组（一个标准75或86系列面板上有两孔和三孔插座各一个）插座按100W计算。

2) 分支线路的计算负荷 P_c

分支线路的计算负荷等于接在线路上的照明设备总容量，即 $P_c = P_e$。

3）照明干线上的计算负荷 $P_{c(L)}$

照明负荷一般都属于单相用电设备，设计时，首先应当考虑尽可能将它们均匀地分接到三相线路上，当计算范围内单相设备容量的和小于设备总容量的 15% 时，按三相平衡负荷确定干线上的计算负荷，此时干线上的计算负荷为

$$P_{c(L)} = K_d \times \sum P_e = K_d \times (P_{eA} + P_{eB} + P_{eC})$$

式中，P_{eA}、P_{eB}、P_{eC} 为 3 个单相的总设备功率；K_d 为需要系数，如表 3-3 所示。

表 3-3　照明干线回路的需要系数

建筑物类别	需要系数 K_d	建筑物类别	需要系数 K_d
应急照明	1	汽机房	0.9
生产建筑	0.95	厂区照明	0.8
图书馆	0.9	教学楼	0.8～0.9
多跨厂房	0.85	实验楼	0.7～0.8
大型仓库	0.6	生活区	0.6～0.8
锅炉房	0.9	道路照明	1

在实际照明工程中，要做到三相负荷平衡是很困难的，即上述条件较难满足，这时照明干线的计算负荷应按三相负荷中最大的一相进行计算，即认为三相等效负荷为最大相单相负荷的 3 倍，即此时干线上的计算负荷为

$$P_{c(L)} = 3K_d \cdot P_{em}$$

式中，P_{em} 为 P_{cA}、P_{eB}、P_{eC} 中的最大值。

"三相平衡"和"三相不平衡"也可用"相不平衡率 η"来衡量，即

$$\eta = \frac{P_{max} - P_{min}}{P_{av}}$$

式中，P_{max}、P_{min} 分别为三相中的最大和最小设备功率；P_{av} 为三相平均单相设备功率，即 $P_{av} = (P_{eA} + P_{eB} + P_{eC})/3$。

当 $\eta \leq 15\%$ 时，按三相平衡计算，即 $P_{c(L)} = K_d \times (P_{eA} + P_{eB} + P_{eC})$；当 $\eta > 15\%$ 时，按三相不平衡计算，即 $P_{c(L)} = 3K_d \times P_{em}$。

若要求 Q_c、S_c、I_c，则可分别用下面的公式：

$$Q_{c(L)} = P_{c(L)} \cdot \tan\varphi$$

$$S_{c(L)} = \sqrt{P_{c(L)}^2 + Q_{c(L)}^2}$$

$$I_{c(L)} = \frac{P_{c(L)}}{\sqrt{3} U_N \cdot \cos\varphi}$$

4）进户线、低压总干线的计算负荷 $P_{c总}$

进户线、低压总干线的计算负荷 $P_{c总}$ 为

$$P_{c总} = K_d \sum_{i=1}^{n} P_{c(L_i)}$$

扫一扫看 PPT：照明负荷设备功率计算案例

式中，$P_{c(L_i)}$ 为各干线的计算负荷（kW）；K_d 为进户线、低压总干线的需要系数，如表 3-4 所示。

表 3-4　民用建筑照明负荷需要系数

建筑种类	需要系数 K_d	备注
住宅楼	0.40～0.60	单元式住宅，每户两室 6～8 组插座，户装电表
单身宿舍楼	0.60～0.70	标准单间，1～2 盏灯，2～3 组插座
办公楼	0.70～0.80	标准单间，2～4 盏灯，2～3 组插座
科研楼	0.80～0.90	标准单间，2～4 盏灯，2～3 组插座
教学楼	0.80～0.90	标准教室，6～10 盏灯，1～2 组插座
商店	0.85～0.95	有举办展销会可能时
餐厅	0.80～0.90	—
门诊楼	0.35～0.45	—
旅游旅店	0.70～0.80	标准单间客房，8～10 盏灯，5～6 组插座
病房楼	0.50～0.60	—
影院	0.60～0.70	—
体育馆	0.65～0.70	—
博展馆	0.80～0.90	—

注：1. 每组（一个标准 75 或 86 系列面板上有两孔和三孔插座各一个）插座按 100W 计。
　　2. 当采用气体放电电光源时，需要计算镇流器的功率损耗。
　　3. 住宅楼的需要系数可根据各相电源上的户数选定：① 25 户以下取 0.45～0.5；
　　② 25～100 户取 0.40～0.45；③ 超过 100 户取 0.30～0.35。

2. 多种光源混合的情况

　　若照明线路中同时存在热辐射电光源（$\cos\varphi = 1$）和气体放电电光源（$\cos\varphi<1$），则在求照明系统的计算电流时，必须考虑不同光源的 $\cos\varphi$ 值不同这一因素，不能将各类照明设备的电流（或功率）直接相加作为总电流（或总功率），只能进行矢量相加。具体方法如下。

扫一扫看 PPT：
多种光源照明
支路负荷计算

　　第 1 步，求出每种电光源的 I_c 值（方法同前）。

　　第 2 步，求出每种电光源 I_c 的有功分量 I_{cp} 和无功分量 I_{cq}：

$$I_{cp} = I_c \cdot \cos\varphi = \frac{P_c}{U_p}$$

$$I_{cq} = I_c \cdot \sin\varphi = I_{cp} \cdot \tan\varphi$$

　　第 3 步，求总计算电流：

$$I_c = \sqrt{\left(\sum I_{cp}\right)^2 + \left(\sum I_{cq}\right)^2}$$

3.2.2　负荷密度法

　　负荷密度法是照明负荷的估算方法，一般在进行初步设计时用于计算用电量。负荷密度法是根据不同类型的负荷在单位面积上的需求量乘以建筑面积或使用面积得到的负荷量。该方法估算有功功率 P_c 的公式如下：

$$P_c = \frac{P_o \cdot A}{1\,000} \quad (\text{kW})$$

式中，P_o 为单位面积功率，即负荷密度（W/m²）；A 为建筑面积（m²）。

从上面的公式可以看出，使用负荷密度法估算的计算负荷是否准确完全取决于单位面积功率 P_o 的准确程度。因此，在选择、确定单位面积功率时，应综合考虑多方面的因素。

表 3-5 给出了部分建筑单位建筑面积照明计算负荷指标。

表 3-5　部分建筑单位建筑面积照明计算负荷指标

建筑物名称	单位建筑面积照明计算负荷/(W/m²)		建筑物名称	单位建筑面积照明计算负荷/(W/m²)	
	白炽灯	荧光灯		白炽灯	荧光灯
一般住宅	6～12		餐厅	8～16	
高级住宅	10～20		高级餐厅	15～30	
一般办公楼		8～10	旅馆、招待所	11～18	
高级办公楼	15～23		高级宾馆	26～35	
科学研究楼		12～18	文化馆	15～18	
教学楼		11～15	电影院	12～20	
图书馆		8～15	剧场	12～27	
中大型商场		10～17	体育练习馆	12～24	
展览厅	16～40		门诊楼	12～25	
锅炉房	5～8		病房楼	8～10	
车房	4～9		车库	57	

3.2.3　单位指标法

单位指标法与负荷密度法基本相同，都是根据已有的单位用电指标来估算计算负荷的方法。具体方法是已知不同类型的负荷在核算单位上的需求量，将其乘以核算单位的数量得到负荷量。它的有功计算负荷计算公式为

$$P_c = \frac{P'_e \cdot N}{1\,000} \ (\text{kW})$$

式中，P'_e 为有功负荷的单位指标（W/床、W/户、W/人等）；N 为核算单位的数量（床、户、人等）。

应该注意的是，单位用电指标的确定与国家经济形势的发展、电力政策及人民消费水平的高低有直接的关系，因此不是一成不变的数值。而且由于不同城市的经济发展水平不同，单位用电指标也会有很大的差别。

《民用建筑电气设计标准》对负荷计算方法的选取原则做了如下规定。

（1）在方案阶段可采用单位指标法；在初步设计及施工图阶段，宜采用需要系数法。对于住宅，在设计的各个阶段均可采用单位指标法。

（2）当用电设备较多，且各设备用电容量相差不悬殊时，宜采用需要系数法，一般用于干线、配电所的负荷计算。

（3）当用电设备较少，且各设备用电容量相差悬殊时，宜采用二项式法，一般用于支干线配电屏（箱）的负荷计算。

技能训练 18　负荷计算

任务单（3.2）如表3-6所示。

表3-6　任务单（3.2）

项目名称	照明工程电气设计	总学时	20
任务名称	负荷计算	学时	6
教学目标	1. 了解照明负荷计算的目的； 2. 掌握照明负荷计算的方法及步骤； 3. 熟悉标准中对照明负荷在各相分配、单相负荷计算等方面的规定； 4. 能够独立完成负荷计算表的填写任务		
教学载体	某建筑照明工程资料		
任务要求	1. 照明负荷计算的单项训练。 　要求：（1）每位学生独立完成； 　　　　（2）选择负荷计算的方法要正确； 　　　　（3）有详细步骤； 　　　　（4）完成时间40分钟； 　　　　（5）自评10分钟。 2. 照明负荷计算的综合训练。 　要求：（1）学习小组共同完成； 　　　　（2）不同类步骤的计算要有计算方法的简单说明； 　　　　（3）同时系数根据实际情况小组自选； 　　　　（4）根据计算结果决定是否需要进行无功补偿计算； 　　　　（5）完成时间50分钟； 　　　　（6）任务分工，合作完成； 　　　　（7）以抽签方式确定汇报人选		
问题思考	1. 如果在照明回路中存在两种不同类型的照明负荷，那么在进行照明负荷计算时应注意哪些问题？ 2. 从照明负荷计算过程中总结无功补偿的计算过程		
过程设计	多媒体讲授（100分钟）；案例分析（50分钟）；单项训练（40分钟）；自评（10分钟）；综合训练（50分钟）；小组汇报（40分钟）；小组互评（10分钟）		
教学方法	多媒体教学法、分组模拟教学法		

技能训练 19　照明线路负荷计算

某生产建筑物中的三相供电线路上接有250W荧光高压汞灯和白炽灯两种电光源，各相负荷分配如表3-7所示。

试求：线路的计算电流。

分析：查表得 $K_d = 0.95$，$\cos\varphi = 0.56$，$\tan\varphi = 1.48$。

（1）求每相高压汞灯的有功计算功率。

根据分支线路有功计算功率的计算公式 $P_c = P_e$，$P_e = \sum(1+\alpha)P_d$ 进行计算，这里 α 取 0.2。

A 相：$1\,000\text{W} \times (1+0.2) = 1\,200\text{W}$。

B 相：$2\,000\text{W} \times (1+0.2) = 2\,400\text{W}$。

C 相：$500\text{W} \times (1+0.2) = 600\text{W}$。

表3-7　各相负荷分配

相序	250W 高压汞灯	白炽灯
L1（A 相）	4 盏 1kW	2kW
L2（B 相）	8 盏 2kW	1kW
L3（C 相）	2 盏 0.5kW	3kW

（2）求每相白炽灯的有功计算功率。

A 相：2 000W。

B 相：1 000W。

C 相：3 000W。

（3）求每相高压汞灯的有功计算电流：

A 相：1 200W/220V≈5.45A。

B 相：2 400W/220V≈10.91A。

C 相：600W/220V≈2.73A。

（4）求每相高压汞灯的无功计算电流。

A 相：5.45A×1.48≈8.07A。

B 相：10.91A×1.48≈16.15A。

C 相：2.73A×1.48≈4.04A。

（5）求每相白炽灯的计算电流。

A 相：2 000W/220V≈9.09A。

B 相：1 000W/220V≈4.55A。

C 相：3 000W/220V≈13.64A。

（6）求线路总的计算电流：

$$I_{cA} = \sqrt{(5.45+9.09)^2 + 8.07^2}\,A \approx 16.63A$$

$$I_{cB} = \sqrt{(10.91+4.55)^2 + 16.15^2}\,A \approx 22.36A$$

$$I_{cC} = \sqrt{(2.73+13.64)^2 + 4.04^2}\,A \approx 16.86A$$

技能训练 20　配电箱的负荷计算

已知某配电箱的系统图如图 3-6 所示，$K_d = 0.9$，$\cos\varphi = 0.9$。试进行该配电箱的负荷计算。

A	TIB1-63C16	n_1	照明1.3kW
B	TIB1-63C16	n_2	照明1.3kW
C	TIB1-63C16	n_3	照明1.5kW
A	TIB1-63C16	n_4	照明1.1kW
B	TIB1-63C16	n_5	照明1.1kW
C	TIL 3-32C16/0.03	n_6	插座0.4kW
A	TIL 3-32C16/0.03	n_7	插座0.9kW
B	TIL 3-32C16/0.03	n_8	插座1.0kW
C	TIL 3-32C16/0.03	n_9	插座1.0kW
A	TIB1-63C16	n_{10} BV-3×2.5PC20CC	空调室内机1.0kW
B	TIB1-63C16	n_{11} BV-3×2.5PC20CC	空调室内机1.2kW
C	TIB1-63C16	n_{12} BV-3×2.5PC20CC	空调室内机1.2kW
A	TIB1-63C16		备用

TIB1-63C25/3

图 3-6　某配电箱的系统图

分析：

$$P_e = (1.3+1.3+1.5+1.1+1.1+0.4+0.9+1.0+1.0+1.0+1.2+1.2)\,kW = 13\,kW$$

$$P_{js} = K_d \cdot P_e = 0.9 \times 13\,kW = 11.7\,kW$$

$$I_{js} = \frac{P_{js}}{\sqrt{3}\,U \cdot \cos\varphi} = \frac{11.7}{\sqrt{3} \times 0.38 \times 0.9}\,A \approx 19.75\,A$$

 扫一扫做测试:照明负荷计算

知识梳理

1. 负荷计算中最重要的就是求计算负荷。求计算负荷常用的方法有需要系数法、二项式法、单位指标法、负荷密度法等。

2. 求负荷计算的目的是合理选择照明供电系统的变压器、导线和开关设备，也是用来计算电压损失和功率损耗的基础。

3. 照明负荷计算的步骤如下。

仅存在一种电光源的情况：确定各照明分支线路的设备总容量 P_e →分支线路的计算负荷 $P_c = P_e$ →照明干线上的计算负荷 $P_{c(L)} = K_d \times \sum P_e = K_d \times (P_{eA} + P_{eB} + P_{eC})$ →进户线和低压总干线的计算负荷 $P_{c\text{总}} = K_d \sum\limits_{i=1}^{n} P_{c(L_i)}$ →求出计算电流 I_c。

多种电光源混合的情况：求出每种电光源的 I_c 值（方法同前）→求出每种电光源 I_c 的有功分量 I_{cp} 和无功分量 I_{cq}（其中，$I_{cp} = I_c \cdot \cos\varphi = P_c/U_p$，$I_{cq} = I_c \cdot \sin\varphi = I_{cp} \cdot \tan\varphi$）→求总计算电流 $\left(I_c = \sqrt{(\sum I_{cp})^2 + (\sum I_{cq})^2}\right)$。

任务 3.3 导线的选择

导线的选择是建筑电气工程设计中一项重要的内容。导线选择不当，或者不能保证电气线路的正常运行，或者造成浪费。导线的选择方法应根据实际负荷情况而定，通常情况下还要对导线上的电压损失进行计算，因为规范中对不同场合供配电线路的电压损失有不同的规定。

在进行导线的选择时，要从导线的电压、材料、绝缘及护套、截面等方面考虑，还要区分相线、中性线和保护线。

通常情况下，照明线路的导线按电压损失条件进行选择，动力线路的导线按发热条件进行选择。

3.3.1 导线选择的原则

照明线路一般具有距离长、负荷相对比较分散的特点，因此供配电网络导线和电缆的选择一般按照下列原则进行。

（1）按使用环境和敷设方法选择导线和电缆的类型。

（2）按敷设的环境条件选择线缆和绝缘材质。

（3）按机械强度选择导线的最小允许截面。

（4）按允许载流量选择导线和电缆的截面。

（5）按电压损失校验导线和电缆的截面。

从上述选择原则可以看出，照明线路导线和电缆要有足够强的机械强度，避免因刮风、结冰或施工等原因被拉断；当长期流过电流时，不会因过热而烧坏；线路末端的电压损失不超过允许值。同时要考虑保护装置与照明线路的配合问题。当按上述原则选择的导线和电缆具有几种规格的截面时，应取其中较大的一种。

3.3.2　导线类型的选择

 扫一扫看视频：线缆标注与规格

导线是电线电缆的统称，电线电缆根据其本身具有的燃烧特性分为普通电线电缆、阻燃电线电缆（ZR）、耐火电线电缆（NH）及矿物绝缘电缆，在实际选用时，需要根据敷设方式、环境条件和应用场合进行具体选择。

不具有阻燃、耐火、无卤及低烟等特性的电线电缆称为普通电线电缆。在民用建筑供配电系统中，常用的型号有 BV、BVV、BX、BVR、BYJ(F)、YJV、YJV22 等。其中，"B"代表布线，第一个"V"代表聚氯乙烯绝缘，第二个"V"代表聚氯乙烯护套，"X"代表橡皮绝缘，"R"代表软线，"YJ"代表交联聚乙烯绝缘，"F"代表辐照，"22"代表聚氯乙烯铜带铠装。

在民用建筑中，一般照明线路多采用 BV 线；对于高层建筑，普通照明竖向配电干线、公共照明线路等通常选用无卤低烟阻燃电线电缆；高层建筑中的防排烟、消防电梯、疏散指示照明、消防广播、消防电话、消防报警设施等线路选用无卤低烟阻燃耐火线缆；消防配电线路应采用矿物绝缘类不燃性电缆。

常用普通电线电缆的名称、特点及应用场合如表 3-8 所示。

表 3-8　常用普通电线电缆的名称、特点及应用场合

类型	名称	特点	应用场合
BV	铜芯聚氯乙烯绝缘电线	多为单股单芯，较硬；具有抗酸碱、耐油性、防潮、防霉等特性；允许长期工作温度为 70℃	适用于交流电压为 450/750V 及以下的动力装置、日用电器、仪表及电信设备用的电缆电线，由于不宜被氧化，所以多用于隐蔽工程，如室内照明线路
BVV	铜芯聚氯乙烯绝缘聚氯乙烯护套电线	多股，与 BV 线比较较软，具有抗酸碱、耐油性、防潮、防霉特性；允许长期工作温度为 70℃	适用于交流电压为 450/750V 及以下的环境潮湿、对机械防护要求高的场所，如经常移动、弯曲、明装的场合
BX	铜芯橡皮绝缘电线	4mm² 以上多为多股，相对于 BV 线较软，使用寿命较短，氧化速度快；允许长期工作温度为 65℃	多用于交流电压为 450/750V 及以下的临时用电场所，对于敷设角度的要求大大降低，适合转弯穿管场合
BVR	铜芯聚氯乙烯绝缘软电线	多股较软，具有抗酸碱、耐油性、防潮、防霉等特性；允许长期工作温度为 70℃	适用于交流电压为 450/750V 及以下的动力装置、日用电器、仪器仪表及电信设备等线路，且多用于各种机械设备、配电柜当中需要弯曲的场合
BYJ(F)	铜芯辐照交联聚乙烯绝缘电线	具有耐高温、高阻燃、低烟无卤素的性能；载流量较大；允许长期工作温度为 90℃	广泛应用于交流电压为 450/750V 及以下的动力安全和对环保要求高的场合，如高层建筑、车站、机场、医院等人员密集场所
YJV	交联聚乙烯绝缘聚氯乙烯护套电力电缆	具有较好的热-机械性能和耐化学腐蚀性能；结构简单，质量轻；敷设不受落差限制；允许长期工作温度为 90℃	适用于交流电压为 0.6/1kV，敷设于室内、隧道、电缆沟及管道中，也可埋在松散的土壤中，电缆能承受一定的敷设牵引，但不能承受机械外力作用的场合
YJV22	铜芯交联聚乙烯绝缘钢带铠装聚氯乙烯护套电力电缆	具有较好的热-机械性能、优异的电气性能和耐化学腐蚀性能；与 YJV 线相比，其抗拉能力较强	适用于交流电压为 0.6/1kV，在室内、隧道、电缆沟及地下直埋敷设，能承受机械外力作用，但不能承受大的拉力的场合

3.3.3 线缆截面的选择

1. 按发热条件选择线缆的截面

1）三相系统相线截面的选择

当电流通过导线或电缆时，要产生功率损耗，使导线发热。导线的正常发热温度不得超过额定负荷时的最高允许温度。

当按发热条件选择三相系统中的相线截面时，应使其允许载流量 I_{al} 不小于通过相线的计算电流 I_c，即 $I_{al} \geqslant I_c$。

导线的允许载流量应根据敷设处的环境温度进行校正，公式为 $KI_{al} \geqslant I_c$，温度校正系数可按下式进行计算：

$$K = \sqrt{\frac{t_1 - t_0}{t_1 - t_2}}$$

式中，K 为温度校正系数；t_0、t_1、t_2 分别为导体最高允许工作温度、敷设环境温度、载流量表中采用的标准温度。

当按发热条件选择导线所用的计算电流 I_c 时，对降压变压器高压侧的导线，应取为变压器额定一次电流 $I_{1N.T}$；对电容器的引入线，由于电容器充电时有较大的涌流，因此应取为电容器额定电流 I_{NC} 的 1.35 倍。

2）中性线、保护线和保护中性线截面的选择

（1）中性线（N 线）截面的选择。

三相四线制系统中的中性线要通过系统的不平衡电流和零序电流，因此中性线的允许载流量不应小于三相系统的最大不平衡电流，同时要考虑谐波电流的影响。

一般三相四线制线路的中性线截面 A_0 应不小于相线截面 A_ϕ 的 50%，即

$$A_0 \geqslant 0.5 A_\phi$$

而由三相四线制线路引出的两相三线线路和单相线路，由于其中性线电流与相线电流相等，因此中性线截面 A_0 和相线截面 A_ϕ 相等，即

$$A_0 = A_\phi$$

对于三次谐波电流相当突出的三相四线制线路，由于各相的三次谐波电流都要通过中性线，使得中性线电流可能接近甚至超过相线电流，因此在这种情况下，中性线截面 A_0 按下式进行选择：

$$A_0 \geqslant A_\phi$$

（2）保护线（PE 线）截面的选择。

保护线要考虑三相系统发生单相短路故障时单相短路电流通过的短路热稳定度。

根据短路热稳定度的要求，保护线截面 A_{PE} 按《低压配电设计规范》（GB 50054—2011）进行选择。

① 当 $A_\phi \leqslant 16\text{mm}^2$ 时，$A_{PE} = A_\phi$。

② 当 $16\text{mm}^2 < A_\phi \leqslant 35\text{mm}^2$ 时，$A_{PE} = 16\text{mm}^2$。

③ 当 $A_\phi > 35\text{mm}^2$ 时，$A_{PE} \geqslant 0.5 A_\phi$。

（3）保护中性线（PEN 线）截面的选择。

保护中性线兼有保护线和中性线的双重功能，因此其截面选择应同时满足上述保护线和中性线的要求，取其中的最大值。

有关导线的载流量和各种校正系数详见资源"建筑电气常用数据"。

2. 按电压损失条件选择线缆的截面

扫一扫看视频：按电压损失条件选择导线截面

由于线路存在阻抗，所以在负荷电流通过线路时会产生电压损耗。因此规定，从变压器低压侧母线到用电设备受电端低压线路的电压损耗一般不超过用电设备额定电压的 5%；对视觉要求较高的照明线路为 2%～3%。如果线路的电压损耗超过了允许值，则应适当加大导线的截面，使之满足允许的电压损失要求。

在按电压损失条件选择线缆截面时，首先要掌握电压损失的计算方法，然后根据负荷情况进行具体计算。

1）集中负荷的三相线路电压损失的计算

在系统正常运行时，线路电压降是负荷电流在线路的阻抗上产生的。在三相交流线路中，当各相负荷平衡时，可首先计算一相的电压降，然后换算成线电压降值。

图 3-7 所示为终端有一个集中负荷的三相电路，以终端电压为基准，做出一相的电压相量图，如图 3-8 所示。

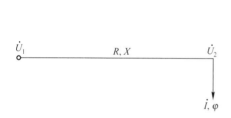

图 3-7　终端有一个集中负荷的三相电路

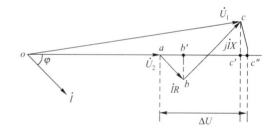

图 3-8　计算电压降的电压相量图

图 3-8 中的首端电压有效值 U_1 和终端电压有效值 U_2 之差 ΔU 为电压降；ab 是系统电阻引起的电压降，bc 是系统电抗引起的电压降。

我们把线路的首端电压有效值 U_1 与终端电压有效值 U_2 的代数差，即 $\Delta U=U_1-U_2$ 称为电压损失，即 ac''。由于 ac'' 大小的计算比较复杂，所以工程计算中常以 ac' 来代替。

由图 3-8 可以看出：

$$ac'=ab'+b'c'=IR\cos\varphi+IX\sin\varphi$$

式中，I 为负荷的每相电流（A）；R 为线路的每相电阻，$R=r_0L$（Ω）；X 为线路的每相电抗，$X=x_0L$（Ω），r_0、x_0 分别为单位长度线路的电阻、电抗值（Ω/km），L 为线路的长度（km）。

于是得到相电压损失：$\Delta U_\varphi=IR\cos\varphi+IX\sin\varphi$。

将相电压损失换算为线路电压损失：$\Delta U_L=\sqrt{3}\,\Delta U_\varphi=\sqrt{3}\,(IR\cos\varphi+IX\sin\varphi)$。

以上两个公式是在已知负荷的功率因数和相电流的前提下得到的，通常称为电流计算法。如果已知负荷的有功功率和无功功率，则可以得到功率计算法的计算公式：

$$\Delta U_\varphi=\frac{PR+QX}{3U_\varphi}\quad（相电压损失）$$

$$\Delta U_L = \frac{PR+QX}{U_L} \qquad (\text{线电压损失})$$

式中，P 为负载三相有功功率（kW）；Q 为负载三相无功功率（kvar）；U_L 为线路终端线电压（kV）；U_ψ 为线路终端相电压（kV）。

由于电网的额定电压不同，电压损失的绝对值 ΔU 并不能确切反映电压损失的程度，所以工程上通常用 ΔU 与额定电压的百分比来表示电压损失的程度，即

$$\Delta U\% = \frac{\Delta U}{U_N} \times 100\%$$

在三相系统中，电压损失常用线路额定电压的百分率表示，即

$$\Delta U\% = \frac{\Delta U}{U_N} \times 100\% = \frac{PR+QX}{U_N^2} \times 100\%$$

或

$$\Delta U\% = \frac{\sqrt{3}\,(IR\cos\varphi + IX\sin\varphi)}{U_N^2} \times 100\%$$

以上公式的推导是在只存在一个集中负荷的前提下得出的，但有时存在多个集中负荷，如图 3-9 所示。

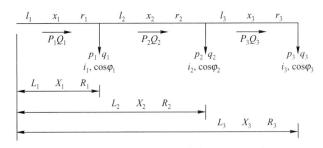

图 3-9　终端有多个集中负荷的三相电路

此时，可先分别求出各段线路的电压损失，再求出各段电压损失的和，由此便得出总的电压损失，计算过程如下：

$$\Delta U\% = \frac{\displaystyle\sum_{i=1}^{3}(p_i R_i + q_i X_i)}{U_N^2} \times 100\%$$

或

$$\Delta U\% = \frac{\displaystyle\sum_{i=1}^{3}(P_i r_i + Q_i x_i)}{U_N^2} \times 100\%$$

式中，$R_1 = r_1 l_1$；$X_1 = x_1 l_1$；$R_2 = r_1 l_1 + r_2 l_2$；$X_2 = x_1 l_1 + x_2 l_2$；$R_3 = r_1 l_1 + r_2 l_2 + r_3 l_3$；$X_3 = x_1 l_1 + x_2 l_2 + x_3 l_3$；$P_1 = p_1 + p_2 + p_3$；$Q_1 = q_1 + q_2 + q_3$；$P_2 = p_2 + p_3$；$Q_2 = q_2 + q_3$；$P_3 = p_3$；$Q_3 = q_3$。

从上述公式可以看出，在使用电压损失公式时，若功率用各负荷的功率，则电阻和电抗就要用电源点至负荷点全段的；若功率用负荷点处总的功率值，则电阻和电抗就要用各段上的对应数值。

2）均匀分布负荷的三相线路电压损失的计算

均匀分布负荷的三相线路是指三相线路单位长度线路上的负荷是相同的，如图 3-10 所示。

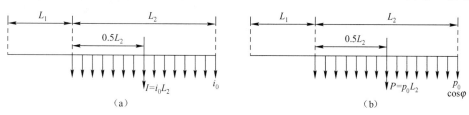

图 3-10　均匀分布负荷示意图

在实际电路中，许多情况下的负荷并不是集中负荷，特别是照明线路，往往是均匀分布负荷。在图 3-10（a）中，i_0 为单位长度线路上的负荷电流，其单位为 A/m，分布负荷的总长为 L_2。若线路导线截面一致并忽略导线电抗而只考虑导线电阻，则对于带有均匀分布负荷线路的电压损失可按下式计算：

$$\Delta U = \sqrt{3} I \cdot r_0 (L_1 + 0.5L_2)$$

式中，I 为沿线路 L_2 分布的负荷的总和，$I = i_0 \times L_2$。

这就是说，在计算带有均匀分布负荷的线路的电压损失时，可首先将分布负荷集中于分布线路 L_2 的中点，然后按集中负荷计算。此时，电压损失的计算公式还可以写为

$$\Delta U = \sqrt{3} I \cdot R = \sqrt{3} I \cdot r_0 (L_1 + 0.5L_2)$$

式中，R 为转换为集中负荷后导线的电阻。

当同时考虑导线的电阻和电抗时，同理也可以确定转化为集中负荷后导线电抗的计算公式为 $X = x_0(L_1 + 0.5L_2)$，此时可以使用前面集中负荷电压损失的计算公式计算均匀分布负荷线路的电压损失。

当均匀分布负荷用功率来表示时，如图 3-10（b）所示，p_0 为单位长度线路上的负荷功率，其单位为 W/m，同样可以使用上述方法将其转化为集中负荷后计算电路的电压损失。公式如下：

$$\Delta U = \frac{\sqrt{3} PR}{U_N} = \frac{\sqrt{3} Rp_0(L_1 + 0.5L_2)}{U_N}$$

3. 按机械强度要求选择线缆的截面

线缆截面必须满足机械强度要求。满足机械强度要求的线缆允许最小截面如表 3-9 所示。

表 3-9　满足机械强度要求的线缆允许最小截面

导线敷设方式	最小截面/mm²		
	铜芯软线	铜线	铝线
照明用灯头线 （1）室内 （2）室外	0.5 1	0.8 1	2.5 2.5
穿管敷设的绝缘导线	1	1	2.5
塑料护套线沿墙明敷设	1	1	2.5

续表

导线敷设方式	最小截面/mm²		
	铜芯软线	铜线	铝线
敷设在支持件上的绝缘导线 （1）室内，支持点间距为2m及以下 （2）室外，支持点间距为2m及以下 （3）室外，支持点间距为6m及以下 （4）室外，支持点间距为12m及以下		1 1.5 2.5 2.5	2.5 2.5 4 6
电杆架空线路380V低压		16	25
架空线引入 380V低压（绝缘导线长度不大于25m）		6	10（绞线）
电缆在沟内敷设、埋地敷设、明敷设380V低压		2.5	4

技能训练21 导线选择

任务单（3.3）如表3-10所示。

表3-10 任务单（3.3）

项目名称	照明工程电气设计	总学时	20
任务名称	导线的选择	学时	8
教学目标	1. 熟悉导线的类型及其应用场合； 2. 掌握导线选择的原则与方法； 3. 熟悉规范中对电压损失方面的相关规定； 4. 能独立查找相关参数进而进行供电线路上电压损失的计算； 5. 能够独立完成电压损失计算表的填写任务		
教学载体	某建筑照明工程资料		
任务要求	1. 导线选择训练。 要求：（1）每位学生独立完成； 　　　（2）选择导线的方法要正确； 　　　（3）相线、中性线、保护线均应有选择的计算过程； 　　　（4）完成时间40分钟； 　　　（5）自评10分钟。 2. 照明配电线路电压损失计算的综合训练。 要求：（1）计算不同线路段的电压损失； 　　　（2）每处的计算结果要有对应的计算过程； 　　　（3）负荷力矩法和电流力矩法均要完成； 　　　（4）根据计算结果决定是否需要进行导线规格的调整，若需要，应如何调整？ 　　　（5）完成时间100分钟； 　　　（6）任务分工，合作完成； 　　　（7）以抽签方式确定汇报人选		
问题思考	在电流损失计算方法中，负荷力矩法和电流力矩法在使用条件方面有何不同		
过程设计	多媒体讲授（100分钟）；案例分析（100分钟）；导线选择训练（40分钟）；自评（10分钟）；电压损失计算综合训练（100分钟）；小组汇报（40分钟）；小组互评（10分钟）		
教学方法	多媒体教学法、分组模拟教学法		

技能训练 22　按发热条件选择导线截面

有一条采用 BLV-500 型铝芯橡皮线明敷设的 220/380V 的 TN-S 线路，计算电流为 60A，敷设地点的环境温度为 +35℃。试按发热条件选择此线路的导线截面。

分析：此 TN-S 线路为 5 根线的三相五线制线路，包括相线、中性线和保护线。

（1）相线截面的选择。已知环境温度为 +35℃ 时明敷设的 BLV-500 型铝芯橡皮线的截面为 $16mm^2$，它的 $I_{al}=69A>I_c=60A$，满足发热条件，因此相线截面选 $A_\phi=16mm^2$。

（2）中性线截面的选择。根据公式 $A_0 \geq 0.5A_\phi$，选 $A_0=10mm^2$。

（3）保护线截面的选择。由于 $A_\phi=16mm^2$，故取 $A_{PE} \geq A_\phi=16mm^2$。

因此，所选导线型号可表示为 BLX-500-($3\times16+1\times10+PE16$)。

技能训练 23　电压损失计算

（1）某单相两线制系统，电压 $U=220V$，负荷电流 $I=30A$，功率因数 $\cos\varphi=0.85$（滞后），每根导线的电阻 $R=0.036\,2\Omega$，电抗 $X=0.001\,38\Omega$，线路产生的电压降是多少？

分析：由 $\cos\varphi=0.85$ 知 $\sin\varphi=0.526\,8$。

单相两根导线产生的总电压降为

$$\Delta U = 2(IR\cos\varphi+IX\sin\varphi)$$
$$= 2\times30\times(0.036\,2\times0.85+0.001\,38\times0.526\,8)$$
$$\approx 1.89\ (V)$$

$$\Delta U\% = \frac{\Delta U}{U_N}\times100\% = \frac{1.89}{220}\times100\% \approx 0.86\% < 5\%$$

即满足要求。

（2）某三相系统，已知电动机的容量为 100kVA，电压为 380V，功率因数为 0.8，线路总阻抗为 $(0.009\,75+j0.005\,7)\Omega$，电压损失百分率为多少？

分析：由 $\cos\varphi=0.8$ 知 $\sin\varphi=0.6$，故有

$$P = S\cos\varphi = 100\times0.8 = 80\ (kW)$$
$$Q = S\sin\varphi = 100\times0.6 = 60\ (kvar)$$

$$\Delta U\% = \frac{PR+QX}{U_N^2}\times100\% = \frac{(80\times0.009\,75+60\times0.005\,7)\times1\,000}{380^2}\times100\% \approx 0.78\% < 5\%$$

即满足要求。

在通常情况下，先按发热条件选择导线，再用电压损失条件进行校验，看导线的选择是否合适。但有时也需要在已知电压损失的条件下选择导线的截面。在低压供电线路（380/220V）中，网络的功率因数一般接近 1，此时由公式 $\Delta U\% = \dfrac{\sum\limits_{i=1}^{n}R_iP_i}{U_N^2}$ 和 $R = \dfrac{L}{\gamma\cdot S}$ 可以推出：

$$\Delta U\% = \frac{\sum\limits_{i=1}^{n}P_i\dfrac{L_i}{\gamma\cdot S}}{U_N^2} = \frac{\sum\limits_{i=1}^{n}P_iL_i}{\gamma\cdot S\cdot U_N^2}$$

$$S = \frac{\sum\limits_{i=1}^{n} P_i L_i}{\Delta U\% \cdot \gamma \cdot U_N^2} = \frac{\sum\limits_{i=1}^{n} P_i L_i}{C \cdot \Delta U\%}$$

式中，P_i 为第 i 台设备的功率（kW）；L_i 为从电源到第 i 个负荷点的距离（m）；$\Delta U\%$ 为设备所在线路的允许电压损失百分比；C 为计算系数，是由电路的相数、额定电压及导线材料的电导率等决定的，当 $\cos\varphi = 1$ 时，其具体数值如表 3-11 所示。

表 3-11　计算线路电压损失公式中的 C 值（$\cos\varphi = 1$）

线路额定电压/V	供电系统	C 值	
		铜	铝
220/380	三相四线制	72	44.5
220/380	两相及中性线	32	19.8
380		36.01	22.23
220		12.07	7.45
110	单相及直流	3.018	1.863
42		0.44	0.276
36		0.323	0.199 5
24		0.144	0.087
12		0.035 9	0.022 2

技能训练 24　按电压损失选择导线截面

在如图 3-11 所示的三相四线制系统中，采用 BLX 导线，杆距均为 40m，允许电压损失 5%。试求 ab 段导线截面应选多大？

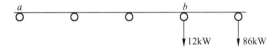

图 3-11　三相四线制系统

分析：由"三相四线制、铝线"查表 3-11 得 $C = 44.5$，故有

$$S = \frac{\sum P_i L_i}{C \cdot \Delta U\%} = \frac{12 \times 120 + 86 \times 160}{44.5 \times 5} \approx 68.31 \ (\text{mm}^2)$$

或

$$S = \frac{(12+86) \times 120 + 86 \times 40}{44.5 \times 5} \approx 68.31 \ (\text{mm}^2)$$

因此，ab 段导线截面应取 70mm²。

扫一扫做测试：照明线路导线选择

知识梳理

导线的选择要从导线的电压、材料、绝缘及护套、截面等方面综合考虑。

通常情况下，照明线路的导线按电压损失条件进行选择，动力线路的导线按发热条件进行选择。

导线和电缆的选择一般按照下列原则进行。

（1）按使用环境和敷设方法选择线缆的类型。

（2）按线缆敷设的环境条件选择线缆和绝缘材质。

（3）按机械强度选择导线的最小允许截面。

（4）按允许载流量选择线缆的截面。

（5）按电压损失校验线缆的截面。

任务 3.4　照明设备的选型

照明设备的选型与设计是照明工程电气设计的重要内容之一，主要包括开关、插座、断路器的选型，配电箱的设计与计算，以及照明配电线路的保护等知识。

3.4.1　照明配电线路的保护

扫一扫看PPT：照明线路保护

照明配电线路应装设短路保护、过负载保护和接地故障保护。

1. 短路保护

照明配电线路的短路保护应在短路电流对导体和连接件产生的热作用与电动作用造成危害之前切断短路电流。短路保护电器的分断能力应能切断安装处的最大预期短路电流。

所有照明配电线路均应该设短路保护，主要选用熔断器、低压断路器及能承担短路保护责任的漏电保护器。当采用低压断路器作为短路保护电器时，短路电流不应小于低压断路器瞬时（或短延时）过电流脱扣整定电流的 1.3 倍。对于照明配电线路，干线或分干线的短路保护电器应装设在每回线路的电源侧、线路的分支处和线路载流量减小处。

在一般照明配电线路中，常采用相线上的保护电器保护 N 线（中性线）。当 N 线的截面与相线的截面相同或虽小于相线的截面但已能被相线上的保护电器保护时，不需要为 N 线设置保护；当 N 线不能被相线上的保护电器保护时，应为 N 线设置保护电器。

N 线保护要求如下。

（1）一般不需要将 N 线断开。

（2）若需要断开 N 线，则应装设能同时切断相线和 N 线的保护电器。

（3）在装设剩余电流动作的保护电器时，应将其所保护回路的所有带电导线断开。但在 TN 系统中，如果能可靠地保持 N 线为地电位，则 N 线不需要断开。

（4）在 TN 系统中，严禁断开 PEN 线，不得装设断开 PEN 线的任何电器。当需要为 PEN 线设置保护时，只能断开有关的相线回路。

（5）PEN 线应满足导线机械强度和载流量的要求。

2. 过负载保护

照明配电线路过负载保护的目的是在由线路过负载电流所引起导体的温升对其绝缘、接插头、端子或周围物质造成严重损害之前切断电路。

过负载保护电器宜采用具有反时限特性的保护电器，其分断能力可低于保护电器安装处的短路电流，但应能承受通过的短路能量。

过负载保护电器的约定动作电流应大于被保护照明配电线路的计算电流，但应小于被保护照明配电线路允许持续载流量的 1.45 倍。

过负载保护电器的整定电流应保证在出现正常的短时尖峰负载电流时不切断线路供电。

3. 接地故障保护

接地故障是指因绝缘损坏致使相线对地或与地有联系的导电体之间短路。它包括相线与大地，以及 PE 线、PEN 线、配电设备和照明灯具的金属外壳、敷线管槽、建筑物金属构件、水管、暖气管及金属屋面之间的短路。接地故障是短路的一种，仍需要及时切断电路，以保证线路短路时的热稳定。

照明配电线路应设置接地故障保护，其保护电器应在线路发生故障时，或者在危险的接触电压的持续时间内导致人身间接电击伤亡、电气火灾及线路严重损坏之前，迅速、有效地切除故障电路。由于接地故障电流较小，保护方式还因接地形式和故障回路阻抗不同而异，所以接地故障保护比较复杂。接地故障保护总的原则如下。

（1）切断接地故障的时限应根据系统接地形式和用电设备使用情况确定，但最长不宜超过 5s。

（2）应设置总等电位连接，将电气线路的 PE 干线或 PEN 干线与建筑物金属构件和金属管道等导电体连接。

一般照明配电线路的接地故障保护采用能承担短路保护责任的漏电保护器，其漏电动作电流依据断路器安装位置不同而异。一般情况下，照明配电线路的最末一级线路（如插座回路、安装高度低于 2.4m 的照明灯具回路等）的漏电动作电流为 30mA，分支线、支线、干线的漏电动作电流有 50mA、100mA、300mA、500mA 等。

3.4.2 照明配电设备的选择

照明配电设备主要有照明配电箱、插座和开关等。

扫一扫看 PPT：照明工程配电箱设计

1. 照明配电箱

配电箱（盘）是照明和动力线路中的重要组成部分，按控制对象可分为照明配电箱和动力配电箱，按控制层次又分为总箱、分箱和操作箱。

照明配电箱一般采用封闭式箱结构，悬挂式或嵌入式安装，箱中一般装有小型空气断路器、漏电开关、中性线和保护线、汇流排等。

照明配电箱常用型号的含义如图 3-12 所示。

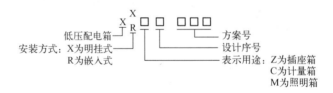

图 3-12　照明配电箱常用型号的含义

在照明设计中，应首先根据负荷性质和用途确定选用照明箱、计量箱、插座箱，然后根据控制对象负荷电流的大小、电压等级及保护要求确定配电箱内支路开关电器的容量、电压等级，按负荷管理所划分的区域确定回路数，并应留有 1～2 个备用回路。在选择配电箱时，还应根据使用环境和场合的要求，确定配电箱的结构形式（明装、暗装）、外观颜色及外壳保护等级（防火、防潮、防爆等）。

1）进线断路器的选择

进线断路器的整定值决定了住户可以用多大的用电负荷，在装有 5（20）A、5（30）A 和 10（40）A 容量的电表时，只有当其相应进线断路器整定值分别为 20A、32A 和 40A 时，才能带动上述负荷。当超载时，进线断路器跳闸，住户内所有电源都会断掉。同样，当进线断路器电流整定值为 16A 时，如果负荷超过 3kW，那么也会出现跳闸断电现象，因此，不能将大容量用电负荷集中装于一条支路上。

2）出线断路器的选择

在照明、插座和空调 3 个支路的基础上，当住户的家用电器较多时，增加厨房、电热水器等支路也是必要的。

（1）照明支路的断路器一般采用 16A 的单极微断开关。

（2）为了保证人身安全，除空调外的插座支路均应装有漏电保护装置。用于住宅的漏电开关动作电流为 30mA，时间不大于 0.1s。

2. 插座

工程中，插座可按相数分为单相插座和三相插座，按安装方式分为明装插座、暗装插座，按防护方式分为普通式插座和防潮式插座、防爆式插座。插座的额定电压一般为 220～250V，额定电流有 10A、13A、15A、16A 几种规格。

在干燥的正常环境中可采用普通式插座，在潮湿环境中可采用防潮式插座，在有腐蚀性气体或易燃易爆环境中可采用防爆式插座。

3. 开关

开关按使用方式分为拉线开关和翘板开关，按安装方式分为明装开关和暗装开关，按控制数量分为单联开关、双联开关、三联开关，按控制方式分为单控开关、双控开关，按外壳防护形式分为普通式开关、防水防尘式开关、防爆式开关等。

室内开关的额定电压一般为 220V，电流一般为 3～10A。工程中，同一建筑物内的开关应采用同一系列的产品，并应操作灵活、接触可靠，还要考虑与使用环境适合的外壳防护形式。

开关和插座的型号说明如图 3-13 所示。

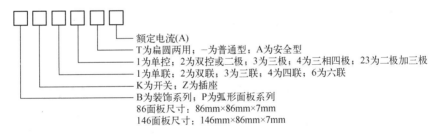

图 3-13 开关和插座的型号说明

3.4.3 低压断路器的选型

1. 低压断路器的作用和分类

低压断路器是一种不仅能通断正常负荷电流，还能切断故障电流，并保护人身安全和电力设备安全的重要电器元件。它用于不频繁地接通和切断设备的电源，并且具有交、直流线路过负载保护、短路保护或欠电压保护和接地故障保护。通断正常负荷电流、切断故障电流，以及完成过负载保护和断路保护是低压断路器的基本功能。

低压断路器有多种分类方式，按使用类别分，有选择型的 B 类断路器（有短时耐受电流 I_{cw} 要求）和非选择型的 A 类断路器（无短时耐受电流 I_{cw} 要求）；按结构形式分，有框架式（又称万能式）、塑壳式和微型断路器；按灭弧介质分，有空气式和真空式（目前多为空气式）；按操作方式分，有手动操作、电动操作和弹簧储能机械操作；按极数分，可分为单极式、二极式、三极式和四极式；按安装方式分，有固定式、插入式、抽屉式等。根据市场和

扫一扫看视频：断路器的选型

厂家的习惯，主要按结构形式来分类，分为空气断路器（框架式断路器）、塑壳式断路器、微型断路器。

通常在使用中，由于框架式断路器的技术参数较大（额定电压和额定电流，以及相应的分断能力等性能均优于其他两种低压断路器），因此通常安装在负荷电流和故障电流比较大，需要比较高的安全性和可靠性的地方。框架式断路器多用于进线、联络及大电流负荷的馈线。它的下一级就可以使用塑壳式断路器，在线路的终端使用微型断路器。低压断路器的配置顺序如图 3-14 所示。

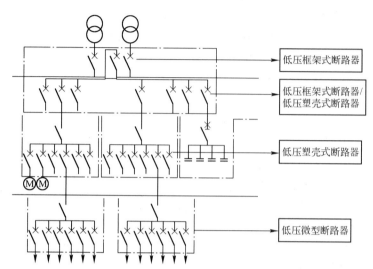

图 3-14　低压断路器的配置顺序

从低压电源开始，一般应按照以下顺序确定线路中的低压开关：低压电源→框架式断路器→塑壳式断路器→微型断路器。

国内常见的框架式断路器为 DW 系列，通常用于交流 50Hz，额定工作电压 1 140V，额定电流为 4 000A 以下的供配电网络中，也可用来保护电动机或在正常条件下不频繁启动的控制。西门子公司的 3WN 系列可以在温度较高（可达到+55℃）的环境下运行。

表 3-12 所示为国内常见框架式断路器的参数（部分）。

表 3-12　国内常见框架式断路器的参数（部分）

型号	规格	额定绝缘电压/V	额定频率/Hz	额定冲击耐受电压/V	额定工作电压/V	额定电流/A	极限分断能力/kA	使用分断能力	短时耐受电流/(kA/s)	关合容量(kA峰值)	分断类型
DW15	DW15-630	690	50/60	12	380	200	20	100%	20	50	Y
						400	30	100%	30	75	Y
						630	30	100%	30	75	Y
	DW15-1600	690	50/60	12	380	1 000	40	75%	40	100	Y
	DW15-2500	690	50/60	12	380	2 500	60	67%	60	150	Y
DW17	DW17-1600	1 140	50/60	12	690	630	30	100%	30	75	H
						800	30	100%	30	75	H
	DW17-2500	1 140	50/60	12	690	2 500	80	100%	80	200	H
	DW17-3200	1 140	50/60	12	690	3 200	80	100%	80	200	H
Emax	E1	1 000	50/60	12	690	800 ～ 1 600	42	100%	42	88.2	B
	E2	1 000	50/60	12	690	800 ～ 2 000	85	100%	65	187	S
	E3	1 000	50/60	12	690	800 ～ 3 200	130	100%	85	286	V

国内常见的塑壳式断路器有 Compact NS 系列，其特点是具有比较强的分断能力（$I_{cs} = 100\%$，$I_{cu} = 150\text{kA}$）和限流能力；ABB 公司的 Tmax 系列，其电流可达 630A；西门子公司的 3VU/3VF 系列，可用于电动机的不频繁启动和保护，也可用于线路的保护等。

表 3-13 所示为常见塑壳式断路器的参数（部分）。

表 3-13　常见塑壳式断路器的参数（部分）

型号	规格	额定绝缘电压/V	额定频率/Hz	额定冲击耐受电压/V	额定工作电压/V	额定电流/A	极限分断能力/kA	使用分断能力	类别
Compact NS	NS100	750	50/60	8	690	100	36/50/70/150	100%	N/SX/H/L
	NS160	750	50/60	8	690	160	36/70/150	100%	N/ H/L
	NS250	750	50/60	8	690	250	36/70/150	100%	N/ H/L
3VF	3VF2	415	50/60	8	415	160～225	18/9	100%	—
	3VF3	690/750	50/60	8	660/750	160～225	40	100%	—
Tmax	T1	800	50/60	8	690	160	10	100%	B
	T2	800	50/60	8	690	160	30	100%	N
DZ20	DZ20-100	660	50/60	8	400	100	18/35/100		Y/J/G

国内常见的微型断路器有 C65 系列、Easy 系列、CDB 系列、DZ47 系列产品，其中，C65 系列产品具有体积小、性能稳定、可配装多种附件的特点，而且可以为终端配电用户提供完善的保护，如短路保护、过负载保护、防雷保护和接地故障保护；CDB 系列产品具有过负载和短路双重保护；DZ47 系列产品适用于交流 50/60Hz，额定工作电压为 240V/415V 及以下，额定电流至 60A 的电路中。该种断路器主要用于现代建筑物电气线路及设备的过负载保护、短路保护，也用于线路的不频繁操作及隔离。

表 3-14 所示为常见微型断路器的参数。

表 3-14　常见微型断路器的参数

系列	型号	最大工作电压/V	额定频率/Hz	机械寿命/万次	冲击耐受电压/kV	额定电流范围/A	分断能力/kA	极数	脱扣曲线类型
C65	C65a	440	50/60	2	6	6,10,16,20,25,32,40,50,63	4.5	1-4P	C
	C65N	440	50/60	2	6	1,2,4,6,10,16,20,25,32,40,50,63	6	1-4P	C，D
	C65H	440	50/60	2	6	1,2,4,6,10,16,20,25,32,40,50,63	10	1-4P	C，D
	C65L	440	50/60	2	6	1,2,4,6,10,16,20,25,32,40,50,63	15	1-4P	C，D
DZ47		415	50/60	2	6	1,3,5,10,15,20,25,32	6	1-4P	B，C，D
		415	50/60	2	6	40,50,60	4.5	1-4P	B，C，D
CDB	CDB1	230/400	50	2	6	1,3,6,10,16,20,25,32,40,50,63	6	1-4P	B，C，D
	CDB2	230/400	50	2	10	63,80,100,125	10	1-4P	C，D
	CDB3	230	50	2	3	6,10,16,20,25,32	3	1P+N	C，D
	CDB7	230/400	50	2	6	1,3,6,10,16,20,25,32,40,50,63	6	1-4P	B，C，D

2. 低压断路器的主要技术参数

1）额定电压 U_N

额定电压指低压断路器能够长期正常工作的最大电压值。

2）额定电流 I_N

对于塑壳式断路器和框架式断路器，额定电流分为断路器壳架额定电流和断路器脱扣器额定电流。断路器壳架额定电流是指能长期通过断路器本体的最大电流；断路器脱扣器额定电流是指能够长期通过脱扣器的最大电流。

3）额定极限短路分断能力 I_{cu}

额定极限短路分断能力指断路器在规定的试验电压和操作条件下经过"分闸—3min—合分闸"（O—3min—CO）操作后，还能通过介电性能试验和脱扣器的试验，能够分断的最大电流值。

4）额定运行短路分断能力 I_{cs}

额定运行短路分断能力指断路器在规定的试验电压和操作条件下，经过"分闸—3min—合分闸—3min—合分闸"（O—3min—CO—3min—CO）操作后，还能通过介电性能试验、脱扣器的试验和温度试验，能够承受的最大电流值。

5）额定短时耐受能力 I_{cw}

额定短时耐受能力指断路器在规定的试验条件下短时间能够承受的最大电流值，对于有选择型的 B 类断路器，需要有 I_{cw} 值；对于非选择型的 A 类断路器，不需要有 I_{cw} 值。

3. 低压断路器的选择原则

低压断路器的选择原则如下。

（1）断路器的额定电压 $U_N \geq$ 电源和负载的额定电压。

（2）断路器的额定电流 $I_N \geq$ 负载工作电流。

（3）断路器脱扣器额定电流 $I_N \geq$ 负载工作电流。

（4）断路器极限通断能力 $I_{cu} \geq$ 电路的最大短路电流。

（5）脱扣器保护功能的选择：目前常见的断路器脱扣器形式有热磁式和电子式两种，这两种脱扣器的结构不一样，但都能够实现过负载保护和短路保护。对于热磁式脱扣器，最多只能提供两段保护，即过负载长延时保护和短路瞬动保护（或称为热保护和磁保护）；也有根据需要，脱扣器只具有磁保护功能的，如有些用于电动机保护的断路器，与热继电器配合使用，断路器只提供短路保护就可以了。而对于电子式脱扣器，产品类型更多一些，有的具有两段保护功能，有的具有三段保护功能，即过负载长延时保护、短路短延时保护和短路瞬动保护；还有把接地故障保护和过负载保护、短路保护功能做在一起的脱扣器。

此外，由于微型断路器的动作曲线主要有 A、B、C、D 四种，因此需要根据不同的负荷选择具有不同曲线的断路器。A 特性一般用于需要快速、无延时脱扣的使用场合，即用于较小的峰值电流值（通常是额定电流 I_N 的 2～3 倍），以限制允许通过的短路电流值和总的分断时间；B 特性一般用于需要较快速度脱扣且峰值电流不是很大的场合，与 A 特性相比，B 特性允许通过的峰值电流 $<3I_N$，一般用于白炽灯、电加热器等电阻性负载及住宅线路的保护；C 特性一般适用于大部分电气回路，允许负载通过较大的短时峰值，与 A 特性相比，C 特性一般允许通过的峰值电流 $<5I_N$，通常用于荧光灯、高压气体放电灯、动力配电系统的线路保护；D 特性一般适用于具有很大的峰值电流（$<10I_N$）的开关设备，通常用于交流额定电压与频率下的控制变压器和局部照明变压器的一次线路及电磁阀的保护。

技能训练 25 低压断路器的选型

任务单（3.4）如表 3-15 所示。

表 3-15 任务单（3.4）

项目名称	照明工程电气设计	总学时	20
任务名称	照明设备的选型	学时	4
教学目标	1. 熟悉不同照明设备的用途及使用场合； 2. 掌握常用照明设备选择的原则与方法； 3. 熟悉规范中对照明设备选择方面的相关规定； 4. 能独立查找相关资料并进行照明设备选择的计算； 5. 能够独立完成照明设备的选择任务		
教学载体	某照明工程设备选型案例		
任务要求	1. 断路器选择训练。 要求：（1）每位学生独立完成； 　　　（2）选择断路器的方法要正确； 　　　（3）应有选择的计算过程； 　　　（4）完成时间 30 分钟。 2. 照明配电箱设计计算的综合训练。 要求：（1）设计照明配电箱的结构； 　　　（2）选择每条回路的导线； 　　　（3）选择每条回路的开关设备； 　　　（4）设计回路的保护措施； 　　　（5）完成时间 50 分钟； 　　　（6）任务分工，合作完成； 　　　（7）以抽签方式确定汇报人选		
问题思考	1. 配电箱设计应考虑哪些方面？需要进行什么计算？ 2. 配电箱设计中应考虑的线路保护包含什么内容		
过程设计	多媒体讲授（50 分钟）；案例分析（50 分钟）；断路器选择训练（30 分钟）；配电箱设计计算综合训练（50 分钟）；小组汇报（20 分钟）		
教学方法	多媒体教学法、分组模拟教学法		

技能训练 26 框架式断路器的选用

已知一变电站内安装有两台互为备用的 10kV/0.4kV、短路阻抗为 6%、容量为 1 600kVA 的变压器，上级电网的短路容量为 500MVA，安装方式为户内安装。高压侧经电缆与 10kV 系统相连，低压侧经母排与低压开关柜内的低压进线断路器连接。低压系统为单母线分段，用母联断路器连接两段母线。在正常情况下，母线上的最大工作电流均为 1 200A。在一台变压器退出运行时，由另一台变压器负担全部负荷。在计算过程中，母排的电压降和阻抗可忽略。低压进线断路器的选择要求如下。

（1）计算变压器低压侧出口短路电流为 38kA，计算过程如下。

① 电力系统电抗值：

$$X_S = \frac{U_c^2}{S_{oc}} = \frac{0.4^2}{500}\Omega = 3.2 \times 10^{-4}\Omega$$

② 变压器的电抗值：

$$X_T = \frac{U_K\% \cdot U_c^2}{100 U_{TN}} = \frac{6 \times 0.4^2}{100 \times 1\,600}\Omega = 6 \times 10^{-3}\Omega$$

③ 短路阻抗值：

$$X_\Sigma = 0.006\,3\Omega$$

④ 短路电流值：

$$I_K^{(3)} = \frac{U_c}{\sqrt{3}X_\Sigma} = \frac{0.4}{\sqrt{3} \times 0.006\,3}\text{kA} = 37.3\text{kA}（取 38\text{kA}）$$

（2）计算变压器满负荷运行电流为 $\dfrac{1\,600}{\sqrt{3} \times 0.38}$A = 2 431A。

（3）断路器额定电压 $U_N \geqslant 400$V。

（4）断路器额定电流 $I_N \geqslant 2\,431$A。

（5）断路器脱扣器额定电流 $I_N \geqslant 2\,400$A。

（6）断路器极限通断能力 $I_{cu} \geqslant 38$kA。

可选择 DW15-2500 型号，其各个参数均满足上述要求。

脱扣器的选择：选择电子式脱扣器，具有接地故障保护和过负载保护、短路保护功能。

技能训练 27　塑壳式断路器的选用

在前述变电站内部低压系统中有一三相电路，负荷为正常工作状况下需要连续运行的三相四线接线的绕线式电动机，系统运行电压为 380V，功率为 18.5kW，$\eta = 0.7$，功率因数为 0.75。安装处的短路预期电流为 22kA，试选择低压断路器。

计算工作电流如下：$I = \dfrac{P}{\sqrt{3}U\cos\varphi \cdot \eta} = \dfrac{18.5}{\sqrt{3} \times 0.38 \times 0.75 \times 0.7}$A ≈ 53.6A。

选择额定电流为 63A 的塑壳式断路器，选择 DZ20-100 型号。

脱扣器选择：选择电子式脱扣器，具有过负载保护、短路保护功能。

技能训练 28　微型断路器的选用

在前述变电站低压配电系统的某照明配电箱内有一回路，为 30 只 220V、40W 单相荧光灯供电，总容量为 1 200W。荧光灯在启动时可能会通过比较大的短时峰值电流（一般不大于 $5I_N$），必须保证微型断路器允许负载通过较大的短时峰值电流而断路器不动作，因此选择 C 特性曲线的微型断路器。计算工作电流，得 30×40/220 = 5.5（A），可选择施耐德电气公司的 Mult9 产品，型号为 C65N-C6A/2P，也可选择 CDB7-6。

扫一扫做测试：照明线路控制与保护

知识梳理

1. 照明设备的选型与设计主要包括开关、插座、断路器的选型，配电箱的设计与计算，以及照明配电线路的保护等知识。

2. 照明配电线路应装设短路保护、过负载保护和接地故障保护。

3. 根据负荷性质、用途和电流的大小确定配电箱内支路开关电器的容量、电压等级、回路数，并应留有 1～2 个备用回路。

4. 插座的额定电压一般为 220～250V，额定电流有 10A、13A、15A、16A 几种规格。

5. 室内开关的额定电压一般为 220V，电流一般为 3～10A。

6. 低压断路器的选择原则。

（1）断路器的额定电压 $U_N \geqslant$ 电源和负载的额定电压。

（2）断路器的额定电流 $I_N \geqslant$ 负载工作电流。

（3）断路器脱扣器额定电流 $I_N \geqslant$ 负载工作电流。

（4）断路器极限通断能力 $I_{cu} \geqslant$ 电路的最大短路电流。

思考与练习题 3

1. 简述照明电气设计的内容。

2. 简述照明电气设计的基本步骤。

3. 画图说明照明供电方式。

4. 照明电气设计的基本原则是什么？

5. 计算照明负荷的目的是什么？

6. 负荷计算有哪几种方法？在照明工程设计的 3 个阶段中，分别常用什么方法？

7. 总结需要系数法的计算步骤。

8. 已知某建筑照明配电干线系统图如图 3-15 所示，若给定 $K_d = 0.6$，求 π 接箱进线处的计算负荷 P_{js}、Q_{js}、S_{js} 和 I_{js}。

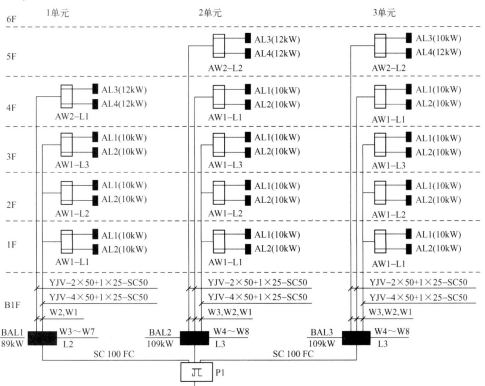

图 3-15 某建筑照明配电干线系统图

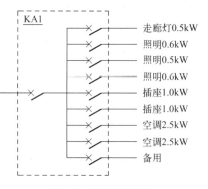

9. 某 380V 的三相线路供电给 16 台 4kW、$\cos\varphi = 0.87$、$\eta = 85\%$ 的电动机，各电动机之间相距 2m，线路全长 50m。试按发热条件选择明敷设的 BLX-500 型导线截面（环境温度为 30℃），并校验机械强度，计算其电压损耗（取 $K_\Sigma = 0.7$）。

10. 照明系统设计时要进行哪些低压设备的选型？

11. 常用的断路器如何分类？各种类型分别在照明供电系统中的什么地方使用？

12. 低压断路器的选型应考虑哪些参数？

13. 如何选择开关？

14. 照明配电箱的设计应体现的几方面是什么？

15. 对图 3-16 给出的配电箱系统进行设计，要求进行必要的计算，完成相应的标注。

图 3-16　配电箱系统

 考考你的能力

方法与步骤：

1. 实地考察所在学校的锅炉房、箱式变电站或教学楼等场所，了解其配电线路的结构。

2. 画出相应的系统图。

3. 在能力所及的范围内进行负荷计算。

4. 找出负荷距电源最远的一条配电线路，进行电压损失的计算。

你的能力指数（满分 10 分）：

完成第 1 步，得 3 分。

完成第 2 步，得 6 分。

完成第 3 步，得 8 分。

完成第 4 步，满分！（教师必须提前做好答案）

项目 4

建筑供配电设计与设备选型

教	知识重点	1. 建筑供配电设计的内容与步骤； 2. 负荷计算； 3. 短路电流及其计算； 4. 变压器的选择； 5. 电气设备的选择
	知识难点	电气设备的选择和校验
	推荐教学方式	分组学习、任务驱动
	建议学时	32 学时
学	学生知识储备	1. 常用电气设备产品知识； 2. 建筑供配电工程设计规范和标准； 3. 负荷计算的内容
	能力目标	具有负荷计算和短路计算的能力；具有变压器选择能力；具有高/低压电气设备选择能力；具有导线选择能力；具有变电所主接线设计能力

教学过程示意图

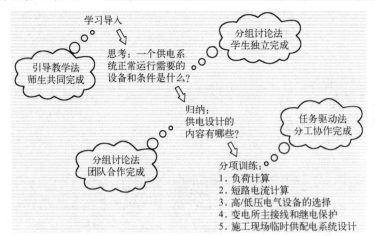

>>>>> **训练方式和手段** >>>>>>>>>>>>>>>>>>>>>>>>>>>>>>>

整个训练分为4个阶段：

第1阶段

训练目的：了解建筑供配电设计的内容。

训练方法：结合变电所的主接线图，教师可针对教学内容提出相关问题。

第2阶段

训练目的：学会负荷计算和短路计算的方法。

训练方法：分项训练法，采用案例分析实施教学。

训练步骤：

1. 学生讨论计算的目的和方法。

2. 教师给出完整答案并讲述计算方法。

3. 学生练习。

第3阶段

训练目的：学会高／低压电气设备的选择方法。

训练方法：分组讨论法。

训练步骤：

1. 供电变压器的分类、型号和选择方法。

2. 各种高压电气设备的特点、型号、表示符号和选择方法。

3. 各种低压电气设备的特点、型号、表示符号和选择方法。

4. 主接线的种类和应用环境。

第4阶段

训练目的：学会建筑供配电设计的内容、步骤与方法，具有相应的设计能力。

训练方法：案例分析法。

训练步骤：

1. 进一步分析变电所的主接线图。

2. 教师提出设计任务。

3. 学生完成设计。

学生学习成果展示：

1. 负荷计算表。

2. 短路计算表。

3. 主接线图。

教学载体　18 层高层住宅小区供配电工程

扫一扫看图片：高层住宅项目施工图

工程概况：该工程为普通住宅小区，共有 6 栋住宅建筑，其中 2 栋多层、4 栋高层。小区供电电源取自 10kV 城市公共电网，经小区 10kV/0.4kV 预装式变电所降压后为住宅建筑供电。

这里所提供的工程案例施工图为其中的一栋二类高层住宅建筑，共 18 层，其中，第 2 层为标准层，第 18 层为设备层（机房设备）。该高层住宅建筑共 3 个单元，1 梯 3 户，分两个户型，分别按 8kW/户和 6kW/户预留用电容量。

任务 4.1　建筑供电系统

4.1.1　建筑供电系统和电网电压

扫一扫看 PPT：电力系统简介

扫一扫看视频：电力系统简介

1. 建筑供电系统的组成

由电力线路将发电厂、变电所和电力用户联系起来的一个发电、输电、变电、配电和用电的整体称为电力系统。图 4-1 是电力系统方框图；图 4-2 是电力系统示意图，虚线部分表示建筑供电系统。

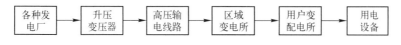

图 4-1　电力系统方框图

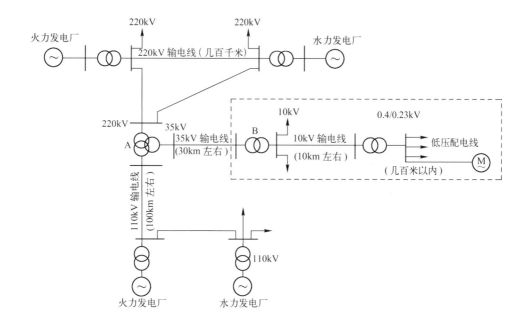

图 4-2　电力系统示意图

发电厂是将自然界蕴藏的各种一次能源转换成电能（二次能源）的工厂。发电厂按其利用的能源不同，可分为水力发电厂、火力发电厂、核能发电厂、地热发电厂、太阳能发电厂等。

变电所是变换电压和分配电能的场所，由变压器、配电装置和保护装置组成。变电所有升压变电所和降压变电所之分。变电所是各类建筑的电能供应中心。不变换电压，只分配电能的变电所叫配电所。

建筑供电系统由高压及低压配电线路、变电所（包括配电所）和用电设备组成，如图 4-2 中的虚线部分所示。

2. 电网电压

扫一扫看动画：电力系统输电过程

为了使电气设备的设计与制造实现标准化、系列化，各种电气设备都规定有额定电压。电气设备在额定电压下运行时的技术、经济效益最好。我国规定的三相交流电网和电力设备的额定电压如表 4-1 所示。

表 4-1 我国规定的三相交流电网和电力设备的额定电压

分类	电网和用电设备的额定电压/kV	发电机的额定电压/kV	电力变压器的额定电压/kV	
			一次绕组	二次绕组
低压	0.38	0.4	0.38	0.4
	0.66	0.69	0.66	0.69
高压	3	—	3，3.15	3.15，3.3
	6	—	6，6.3	6.3，6.6
	10	—	10，10.5	10.5，11
	—	13.8，15.75，18，20	13.8，15.75，18，20	—
	35	—	35	38.5
	66	—	66	72.5
	110	—	110	121
	220	—	220	242
	330	—	330	363
	500	—	500	550

1）用电设备的额定电压

由于用电设备运行时要在线路中产生电压损耗，因而造成线路上各点电压略有不同，如图 4-3 中的虚线所示。但是成批生产的用电设备的额定电压不可能按使用地点的实际电压来制造，只能按线路首端与末端的平均电压，即电网的额定电压 U_N 来制造，因此，用电设备的额定电压规定与电网的额定电压相同。

2）发电机的额定电压

扫一扫看视频：电压等级及其计算

由于同一电压的线路一般允许的电压偏差是 ±5%，即整个线路允许有 10% 的电压损耗。因此，为了维持线路首端与末端的平均电压为额定值，线路首端电压应较电网的额定电压高 5%，如图 4-4 所示。而发电机是接在线路首

端的，因此规定发电机额定电压高于所供电网额定电压的5%。

3）电力变压器的额定电压

对于电力变压器一次绕组的额定电压，若变压器直接与发电机相连，如图4-4中的变压器 T_1，则其一次绕组的额定电压应与发电机的额定电压相同，即高于电网额定电压的5%。

若变压器不与发电机直接相连，而连接在线路的其他部位，则应将变压器看作线路上的用电设备。因此变压器一次绕组的额定电压应与电网的额定电压相同，如图4-4中的变压器 T_2。

电力变压器二次绕组的额定电压是指变压器在一次绕组上加上额定电压时的二次绕组空载电压。而变压器在满载运行时，绕组内有大约5%的阻抗压降。因此，当变压器二次绕组的供电线路较长时，变压器二次绕组的额定电压应高于电网额定电压的10%，如图4-4中的变压器 T_1；当变压器二次绕组的供电线路不长时，变压器二次绕组的额定电压只需高于电网额定电压的5%，如图4-4中的变压器 T_2。

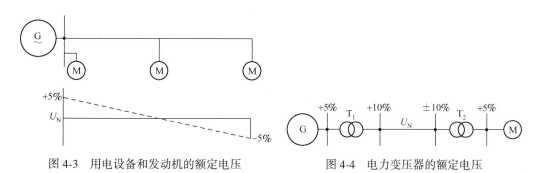

图4-3 用电设备和发动机的额定电压　　　　图4-4 电力变压器的额定电压

4.1.2 评价电能质量的基本指标

扫一扫看视频：供电质量的评价

对于工业与民用建筑供电系统，提高电能质量主要是指提高电压质量和供电可靠性。

供电质量的评价主要体现在以下几方面。

1. 供电可靠性

供电可靠性即供电的不间断性。供电可靠性指标是根据用电负荷的等级要求制定的，对于不同的用电负荷，分别采用相应的供电方式以达到对供电可靠性的要求。

2. 频率

我国采用的工业频率（简称工频）标准统一规定为50Hz。所有电力用户的用电设备都是按照50Hz来设计的，若电网频率过高或过低，则将影响设备运行的经济性和安全性。因此规定频率允许偏差一般为±0.2Hz，当系统容量较小时，频率允许偏差可放宽到±0.5Hz。频率的调整主要依靠发电厂。

3. 电压质量

1）电压偏差

用电设备端子处的电压偏差是以实际电压与额定电压之差的百分数来表示的，即

$$\Delta U\% = \frac{U - U_N}{U_N} \times 100\%$$

式中，U_N 为用电设备的额定电压（kV）；U 为用电设备的实际电压（kV）。

产生电压偏差的主要原因是系统内存在由滞后的无功负荷引起的系统电压损失。

《民用建筑电气设计标准》（GB 51348—2019）规定，在正常运行情况下，用电设备端子处的电压偏差允许值宜符合下列要求。

（1）对于照明，室内场所为±5%；对于远离变电所的小面积一般工作场所，当难以满足上述要求时，可为+5%和-10%；应急照明、景观照明、道路照明和警卫照明宜为+5%和-10%。

（2）一般用途电动机宜为±5%。

（3）电梯电动机宜为±7%。

（4）对于其他用电设备，当无特殊规定时，宜为±5%。

2）电压波动

电压波动是由负荷的大幅度变化引起的，如电动机的满载启动等造成负荷电压急剧变化，大型混凝土搅拌机、轧钢机等冲击性负荷的工作引起电网电压明显波动等。

3）高次谐波及其抑制

高次谐波是由具有非线性阻抗特性和非正弦电流特性的电气设备产生的。装有电力电子元件的设备，如整流、逆变、变频调速、调压等装置，以及具有非线性阻抗的电气设备，如气体放电灯、交流电动机、电焊机、变压器、感应炉等，都是产生高次谐波的根源。

高次谐波电流会使变压器、电动机、线路上的损耗升高，使系统继电保护和自动装置发生误动作，并且产生信号干扰，影响附近通信设备的正常工作。当前，高次谐波的干扰已成为电力系统中影响电能质量的一大"公害"。

为了保证供电质量，控制由各类非线性用电设备产生的高次谐波引起的电网电压正弦波形畸变在合理范围内，宜采用下列措施。

（1）三相整流变压器采用 Y、d 或 D、y 连接。

（2）增加整流变压器二次绕组的相数。

（3）按高次谐波次数装设分流滤波器。

（4）调整三相负载使其尽量保持三相平衡。

4. 建筑供电系统的电压

在供电系统中，额定电压等级的确定应视用电量大小、供电距离的长短等条件来确定。此外，供电系统的额定电压还与用电设备的特性、供电线路的回路数、用电单位的远景规划、当地已有电网现状和它的发展规划，以及经济合理等因素有关。

在《民用建筑电气设计标准》（GB 51348—2019）中，对民用建筑供配电系统电压的选择做出了明确的规定：当用电设备总容量在 250kW 及以上或变压器容量在 160kVA 及以上时，宜以 10(6)kV 供电；当用电设备总容量在 250kW 以下或变压器容量在 160kVA 以下时，可由低压方式供电。

在我国，建筑供配电系统的供电电压一般按下述方法进行选择。

（1）对于 100kW 以下用电负荷的建筑，一般不设变电所，只设一个低压配电室向设备供电。

（2）对于中型建筑设施的供电，一般电源进线为 6 ～ 10kV，经过高压配电所，再由高压配电所分出几路高压配电线，将电能分别送到各建筑物变电所，降为 220/380V 低压，供给用电设备。

（3）一些大型、特大型建筑有总降压变电所，把 35 ～ 110kV 电压降为 6 ～ 10kV 电压，

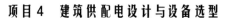

向各楼宇变电所供电，楼宇变电所把 6～10kV 降为 220/380V 电压，向低压用电设备供电。

4.1.3　电力负荷的分级和对供电电源的要求

扫一扫看视频：负荷分级及其供电要求

电力用户有各种用电设备，它们的工作特征和重要性各不相同，对供电的可靠性和供电质量的要求也不同。因此，应对用电设备或负荷进行分类，以满足负荷对供电可靠性的要求，保证供电质量，降低供电成本。

1. 负荷分级及对供电电源的要求

按对供电可靠性的要求及中断供电造成的损失或影响的程度，我国将电力负荷划分为以下三级。

1）一级负荷

一级负荷为中断供电将造成人身伤亡者或中断供电将造成重大影响或重大损失者，如国民经济中重点企业的连续性生产过程被打乱，中央政府机关不能正常办公，等等。

扫一扫看 PDF：民用建筑中各类建筑物的主要用电负荷分级

在一级负荷中，当中断供电时，将发生中毒、爆炸和火灾等情况的负荷，以及特别重要场所的不允许中断供电的负荷称为特别重要的负荷。

扫一扫做测试：负荷分级及供电要求

一级负荷应由两个独立电源供电。所谓独立电源，就是指当一个电源发生故障时，另一个电源应不致同时受到损坏。一级负荷中特别重要的负荷除有上述两个独立电源外，还必须增设应急电源。为保证对特别重要的负荷的供电，严禁将其他负荷接入应急供电系统。应急电源一般包括独立于正常电源的发电机组、干电池、蓄电池和供电网络中有效地独立于正常电源的专门馈电线路。

满足一级负荷供电要求的系统如图 4-5 所示。

2）二级负荷

二级负荷为中断供电将造成较大影响或损失者，如中断供电造成主要设备损坏、大量产品报废、人员集中的重要公共场所秩序混乱等。

二级负荷应由双回电力线路供电，供电变压器也应有两台（两台变压器不一定在同一变电所），做到当电力变压器发生故障或电力线路发生常见故障时，不致中断或中断后能迅速恢复供电。

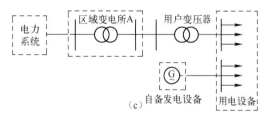

图 4-5　满足一级负荷供电要求的系统

3）三级负荷

对一些非连续性生产的中小型企业，中断供电仅影响产量或造成少量产品报废的用电负荷，以及一般民用建筑的用电负荷等均称为三级负荷。三级负荷对供电电源没有特殊要求，一般由单回电力线路供电。

2. 高层建筑的用电负荷

高层建筑的用电负荷相对复杂一些，总体来讲，一、二级负荷较多，现分析如下。

1）给排水动力负荷

对于给排水动力负荷，生活水泵、专用消防水泵按一级负荷供电，其余为二级负荷。

2）空调机组动力负荷

高层建筑均安装中央空调系统，空调机组一般为三级负荷。

3）电梯负荷

在高层建筑中，一般都配备客梯、货梯、工作电梯和消防电梯。消防电梯为一级负荷，其余为二级负荷。

4）电扶梯负荷

电扶梯一般为二、三级负荷。

5）照明负荷

五星级宾馆客房的照明负荷，高层建筑物内部的疏散诱导照明灯，工作场所的事故照明灯，楼梯内的事故照明灯，消火栓内的按钮控制消防水泵启动的控制电源，都应视为一级负荷。一般工作场所的工作照明为二级或三级负荷。

6）通风机负荷

通风机有送风机、排风机，以及消防系统使用的防烟和排烟风机。消防系统使用的防烟和排烟风机为一级负荷，其余为二、三级负荷。

7）弱电设备负荷

弱电设备负荷主要有防灾中心用电负荷、办公自动化系统用电负荷、通信及传真系统用电负荷、安保系统用电负荷、卫星电视及广播系统用电负荷、自备发电室照明及控制电源，按一级负荷供电。

8）电炊设备用电负荷

电炊设备用电负荷一般为三级负荷。

9）插座用电负荷

插座用电负荷按三级负荷供电。

4.1.4　建筑供电系统中性点接地方式

中性点接地方式是指供电系统中变压器的中性点与大地连接的方式。通常，中性点接地方式有中性点不接地、中性点经阻抗接地和中性点直接接地3种。前两种称为小电流接地系统，最后一种称为大电流接地系统。

1. 10kV配电网中性点接地方式

在我国10kV电力系统中，大多数采用中性点不接地的方式。当系统单相接地电流大于30A时，采用中性点经消弧线圈接地的方式。

2. 低压供电系统中性点接地方式

低压供电系统直接关系到用电设备及用电人员的安全。在建筑供电系统中，普遍采用TN系统，即电源的中性点直接接地、设备外露可导电部分与电源中性点直接连接的系统。TN系统中有3种具体的接线方式。

1）TN-S系统

TN-S系统如图4-6（a）所示，电源中性点直接接地，并由中性点引出两根线，其中一根为中性线（N线），另一根为保护线（PE线）。中性线的作用是传输三相系统中的不平衡

电流，以减少中性点的偏移，使系统正常工作，同时连接单相用电设备；保护线的作用是防止发生触电事故，保证人身安全。

2）TN-C 系统

TN-C 系统如图 4-6（b）所示，它将 N 线与 PE 线合二为一，用 PEN 线来承担两者的功能。

3）TN-C-S 系统

TN-C-S 系统如图 4-6（c）所示，它是 TN-C 系统和 TN-S 系统的结合形式。

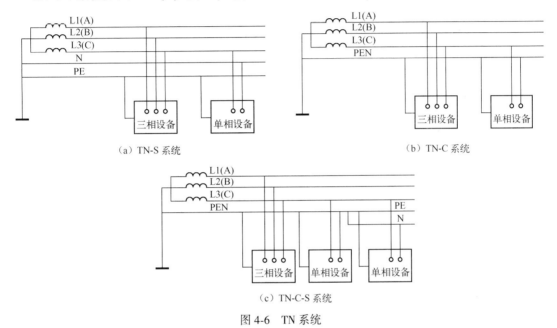

图 4-6　TN 系统

3 种系统的使用应根据负荷的等级、负荷的性质、负荷的使用场合等几方面的因素来确定。通常情况下，供电系统的形式可以参照下列条件确定。

（1）对于采用三相供电的三相对称负荷（动力负荷），如果这些设备在使用时，操作人员与之接触的机会很少，则可以采用 TN-C 系统。

（2）对于采用三相供电的不对称负荷（照明负荷及其他单相用电负荷），而且这些用电设备对电源的要求较高，同时由于操作人员与这些用电设备接触的机会较多，所以为保证电源的可靠性和操作人员的人身安全，应采用 TN-S 系统。由于该系统的保护线是专用的，故安全性较高。

（3）对于采用三相供电的不对称负荷（照明负荷及其他单相用电负荷），如果这些用电设备对电源的要求不是很高（如一般民用建筑中的住宅建筑），同时由于操作人员与这些用电设备接触的机会较多，所以为了减少投资和保证操作人员的人身安全，应采用 TN-C-S 系统。

4.1.5　建筑供电设计的内容与步骤

1. 建筑供电设计的内容

建筑供电设计是建筑电气设计的重要组成部分。建筑供电设计的内容包括确定供电电源及供电电压、确定高压电气主接线及低压电气主接线、选择变/配电设备等。具体的设计内容如下。

（1）确定负荷等级和各类负荷容量。

（2）确定供电电源及电压等级、电源出处、电源数量及回路数、专用线或非专用线、电缆埋地或架空、近/远期发展情况。

（3）确定备用电源和应急电源的容量及性能要求，当有自备发电机时，说明其启动方式及其与市电网的关系。

（4）确定高、低压供电系统的接线形式及运行方式，正常工作电源与备用电源之间的关系，母线联络开关的运行和切换方式，变压器之间低压绕组的联络方式，重要负荷的供电方式。

（5）确定变、配电所的位置、数量、容量及形式（户内、户外或混合）、设备技术条件和选型要求。

（6）继电保护装置的设置。

（7）电能计量装置。考虑供电部门和建设方内部核算的要求，选择高压或低压计量方式。

（8）功率因数补偿方式。说明功率因数是否达到要求，以及应补偿容量和采取的补偿方式与补偿前后的结果。

（9）操作电源和信号。说明高压设备操作电源和运行信号装置配置情况。

（10）工程供电。高/低压进出线路的型号及敷设方式。

2. 建筑供电设计的步骤

对于10kV及以下的供配电系统，设计时应首先结合建筑物或其他用电负荷级别、用电容量、用电单位的电源情况和电力系统的供电情况等因素确定供电方案，并充分保证满足供电可靠性和经济合理性的要求，在此基础上确定高/低压电气主接线，进行变/配电设备的选择。因此，建筑供电设计的步骤是确定供电方案→确定高/低压电气主接线→进行变/配电设备的选择。

任务4.2　负荷计算

 扫一扫看 PPT：负荷计算基本知识

 扫一扫做测试：负荷计算

负荷计算是建筑供电设计的重要依据，计算结果对选择电气设备起着决定性的作用。负荷计算是选择变压器、高/低压电气设备、线路电缆和导线截面等的重要依据。

建筑电气工程常用的负荷计算方法有负荷密度法（包括单位指标法）和需要系数法。一般在方案设计阶段采用负荷密度法，在工程初步设计和施工图设计阶段采用需要系数法。对于住宅类建筑，在设计的各个阶段均可采用单位指标法。负荷密度法和单位指标法已在项目3中讲述过，这里只对需要系数法做进一步说明（前面提到的需要系数法针对的是照明工程的负荷计算，这里更加侧重动力负荷）。

4.2.1　需要系数法

 扫一扫看视频：电力系统负荷计算概述

 扫一扫看视频：需要系数法负荷计算

需要系数法就是利用设备容量 P_e 确定计算负荷 P_c 时采用的方法，其表达式为

$$P_c = K_d \cdot P_e$$

式中，K_d 为需要系数。

形成需要系数的原因是用电设备组的所有设备不一定同时运行，引入同时系数 K_Σ；每台设备不可能都满载运行，引入负荷系数 K_L；电气设备运行时会产生功率损耗，引入设备组的平均效率 η_S；配电线路也会产生功率损耗，引入配电线路的平均效率 η_L。因此，需要系数可表示为

$$K_d = \frac{K_\Sigma \cdot K_L}{\eta_S \cdot \eta_L}$$

在实际应用中，很难通过这4个系数取得需要系数，而是根据实际运行系统的统计及经验得出需要系数。表4-2～表4-5给出了民用建筑中部分用电设备的需要系数和功率因数的值。

表4-2 宾馆饭店主要用电设备的需要系数和功率因数

序号	项目	需要系数 K_d	功率因数 $\cos\varphi$	序号	项目	需要系数 K_d	功率因数 $\cos\varphi$
1	全馆总负荷	0.4～0.5	0.8	9	厨房	0.35～0.45	0.7
2	全馆总电力	0.5～0.6	0.8	10	洗衣机房	0.3～0.4	0.7
3	全馆总照明	0.35～0.45	0.85	11	窗式空调器	0.35～0.45	0.8
4	冷冻机房	0.65～0.75	0.8	12	客房	0.4	—
5	锅炉房	0.65～0.75	0.75	13	餐厅	0.7	—
6	水泵房	0.6～0.7	0.8	14	会议室	0.7	—
7	通风机	0.6～0.7	0.8	15	办公室	0.8	—
8	电梯	0.18～0.2	DC 0.4/AC 0.8	16	车库	1	—

表4-3 建筑工地常用用电设备组的需要系数及功率因数

用电设备组名称	需要系数 K_d	功率因数 $\cos\varphi$	$\tan\varphi$
通风机和水泵	0.75～0.85	0.80	0.75
运输机、传送机	0.52～0.60	0.75	0.88
混凝土及砂浆搅拌机	0.65～0.70	0.65	1.17
破碎机、筛、泥浆、砾石洗涤机	0.70	0.70	1.02
起重机、掘土机、升降机	0.25	0.70	1.02
电焊机	0.45	0.45	1.98
建筑室内照明	0.80	1.0	0
工地住宅、办公室照明	0.40～0.70	1.0	0
变电所照明	0.50～0.70	1.0	0
室外照明	1.0	1.0	0

表4-4 民用建筑常用用电设备组的需要系数及功率因数

用电设备组名称	需要系数 K_d	功率因数 $\cos\varphi$	$\tan\varphi$
照明	0.7～0.8	0.90～0.95	0.48
冷冻机房	0.65～0.75	0.8	0.75
锅炉房、热力站	0.65～0.75	0.75	0.88
水泵房	0.6～0.7	0.8	0.75
通风机	0.6～0.7	0.8	0.75
电梯	0.18～0.22	0.8	0.75
厨房	0.35～0.45	0.85	0.62
洗衣房	0.30～0.35	0.85	0.62
窗式空调	0.35～0.45	0.8	0.75

续表

用电设备组名称	需要系数 K_d	功率因数 $\cos\varphi$	$\tan\varphi$
舞台照明 200kW 以上 100～200kW	0.6	1	0
	0.5	1	0

表 4-5　机械工业需要系数表

用电设备组名称	需要系数 K_d	功率因数 $\cos\varphi$	$\tan\varphi$
一般工作制的小批生产金属冷加工机床	0.14～0.16	0.5	1.73
大批生产金属冷加工机床	0.18～0.20	0.5	1.73
小批生产金属热加工机床	0.20～0.25	0.55～0.60	1.33～1.51
大批生产金属热加工机床	0.27	0.65	1.17
生产用通风机	0.70～0.75	0.80～0.85	0.62～0.75
卫生用通风机	0.65～0.70	0.8	0.75
泵、空气压缩机	0.65～0.70	0.8	0.75
不连锁运行的提升机、皮带运输等连续运输机械	0.5～0.6	0.75	0.88
带连锁的运输机械	0.65	0.75	0.88
$\varepsilon=25\%$ 的吊车及电动葫芦	0.14～0.20	0.5	1.73
铸铁及铸钢车间起重机	0.15～0.30	0.5	1.73
轧钢及锐锭车间起重机	0.25～0.35	0.5	1.73
锅炉房、修理、金工、装配车间起重机	0.05～0.15	0.5	1.73
加热器、干燥箱	0.7～0.8	0.95～1	0～0.33
高频感应电炉	0.7～0.8	0.65	1.17
低频感应电炉	0.8	0.35	2.67
电阻炉	0.65	0.8	0.75
电炉变压器	0.35	0.35	2.67
自动弧焊变压器	0.5	0.5	1.73
点焊机、缝焊机	0.35～0.60	0.6	1.33
对焊机、铆钉加热器	0.35	0.7	1.02
单头焊接变压器	0.35	0.35	2.67
多头焊接变压器	0.4	0.5	1.73
点焊机	0.10～0.15	0.5	1.73
高频电阻炉	0.5～0.7	0.7	1.02
自动装料电阻炉	0.7～0.8	0.98	0.2
非自动装料电阻炉	0.6～0.7	0.98	0.2

因此，采用需要系数法求计算负荷的通用公式为

$$P_c = K_d \cdot P_e \quad (\text{kW})$$

$$Q_c = P_c \cdot \tan\varphi \quad (\text{kvar})$$

$$S_c = \sqrt{P_c^2 + Q_c^2} \quad (\text{kVA})$$

三相时：
$$I_c = \frac{S_c}{\sqrt{3}\,U_N}\ \text{(A)}$$

单相时：
$$I_c = \frac{S_c}{U_N}\ \text{(A)}$$

式中，P_c、Q_c、S_c、I_c 分别称为有功计算负荷、无功计算负荷、视在计算负荷和计算电流；P_e 称为设备功率，它是指实际设备的额定功率换算到统一工作制下（统一标准下）的值，即 P_e 由设备的额定功率 P_N 求得；U_N 称为线路的额定电压，三相时指线电压，单相时指相电压。

从上面的分析过程中可以看出，当采用需要系数法求计算负荷时，首先要求设备功率。

1. 设备功率的确定

在供电系统中，用电设备的铭牌上都标有其额定功率，但设备在实际工作中所消耗的功率并不一定就是其额定功率。也就是说，设备功率不一定等于额定功率，两者的关系取决于设备的工作制、设备的工作条件、设备是否有附加元器件（附加损耗）等因素。

扫一扫看视频：设备功率的确定

设备功率的确定方法如下。

（1）对于连续运行工作制的用电设备，其设备功率等于额定功率。

（2）对于反复短时工作制的用电设备，其设备功率是将额定功率换算为统一负荷持续率（暂载率）下的功率。换算公式为

$$P_e = \sqrt{\frac{\varepsilon_N}{\varepsilon_0}} \cdot P_N$$

式中，ε_N、ε_0 分别表示负载运行时实际额定负荷持续率和统一换算的负荷持续率。

① 对电焊设备的换算。

我国电焊设备的铭牌负荷持续率 ε_N 有 50%、60%、75% 和 100% 四种，一般取 $\varepsilon_0 = 100\%$，即

$$P_e = \sqrt{\frac{\varepsilon_N}{\varepsilon_0}} \cdot P_N = \sqrt{\frac{\varepsilon_N}{100\%}} \cdot P_N = \sqrt{\varepsilon_N} \cdot P_N = \sqrt{\varepsilon_N} \cdot S_N \cos\varphi_N$$

② 对吊车电动机组的换算。

我国吊车电动机组的铭牌负荷持续率 ε_N 有 15%、25%、40% 和 50% 四种，一般取 $\varepsilon_0 = 25\%$，即

$$P_e = \sqrt{\frac{\varepsilon_N}{\varepsilon_0}} \cdot P_N = \sqrt{\frac{\varepsilon_N}{25\%}} \cdot P_N = 2\sqrt{\varepsilon_N} \cdot P_N$$

（3）整流器的设备功率是指额定交流输入功率。

（4）成组用电设备的设备功率不应包括备用设备。

2. 计算负荷的确定

扫一扫看视频：负荷计算举例

负荷的种类不同，其计算负荷的求法也不同，有的建筑中既存在三相负荷又存在单相负荷，既存在单相相间（220V）负荷又存在单相线间（380V）负荷。下面就各种情况分别加以介绍。

1）仅存在三相用电设备时计算负荷的确定

对于不同性质的用电设备，其功率因数、需要系数可能不同。因此，当使用需要系数法确定计算负荷时，应首先将计算范围内的所有用电设备按类型进行统一分组，每组用电设备

应该具有相同的功率因数和需要系数；然后按需要系数求计算负荷的公式求出各组配电干线上的计算负荷，进而求出总的计算负荷。具体的步骤如下。

（1）按用电设备类型对设备进行分组。

（2）求出各组中各用电设备的设备功率及各设备组的设备功率。

（3）按公式 $P_c = K_d \cdot P_e$ 求出各设备组的有功计算负荷；按公式 $Q_c = P_c \cdot \tan\varphi$ 求出各设备组的无功计算负荷。

（4）按公式 $P_c = K_{\sum p} \cdot \sum P_{ci}$ 求出计算范围内总的有功计算负荷；按公式 $Q_c = K_{\sum q} \cdot \sum Q_{ci}$ 求出计算范围内总的无功计算负荷。其中，$K_{\sum p}$、$K_{\sum q}$ 分别为多组用电设备的配电干线或低压母线上的同时运行系数。对于配电干线，$K_{\sum p}$、$K_{\sum q}$ 取 $0.9 \sim 1$；对于低压母线，$K_{\sum p}$、$K_{\sum q}$ 取 $0.8 \sim 0.9$。P_{ci}、Q_{ci} 分别为第 i 个设备组的总有功计算负荷、总无功计算负荷。

（5）按公式 $S_c = \sqrt{P_c^2 + Q_c^2}$ 求出计算范围内总的视在计算负荷。

（6）按公式 $I_c = S_c / \sqrt{3} U_N$ 求出计算范围内总的计算电流。

上述步骤对只有单一设备组和具有多个设备组的情况均适用。但当仅存在一个设备组时，总的计算电流可直接用公式 $I_c = P_c / \sqrt{3} U_N \cos\varphi$ 求得，如果题目不要求，则可免去求各设备组的无功计算负荷、总的无功计算负荷和总的视在计算负荷的步骤。

还应该注意的是，若低压母线上装有无功补偿用的静电电容器组，则低压母线上的总无功计算负荷应为按上述方法求出的总 Q_c 值减去补偿电容器组的容量所剩余的无功功率的大小。

【案例4-1】 已知一大批生产用冷加工机床组，拥有电压380V 的三相交流电动机，其中，额定功率为7kW 的有3台，4.5kW 的有8台，2.8kW 的有17台，1.7kW 的有10台。试求其计算负荷。

解： 所有设备性质相同，因此只分一组，且冷加工机床属连续工作制，故总设备容量为

$$P_e = \sum P_N = (7 \times 3 + 4.5 \times 8 + 2.8 \times 17 + 1.7 \times 10) \text{kW} = 121.6 \ (\text{kW})$$

查表4-5可得 $K_d = 0.18 \sim 0.2$，$\cos\varphi = 0.5$，$\tan\varphi = 1.73$，取 $K_d = 0.2$，则有功计算负荷为

$$P_c = K_d \cdot P_e = 0.2 \times 121.6 \text{kW} = 24.32 \ (\text{kW})$$

无功计算负荷为

$$Q_c = P_c \cdot \tan\varphi = 24.32 \times 1.73 \text{kvar} \approx 42.07 \text{kvar}$$

视在计算负荷为

$$S_c = \sqrt{P_c^2 + Q_c^2} = \sqrt{24.32^2 + 42.07^2} \text{kVA} \approx 48.59 \text{kVA}$$

计算电流为

$$I_c = \frac{S_c}{\sqrt{3} U_N} = \frac{48.59 \times 10^3}{\sqrt{3} \times 380} \text{A} \approx 73.83 \text{A}$$

或

$$I_c = \frac{P_c}{\sqrt{3} U_N \cos\varphi} = \frac{24.32 \times 10^3}{\sqrt{3} \times 380 \times 0.5} \text{A} \approx 73.9 \text{A}$$

【案例4-2】　某机修车间的380V线路上接有冷加工机床电动机20台，共50kW（其中，较大容量电动机：2kW的有1台，4.5kW的有2台，2.8kW的有7台）；通风机2台，共5.6kW；电炉1台，2kW。母线装电容器 $Q_c = 10$ kvar。试确定该线路的计算负荷。

解：将所有用电设备划分为3组，先求各组的计算负荷。

（1）冷加工机床组。

查表4-5可得 $K_{d1} = 0.18 \sim 0.2$，$\cos\varphi_1 = 0.5$，$\tan\varphi_1 = 1.73$，取 $K_{d1} = 0.2$，由题可得

$$P_{e1} = 50 \text{（kW）}$$
$$P_{c1} = K_{d1} \cdot p_{e1} = 0.2 \times 50 \text{kW} = 10 \text{（kW）}$$
$$Q_{c1} = P_{c1} \cdot \tan\varphi_1 = 10 \times 1.73 \text{kvar} = 17.3 \text{kvar}$$

（2）通风机组。查表4-5可得 $K_{d2} = 0.70 \sim 0.75$，$\cos\varphi_2 = 0.8$，$\tan\varphi_2 = 0.75$，取 $K_{d2} = 0.75$，由题可得

$$P_{e2} = 5.6 \text{（kW）}$$
$$P_{c2} = K_{d2} \cdot P_{e2} = 0.75 \times 5.6 \text{kW} = 4.2 \text{（kW）}$$
$$Q_{c2} = P_{c2} \cdot \tan\varphi_2 = 4.2 \times 0.75 \text{kvar} = 3.15 \text{kvar}$$

（3）电炉组。查表4-5可得 $K_{d3} = 0.65$，$\cos\varphi_3 = 0.8$，$\tan\varphi_3 = 0.75$，由题可得

$$P_{e3} = 2 \text{（kW）}$$
$$P_{c3} = K_{d3} \cdot P_{e3} = 0.65 \times 2 \text{kW} = 1.3 \text{（kW）}$$
$$Q_{c3} = P_{c3} \cdot \tan\varphi_3 = 1.3 \times 0.75 \text{kvar} = 0.975 \text{kvar}$$

取 $K_{\sum p} = K_{\sum q} = 0.9$，则该线路上总的计算负荷为

$$P_c = K_{\sum p} \cdot \sum P_{ci} = 0.9 \times (10 + 4.2 + 1.3) \text{kW} = 13.95 \text{（kW）}$$
$$Q_c = K_{\sum q} \cdot \sum Q_{ci} - Q'_C = [0.9 \times (17.3 + 3.15 + 0.975) - 10] \text{kvar} \approx 9.28 \text{kvar}$$
$$S_c = \sqrt{P_c^2 + Q_c^2} = \sqrt{13.95^2 + 9.28^2} \text{kVA} \approx 16.75 \text{kVA}$$
$$I_c = \frac{S_c}{\sqrt{3} U_N} = \frac{16.75 \times 10^3}{\sqrt{3} \times 380} \text{A} \approx 25.45 \text{A}$$

2）仅存在单相负荷时计算负荷的确定

在工程上，为使三相线路导线截面和供电设备的选择经济合理，单相负荷应尽可能均衡地分配在三相线路上，此时，三相等效的设备功率为最大相设备功率的3倍，即

$$P_{e(eq)} = 3P_{e(max)}$$

式中，$P_{e(eq)}$、$P_{e(max)}$ 分别是三相等效的设备功率和三相中功率的最大值。

在这种情况下，求等效的三相负荷的步骤如下。

（1）求出 L1、L2、L3 各相的总设备功率 P_{eA}、P_{eB}、P_{eC}。

（2）找出 P_{eA}、P_{eB}、P_{eC} 中的最大值 $P_{e(max)}$。

（3）求出三相等效总设备功率：$P_{e(eq)} = 3P_{e(max)}$。

（4）三相总计算负荷可用下式计算：

$$P_c = K_d \cdot P_{e(eq)}$$
$$Q_c = P_c \cdot \tan\varphi$$

$$S_c = \sqrt{P_c^2 + Q_c^2}$$

$$I_c = \frac{S_c}{\sqrt{3}\,U_N}$$

注意：如果是不同性质的设备，则仍需要先分组。

【案例4-3】 现有9台220V单相电阻炉，其中，4台1kW，3台1.5kW，2台2kW。试合理分配上述各电阻炉于220/380V的TN-C线路上，并求计算负荷P_c、Q_c、S_c和I_c的值。

解： 负荷在各相的分配为

A相，4台1kW，共4kW

B相，3台1.5kW，共4.5kW

C相，2台2kW，共4kW

（1）求各相的设备功率：

$$P_{eA} = 4 \ (\text{kW})$$

$$P_{eB} = 4.5 \ (\text{kW})$$

$$P_{eC} = 4 \ (\text{kW})$$

（2）求等效的三相设备功率：

$$P_{e(eq)} = 3P_{e(max)} = 3 \times 4.5 \ (\text{kW}) = 13.5 \ (\text{kW})$$

（3）求计算负荷。

查表4-5可知电阻炉设备组的$K_d = 0.65$，$\cos\varphi = 0.8$，$\tan\varphi = 0.75$，故

$$P_c = K_d \cdot P_{e(eq)} = 0.65 \times 13.5\text{kW} = 8.775 \ (\text{kW})$$

$$Q_c = P_c \cdot \tan\varphi = 8.775 \times 0.75\text{kvar} \approx 6.58\text{kvar}$$

$$S_c = \sqrt{P_c^2 + Q_c^2} = \sqrt{8.775^2 + 6.58^2}\,\text{kVA} \approx 10.968\text{kVA}$$

$$I_c = \frac{S_c}{\sqrt{3}\,U_N} = \frac{10.968 \times 10^3}{\sqrt{3} \times 380}\text{A} \approx 16.665\text{A}$$

3）仅存在单相线间负荷时计算负荷的确定

对于仅存在单相线间负荷时计算负荷的确定，分以下两种情况进行讨论。

（1）若仅存在单台设备，则等效三相负荷的设备功率取线间负荷的$\sqrt{3}$倍，即

$$P_{e(eq)} = \sqrt{3}\,P_e$$

（2）若存在多台设备，则要首先尽可能均匀地将这些设备分配到AB、BC和CA线间，求出各线间负荷的总设备功率，记为$P_{e(AB)}$、$P_{e(BC)}$、$P_{e(CA)}$，此时等效三相负荷的设备功率为最大线间负荷的$\sqrt{3}$倍加上次线间最大负荷的$(3-\sqrt{3})$倍，即若$P_{e(AB)} > P_{e(BC)} > P_{e(CA)}$，则$P_{e(eq)} = \sqrt{3}\,P_{e(AB)} + (3-\sqrt{3})\,P_{e(BC)}$。

按上述方法求完由线间负荷等效的三相负荷的设备功率后，用需要系数法的有关公式求总的P_c、Q_c、S_c和I_c等计算负荷值。

【案例4-4】 某220/380V的配电线路上接有3台380V单相对焊机，其中，接于A相和B相之间的单相对焊机的额定功率为20kW，接于B相和C相之间的单相对焊机的额定功率为18kW，接于C相和A相之间的单相对焊机的额定功率为30kW，3台设备的ε_N均为100%，试确定配电线路的计算负荷。

解：因为单相对焊机的 ε_N 为100%，所以在求设备功率时，有 $P_e = P_N$。

（1）求各线间负荷的设备功率：

$$P_{e(AB)} = 20 \ (kW)$$

$$P_{e(BC)} = 18 \ (kW)$$

$$P_{e(CA)} = 30 \ (kW)$$

（2）求等效三相负荷的设备功率：

$$P_{e(eq)} = \sqrt{3} \times 30kW + (3-\sqrt{3}) \times 20 \ (kW) \approx 77.32 \ (kW)$$

（3）求等效三相计算负荷（配电线路上的计算负荷）。

查表4-5可得 $K_d = 0.35$，$\cos\varphi = 0.7$，$\tan\varphi = 1.02$，故有

$$P_c = K_d \cdot P_{e(eq)} = 0.35 \times 77.32kW \approx 27.06 \ (kW)$$

$$Q_c = P_c \cdot \tan\varphi = 27.06 \times 1.02kvar \approx 27.60kvar$$

$$S_c = \sqrt{P_c^2 + Q_c^2} = \sqrt{27.06^2 + 27.60^2} \ kVA \approx 38.65kVA$$

$$I_c = \frac{S_c}{\sqrt{3} U_N} = \frac{38.65 \times 10^3}{\sqrt{3} \times 380}A \approx 58.72A$$

4）既存在单相相间负荷又存在单相线间负荷情况下等效三相计算负荷的确定

（1）首先应将接于线电压的单相设备换算为接于相电压的设备容量，换算公式如下：

$$P_A = P_{AB} \cdot p_{AB-A} + P_{CA} \cdot p_{CA-A}$$

$$Q_A = P_{AB} \cdot q_{AB-A} + P_{CA} \cdot q_{CA-A}$$

$$P_B = P_{AB} \cdot p_{AB-B} + P_{BC} \cdot p_{BC-B}$$

$$Q_B = P_{AB} \cdot q_{AB-B} + P_{BC} \cdot q_{BC-B}$$

$$P_C = P_{BC} \cdot p_{BC-C} + P_{CA} \cdot p_{CA-C}$$

$$Q_C = P_{BC} \cdot q_{BC-C} + P_{CA} \cdot q_{CA-C}$$

式中，P_{AB}、P_{BC}、P_{CA} 分别为接于 AB、BC、CA 线间电压的单相用电设备的设备功率（kW）；P_A、P_B、P_C、Q_A、Q_B、Q_C 分别为换算为 A、B、C 相的有功计算负荷（kW）和无功计算负荷（kvar）；$p_{AB-A} \sim q_{CA-C}$ 为功率换算系数，其值可查表4-6。

表4-6 功率换算系数表

换算系数	负荷功率因数								
	0.35	0.4	0.5	0.6	0.65	0.7	0.8	0.9	1.0
p_{AB-A}、p_{BC-B}、p_{CA-C}	1.27	1.17	1.0	0.89	0.84	0.8	0.72	0.64	0.5
p_{AB-B}、p_{BC-C}、p_{CA-A}	−0.27	−0.17	1.0	0.11	0.16	0.2	0.28	0.36	0.5
q_{AB-A}、q_{BC-B}、q_{CA-C}	1.05	0.86	0.58	0.38	0.3	0.22	0.09	−0.05	−0.29
q_{AB-B}、q_{BC-C}、q_{CA-A}	1.63	1.44	1.16	0.96	0.88	0.8	0.67	0.53	0.29

（2）利用需要系数法分别求出220V单相负荷在A、B、C三相中的有功计算负荷、无功计算负荷，以及380V单相负荷折算成220V单相负荷后在A、B、C三相中的等效有功计算负荷、无功计算负荷，并把求出的各相中的计算负荷对应相加，从而得到各相总的有功计算负荷、无功计算负荷。

（3）总的等效三相有功计算负荷、无功计算负荷分别为最大有功负荷相、最大无功负荷相的有功计算负荷、无功计算负荷的 3 倍。

这里必须指出的是，最大有功负荷相和最大无功负荷相不一定在同一相内。

【案例4-5】 在如图 4-7 所示的 220/380V 三相四线制线路上，接有 220V 单相电热干燥箱 4 台，其中，2 台 10kW 的接于 A 相，1 台 30kW 的接于 B 相，1 台 20kW 的接于 C 相；另有 380V 单相对焊机 4 台，其中，2 台 14kW（$\varepsilon=100\%$）的接于 AB 相间，1 台 20kW（$\varepsilon=100\%$）的接于 BC 相间，1 台 30kW（$\varepsilon=60\%$）的接于 CA 相间，试求此线路的计算负荷。

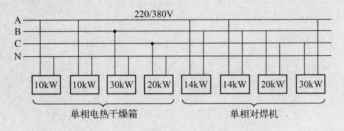

图 4-7　220/380V 三相四线制线路

解：（1）求单相电热干燥箱各相的计算负荷。

查表 4-5 可知 $K_{d1}=0.7$，$\cos\varphi=1$，$\tan\varphi_1=0$，故有

A 相：$P_{CA1}=K_{d1}\cdot P_{eA1}=0.7\times2\times10=14$（kW）

B 相：$P_{CB1}=K_{d1}\cdot P_{eB1}=0.7\times1\times30=21$（kW）

C 相：$P_{CC1}=K_{d1}\cdot P_{eC1}=0.7\times1\times20=14$（kW）

（2）将单相线负荷的设备功率等效换算成单相相负荷的设备功率。

查表 4-5 可知单相对焊机设备的 $K_{d2}=0.35$，$\cos\varphi_2=0.7$，$\tan\varphi_2=1.02$；又由 $\cos\varphi_2=0.7$，查表 4-6 得换算系数如下：

$$p_{AB-A}=p_{BC-B}=p_{CA-C}=0.8$$
$$p_{AB-B}=p_{BC-C}=p_{CA-A}=0.2$$
$$q_{AB-A}=q_{BC-B}=q_{CA-C}=0.22$$
$$q_{AB-B}=q_{BC-C}=q_{CA-A}=0.8$$

将接于 CA 间的 30kW（$\varepsilon=60\%$）的单相对焊机换算成 $\varepsilon=100\%$ 的容量，即

$$P_{CA}=\sqrt{0.6\times30}\approx23\ \text{（kW）}$$

因此单相对焊机换算到各相的有功和无功设备容量分别为

A 相：$P_A=14\times2\times0.8+23\times0.2=27$（kW）

$Q_A=14\times2\times0.22+23\times0.8=24.6$（kvar）

B 相：$P_B=20\times0.8+14\times2\times0.2=21.6$（kW）

$Q_B=20\times0.22+14\times2\times0.8=26.8$（kvar）

C 相：$P_C=23\times0.8+20\times0.2=22.4$（kW）

$Q_C=23\times0.22+20\times0.8=21.1$（kvar）

（3）求将单相对焊机等效为220V相负荷后所对应各相的有功计算负荷、无功计算负荷。由前述可得

A相：$P_{cA2} = K_{d2} \cdot P_{eA2} = 0.35 \times 27 = 9.45$（kW）

$Q_{cA2} = K_{d2} \cdot Q_{eA2} = 0.35 \times 24.6 = 8.61$（kvar）

B相：$P_{cB2} = K_{d2} \cdot P_{eB2} = 0.35 \times 21.6 = 7.56$（kW）

$Q_{cB2} = K_{d2} \cdot Q_{eB2} = 0.35 \times 26.8 = 9.38$（kvar）

C相：$P_{cC2} = K_{d2} \cdot P_{eC2} = 0.35 \times 22.4 = 7.84$（kW）

$Q_{cC2} = K_{d2} \cdot Q_{eC2} = 0.35 \times 21.1 = 7.39$（kvar）

（4）考虑两类负荷后的各相总的有功计算负荷、无功计算负荷。由前述可得

A相：$P_{cA} = 14 + 9.45 = 23.45$（kW）

$Q_{cA} = 8.61$（kvar）

B相：$P_{cB} = 21 + 7.56 = 28.56$（kW）

$Q_{cB} = 9.38$（kvar）

C相：$P_{cC} = 14 + 7.84 = 21.84$（kW）

$Q_{cC} = 7.39$（kvar）

（5）求总的三相计算负荷。

由以上可以看出：

$P_c = 3P_{cB} = 3 \times 28.56 = 85.68$（kW）

$Q_c = 3Q_{cB} = 3 \times 9.38 = 28.14$（kvar）

$S_c = \sqrt{P_c^2 + Q_c^2} = \sqrt{85.68^2 + 28.14^2} \approx 90.18$（kVA）

$I_c = \dfrac{S_c}{\sqrt{3} U_N} = \dfrac{90.14 \times 10^3}{\sqrt{3} \times 380} \approx 137.02$（A）

5）既存在单相负荷又存在三相负荷时计算负荷的求法

具体做法是：首先将单相线间负荷等效成单相相间负荷；然后求出各相中所有单相负荷总的有功计算负荷和无功计算负荷的值，取三相中最大的有功计算负荷和无功计算负荷的3倍值分别作为所有单相负荷的等效三相有功计算负荷和等效三相无功计算负荷；最后与系统中所接的三相负荷对应相加，从而求出计算范围内总的计算负荷。

3. 计算负荷的技巧

在对一个供配电系统的总负荷进行计算时，应该由末端开始，逐级往前计算。例如，对于如图4-8所示的供配电系统，如何计算其总的计算负荷呢？

扫一扫看PPT：
建筑负荷计算需
要系数取值表

计算要点如下。

"1"处计算：看设备的工作制求其P_e，$P_c = P_e$。

"2"处计算：先求该设备组的总P_e，再乘K_d即得P_c。

"3"处计算："2"处的值相加后乘本地同时运行系数。

"4"处计算：方法同"3"处计算，考虑是否补偿。

"5"处计算："4"处计算的值+变压器损耗。

"6"处计算："5"处计算的值相加后乘本地同时运行系数。

"7"处计算："6"处计算的值+变压器损耗。

还应该注意的是，若低压母线上装有无功补偿用的静电电容器组，则低压母线上的总无功计算负荷应为按上述方法求出的总 Q_c 值减去补偿电容器组的容量所剩余的无功功率的大小。

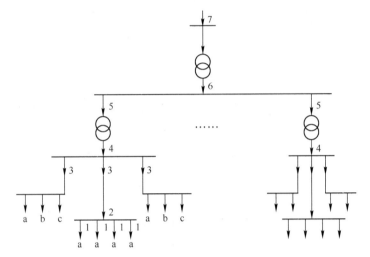

1—分支线；2—设备组干线；3—低压干线；4—低压母线；

5—高压母线；6—总变低压母线；7—总变高压母线。

图 4-8　供配电系统

4. 高层住宅建筑负荷计算案例

案例提供项目为某二类高层住宅，共18层，其中，第2层为标准层，第18层为设备层（机房设备），该高层住宅建筑共3个单元，一梯三户，分两个户型，分别按8kW/户和6kW/户预留用电容量。除了住宅用户用电负荷，高层建筑内还有公共照明、应急照明、电梯、风机、排污泵等公共用电设备。

1）住宅建筑一般照明负荷计算

如前所述，住宅用户有两个户型，分别按每户8kW和6kW设计，属于三级负荷。图4-9所示为高层住宅建筑一般照明用电竖向干线系统图，图4-10所示为高层住宅建筑一般照明用电单元配电系统图。

（1）分析负荷计算节点：下面先来分析一下高层建筑配电线路上负荷计算的节点。前面讲过，负荷计算要从线路末端向前逐级进行，因此在分析负荷计算节点时，也按照从后向前的顺序进行。在图4-9中，最末端的负荷计算节点是用户开关箱进线，然后依次是计量配电箱进线、单元配电箱进线，如果该高层建筑的总配电箱只有一个，那么最前面的负荷计算节点就是总配电箱进线。下面按照这样的思路分析该高层建筑负荷计算的过程。

（2）分析单相用户配电：从图4-10中可以看出，每层的3个单相用户分别分配在L1（8kW）、L2（6kW）和L3（8kW）相上，由于用户预留容量不同，造成三相总容量不够均衡，因此，在后续的负荷计算中，求三相等效设备功率时需要加以注意分析。

（3）用户开关箱负荷计算。

① 对于6kW用户：$P_e=6\text{kW}$，$K_d=1$，$\cos\varphi=0.9$，$\tan\varphi=0.48$，故有

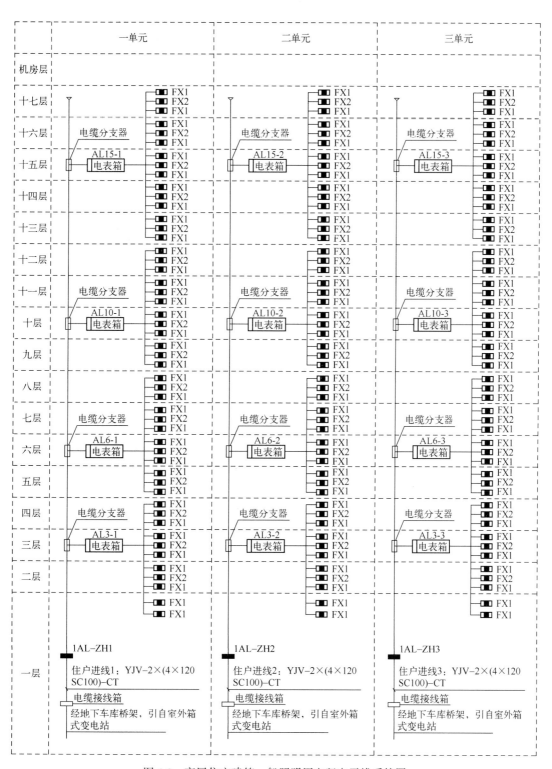

图 4-9　高层住宅建筑一般照明用电竖向干线系统图

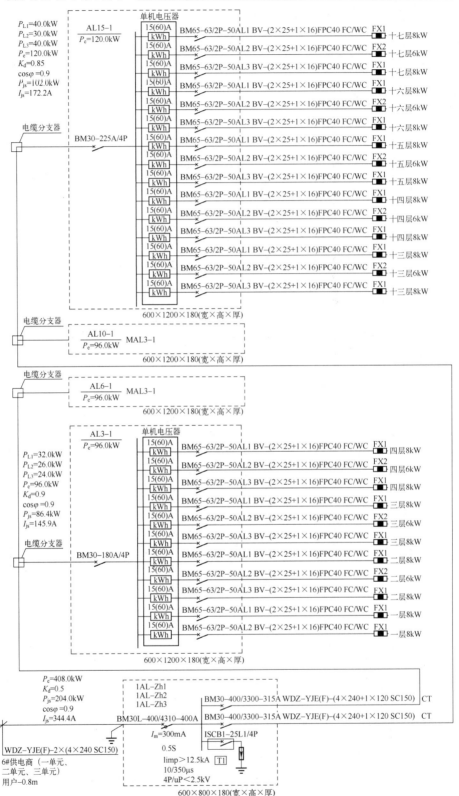

图 4-10 高层住宅建筑一般照明用电单元配电系统图

$$P_{js} = K_d P_e = 1 \times 6 kW = 6 \quad (kW)$$

$$Q_{js} = P_{js} \cdot \tan\varphi = 6 \times 0.48 = 2.88 (kvar)$$

$$I_{js} = \frac{P_{js}}{U\cos\varphi} = \frac{6000}{220 \times 0.9} \approx 30.3 \quad (A)$$

由此得 6kW 用户开关箱系统图如图 4-11 所示。

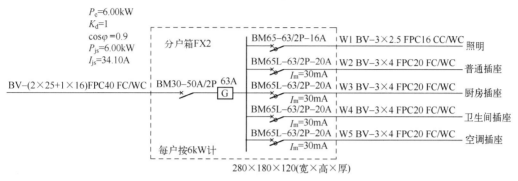

图 4-11 6kW 用户开关箱系统图

② 对于 8kW 用户：$P_e = 8kW$，$K_d = 1$，$\cos\varphi = 0.9$，$\tan\varphi = 0.48$，故有

$$P_{js} = K_d P_e = 1 \times 8 = 8 \quad (kW)$$

$$Q_{js} = P_{js} \cdot \tan\varphi = 8 \times 0.48 = 3.84 \quad (kvar)$$

$$I_{js} = \frac{P_{js}}{U\cos\varphi} = \frac{8000}{220 \times 0.9} \approx 40.4 \quad (A)$$

由此得 8kW 用户开关箱系统图如图 4-12 所示。

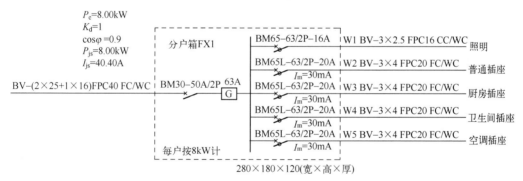

图 4-12 8kW 用户开关箱系统图

（4）计量配电箱负荷计算。

① 计量配电箱 AL3-1 的负荷计算：由上面的用户开关箱系统图可知，FX1 为 8kW 用户，FX2 为 6kW 用户。在图 4-9 中，计量配电箱（电表箱）AL3-1 负责 1～4 层，共 11 个开关箱，其中 FX1 共有 8 个、FX2 共有 3 个。

取计量配电箱的需要系数 $K_d = 0.9$，$\cos\varphi = 0.9$，$\tan\varphi = 0.48$。计算过程如下：

$$P_{L1} = 8 \times 4 = 32 \quad (kW), \quad P_{L2} = 6 \times 3 + 8 = 26 \quad (kW), \quad P_{L3} = 8 \times 3 = 24 \quad (kW)$$

$$\Sigma P_e = 32 \times 3 = 96 \quad (kW)$$

$$P_{js} = K_d \cdot \Sigma P_e = 0.9 \times 96 = 86.4 \quad (kW), \quad Q_{js} = P_{js} \cdot \tan\varphi = 86.4 \times 0.48 \approx 41.5 \quad (kvar)$$

$$S_{js} = \sqrt{86.4^2 + 41.5^2} \approx 95.85 \text{（kVA）}, \quad I_{js} = \frac{P_{js}}{\sqrt{3}U\cos\varphi} = \frac{86\ 400}{\sqrt{3}\times380\times0.9} \approx 145.9 \text{（A）}$$

所有的 I_{js} 也均可以由 S_{js} 求得，本案例由于在计算范围内，只存在一个 $\cos\varphi$ 值，因此 I_{js} 也可以由 P_{js} 求得，两种方法的计算结果一样。

② AL6-1、AL10-1 的负荷计算：在图 4-9 中，AL6-1 和 AL10-1 分别负责 5～8 层、9～12 层的配电，每个计量配电箱接 12 个开关箱，其中，FX1 共有 8 个，FX2 共有 4 个。

取计量配电箱的需要系数 $K_d = 0.9$，$\cos\varphi = 0.9$，$\tan\varphi = 0.48$。计算过程如下：

$$P_{L1} = 8\times4 = 32 \text{（kW）}, \quad P_{L2} = 6\times4 = 24 \text{（kW）}, \quad P_{L3} = 8\times4 = 32 \text{（kW）}$$

$$\Sigma P_e = 32\times3 = 96 \text{（kW）}$$

$$P_{js} = K_d \cdot \Sigma P_e = 0.9\times96 = 86.4 \text{（kW）}, \quad Q_{js} = P_{js} \cdot \tan\varphi = 86.4\times0.48 \approx 41.5 \text{（kvar）}$$

$$S_{js} = \sqrt{86.4^2 + 41.5^2} \approx 95.85 \text{（kVA）}, \quad I_{js} = \frac{P_{js}}{\sqrt{3}U\cos\varphi} = \frac{86\ 400}{\sqrt{3}\times380\times0.9} \approx 145.9 \text{（A）}$$

这里的 I_{js} 也可以由 S_{js} 求得，上述计算结果与图 4-10 呈现的负荷计算标注相一致。

③ AL15-1 的负荷计算：在图 4-9 中，AL15-1 负责 13～17 层共 15 个开关箱，其中，FX1 共有 10 个，FX2 共有 5 个。

取计量配电箱的需要系数 $K_d = 0.85$，$\cos\varphi = 0.9$，$\tan\varphi = 0.48$。计算过程如下：

$$P_{L1} = 8\times5 = 40 \text{（kW）}, \quad P_{L2} = 6\times5 = 30 \text{（kW）}, \quad P_{L3} = 8\times5 = 40 \text{（kW）}$$

$$\Sigma P_e = 40\times3 = 120 \text{（kW）}$$

$$P_{js} = K_d \cdot \Sigma P_e = 0.85\times120 = 102 \text{（kW）}, \quad Q_{js} = P_{js} \cdot \tan\varphi = 102\times0.48 \approx 49.0 \text{（kvar）}$$

$$S_{js} = \sqrt{102^2 + 48.96^2} \approx 113.1 \text{（kVA）}, \quad I_{js} = \frac{P_{js}}{\sqrt{3}U\cos\varphi} = \frac{102\ 000}{\sqrt{3}\times380\times0.9} \approx 172.2 \text{（A）}$$

这里的 I_{js} 也可以由 S_{js} 求得，上述计算结果与图 4-10 呈现的负荷计算标注相一致。

（5）单元配电箱负荷计算：通过以上分析可知，图 4-10 所示的单元最大相负荷容量为 8kW×17 = 136kW，由已知条件（每个单元 50 户），查表取单元配电干线需要系数 $K_d = 0.5$，计算结果如下：

扫一扫看 PPT：需要系数法计算步骤

$$\Sigma P_e = 136\times3 = 408 \text{（kW）}, \quad P_{js} = 0.5\times408 = 204 \text{（kW）}, \quad Q_{js} = 204\times0.48 \approx 98.0 \text{（kvar）}$$

$$S_{js} = \sqrt{204^2 + 98^2} \approx 226.3 \text{（kVA）}, \quad I_{js} = \frac{204\ 000}{\sqrt{3}\times380\times0.9} \approx 344.4 \text{（A）}$$

这里的 I_{js} 也可以由 S_{js} 求得，上述计算结果与图 4-10 呈现的负荷计算标注相一致。

（6）高层住宅建筑一般照明总负荷计算：该高层住宅建筑有 3 个单元，共 150 户，查表取建筑配电干线需要系数 $K_d = 0.35$，则一般照明总负荷计算结果如下：

$$\Sigma P_e = 408\times3 = 1224 \text{（kW）}, \quad P_{js} = 0.35\times1224 = 416.2 \text{（kW）}, \quad Q_{js} = 416.2\times0.48 \approx 200.0 \text{（kvar）}$$

$$S_{js} = \sqrt{416.2^2 + 200^2} \approx 461.8 \text{（kVA）}, \quad I_{js} = \frac{461\ 800}{\sqrt{3}\times380} \approx 701.7 \text{（A）}$$

特别强调：需要系数的选取视负荷计算范围而定，计算范围越大，需要系数取值越小。对于高层建筑的总负荷计算，需要系数多取 0.4～0.7。

2）高层住宅建筑公共用电负荷计算

高层住宅建筑的动力负荷一般包括电梯、生活水泵、排污泵、通风机、走廊和电梯前厅的公共照明、应急照明灯，按照规范规定，18 层高层建筑中的这些用电负荷属于二级负荷。

在本案例中，住宅建筑公共用电设备负荷计算包括电梯用电负荷计算、公共照明用电负荷计算、应急照明用电负荷计算、风机设备用电负荷计算、排污泵设备用电负荷计算等，其配电系统图及负荷计算书（用天正电气软件计算）详见后面的二维码资源，读者可以对照系统图和对应的计算书部分内容自行学习，这里不再赘述。

特别提醒，《民用建筑电气设计标准》的条款 3.5.3 规定，"当消防用电设备的计算负荷大于火灾切除的非消防负荷时，应按未切除的非消防负荷加上消防负荷计算总负荷。否则，计算总负荷时不应考虑消防负荷容量"。也就是说，在实际工程设计中，常遇到消防负荷中含有平时兼作他用的负荷，如消防排烟风机除在发生火灾时排烟外，平时还用于通风（有些情况下排烟和通风状态下的用电容量尚有不同），因此需要特别注意，除了在计算消防负荷时应计入其消防部分的电量，在计算正常情况下的用电负荷时，还应计入其平时使用的用电容量。

 扫一扫看 PDF：18 层高层住宅建筑用电负荷计算书

 扫一扫看 PDF：住宅建筑一般用电设备总配电柜系统图

 扫一扫看 PDF：住宅建筑电梯设备配电箱负荷计算

 扫一扫看 PDF：住宅建筑公共照明设备配电箱负荷计算

 扫一扫看 PDF：应急照明、风机、排污设备配电箱负荷计算

3）高层住宅建筑总用电负荷计算

（1）一般照明用电负荷：由前面的计算结果可得 $P_{js} = 416.2\text{kW}$，$Q_{js} = 200.0\text{kvar}$。

（2）公共设备用电负荷：由上面的二维码资源"住宅公共用电设备负荷计算书"可知 $P_{js} = 145\text{kW}$，$\cos\varphi = 0.8$，$\tan\varphi = 0.75$，故 $Q_{js} = 145 \times 0.75 = 108.75$（kvar）。

（3）高层建筑总用电负荷：取 $K_{\Sigma p} = K_{\Sigma q} = 0.9$，则有

$$P_{js(总)} = 0.9 \times (416.2 + 145)\text{kW} = 505.08\text{kW}, \quad Q_{js(总)} = 0.9 \times (200 + 108.75)\text{kvar} = 277.88\text{kvar}$$

$$S_{js(总)} = \sqrt{505.08^2 + 277.88^2}\,\text{kVA} \approx 576.47\text{kVA}, \quad I_{js(总)} = \frac{576\,470}{\sqrt{3} \times 380}\text{A} \approx 875.88\text{A}$$

式中，S_{js} 是选择高层住宅建筑供电变压器容量的主要依据。思考一下，如果变压器同时为几栋住宅建筑供电，那么总用电负荷如何计算？

4.2.2　尖峰电流的计算

 扫一扫看视频：尖峰电流的计算

扫一扫看 PDF：尖峰电流的计算案例

尖峰电流是指只持续 1～2s 的短时最大电流。尖峰电流主要用于保护电气的整定计算和校验电动机的启动条件，使过电流保护装置在尖峰电流通过时不产生误动作。

尖峰电流的计算主要通过分析电气设备在运行中可能出现的最大负荷进行。

1. 单台用电设备尖峰电流的计算

单台用电设备的尖峰电流 I_{pk} 就是其启动电流 I_{st}，即

$$I_{pk} = I_{st} = K_{st} \cdot I_N$$

式中，I_N 为用电设备的额定电流；K_{st} 为用电设备启动电流倍数，其中，三相笼型异步电动机的该值为 5～7，绕线转子异步电动机的该值为 2～3，电焊变压器的该值不小于 3。

2. 多台用电设备尖峰电流的计算

多台用电设备的尖峰电流为

$$I_{pk} = I_{st \cdot max} + I_{C\sum(n-1)}$$

式中，$I_{st \cdot max}$ 为用电设备中启动电流与额定电流之差最大的设备的启动电流；$I_{C\sum(n-1)}$ 为其余用电设备的计算电流。

任务 4.3　短路电流及其计算

扫一扫看视频：短路电流及其计算

在建筑供电系统的设计中，首先应考虑系统可以安全可靠地运行。但由于各种原因，系统难免出现故障。在各种故障中，短路是最常见的一种，也是最严重的一种。短路直接影响供配电系统及电气设备的安全运行。为了正确选择电气设备，使之在短路故障发生时不致损坏，以及正确选择过电流保护装置，使其在短路故障时能可靠切除故障等，都要求对短路电流进行计算。

4.3.1　短路的原因、后果和形式

扫一扫看动画：短路的形式

造成短路的因素有：电气设备因素，如元件损坏、设备自然老化、元件或设备本身缺陷等；自然因素，如大风、雷击、雷电感应、洪水、鸟类跨线等；人为因素，如操作不当、安装不当、维护不及时等。

短路引起的后果如下。

（1）造成停电事故，短路点越靠近电源，停电范围越大。

（2）造成所在线路的电压大大下降，导致其他用电设备无法正常工作。

（3）产生强烈的电磁干扰，对相邻的通信线路和弱电控制信号线路造成干扰。

（4）产生很大的电动力和电热效应，使设备变形、元件烧坏等。

在三相电力系统中，可能发生的短路形式有三相短路、两相短路、单相短路和两相接地短路。

1）三相短路

三相短路是指供电系统三相导线间发生的对称性短路，用 k$^{(3)}$ 表示，如图 4-13（a）所示。

2）两相短路

两相短路是指供电系统任意两相间发生的短路，用 k$^{(2)}$ 表示，如图 4-13（b）所示。

3）单相短路

单相短路是指供电系统任一相经大地与电源中性点发生的短路，用 k$^{(1)}$ 表示，如图 4-13（c）、（d）所示。

4）两相接地短路

两相接地短路是指在中性点不接地的电力系统中，两不同相的单相接地所形成的相间短路，用 k$^{(1.1)}$ 表示，如图 4-13（e）所示；也指两相短路又接地的情况，如图 4-13（f）所示。

上述三相短路是对称性短路，其他形式的短路均属于不对称短路。在各种短路形式中，三相短路的短路电流最大，对电力系统造成的危害最严重。而两相短路的短路电流最小，发生单相短路的可能性最大。为了使电力系统中的电气设备在最严重的短路状态下也能可靠地工作，作为选择校验电气设备用的短路电流，应采用系统最大运行方式下的三相短路电流。而在继电保护的灵敏度计算中，则采用系统最小运行方式下的两相短路电流。

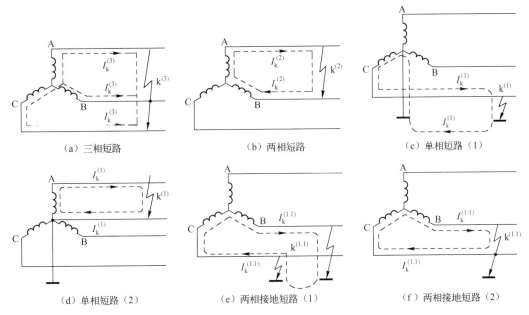

图 4-13　短路的类型（虚线表示短路电流的路径）

4.3.2　无限大容量系统发生三相短路的过程和物理量

扫一扫看动画：
无限大容量系统
三相短路分析

无限大容量系统就是容量相对于用户内部供配电系统容量大得多的电力系统，导致用户的负荷无论如何变动甚至发生短路，电力系统变电所馈电母线的电压也能基本维持不变。从工程角度来看，当电力系统容量超过用户供电系统容量的 50 倍时，可将电力系统视为无限大容量系统。

对于建筑施工企业或工业企业供电系统，由于企业供配电系统的容量远比电力系统总容量小，而其阻抗又较电力系统大得多，因此，当企业供配电系统内部发生短路时，电力系统变电所馈电母线上的电压几乎维持不变，故在进行建筑电气供配电系统设计时，可将城市电网看作无限大容量系统，从而使短路计算得以简化。

图 4-14（a）是一个电源为无限大容量的供配电系统发生三相短路的电路图。考虑到三相对称，这个三相电路可用如图 4-14（b）所示的等效单相电路图来分析研究。

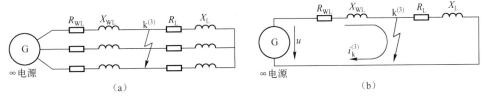

图 4-14　无限大容量系统中发生三相短路

正常运行时，电路中的电流取决于电源电压和电路中的所有元件的总阻抗（包含负荷阻抗）。当发生三相短路时，由于负荷阻抗和部分线路阻抗被短路，所以电路中的电流会突然增大。但是，由于短路电路中存在电感，电流又不能突变，因而会引起一个过渡过程，即短路暂态过程，最终短路电流达到一个新的稳定状态。

图 4-15 所示为无限大容量系统发生三相短路前后的电压和电流变化曲线。

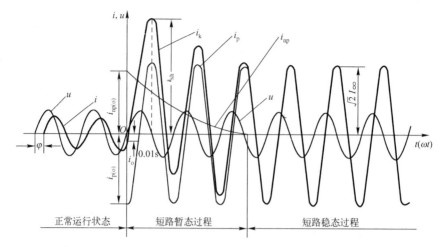

图4-15 无限大容量系统发生三相短路前后的电压和电流变化曲线

从图4-15中可以看出，短路电流包括两部分：第一部分是短路电流的周期分量 i_p，这个量是一个正弦量；第二部分是短路电流的非周期分量 i_{np}，这个量是随时间逐渐衰减的指数函数，经过几个周期后，其值就会衰减为零。

有关短路的几个物理量说明如下。

1）短路电流周期分量（i_p）及其有效值（I_p）

短路电流周期分量的大小由短路回路的总阻抗决定，在无限大容量电源系统中，认为短路电流周期分量的有效值 I_p 在短路过程中维持不变。

2）短路电流非周期分量（i_{np}）

短路电流非周期分量是用于维持短路初始瞬间的电流不致突变而由电感引起的自感电动势产生的一个反向电流，其值是按指数规律衰减的，经历 $3\tau \sim 5\tau$ 即衰减为零，此时短路的暂态过程结束，进入稳态过程。

3）短路全电流（i_k）

短路全电流就是其周期分量与非周期分量之和，即

$$i_k = i_p + i_{np}$$

4）短路冲击电流（i_{sh}）与冲击电流的有效值（I_{sh}）

短路冲击电流为短路全电流中的最大瞬时值，由图4-15可以看出，短路后经过半个周期（0.01s），i_k 达到最大值，此时的短路电流就是短路冲击电流 i_{sh}。短路冲击电流的有效值 I_{sh} 为短路后第一个周期的短路全电流有效值。

通常，在高压供电系统中有

$$i_{sh} = 2.55I_p$$
$$I_{sh} = 1.51I_p$$

在低压供电系统中有

$$i_{sh} = 1.84I_p$$
$$I_{sh} = 1.09I_p$$

5）短路稳态电流（I_∞）

短路稳态电流是指短路电流非周期分量衰减为零后的短路全电流，即短路稳态电流只含短路电流周期分量，在无限大容量电源系统中，$I_\infty = I_p$，在进行短路计算时，通常用来表示

I_k 周期分量的有效值，故 $I_\infty = I_p = I_k$。

4.3.3　采用标幺值法进行三相短路电流的计算

扫一扫看视频：
采用标幺值法求
三相短路电流

在无限大容量系统中发生三相短路时，其三相短路电流周期分量的有效值可按下式计算：

$$I_p^{(3)} = \frac{U_C}{\sqrt{3}\,|Z_\Sigma|} = \frac{U_C}{\sqrt{3}\,\sqrt{R_\Sigma^2 + X_\Sigma^2}}$$

式中，U_C 为短路点的短路计算电压，取比线路的额定电压高 5% 的值，即 $U_C = 1.05U_N$，如 $U_N = 10\text{kV}$ 时 $U_C = 10.5\text{kV}$，$U_N = 380\text{V}$ 时 $U_C = 400\text{V}$；$|Z_\Sigma|$、R_Σ、X_Σ 分别为短路电路的总阻抗、总电阻和总电抗。

在高压电路的短路计算中，正常总电抗远比总电阻大，因此一般只计电抗，不计电阻。在计算低压绕组短路时，也只有当短路电阻的 $R_\Sigma > X_\Sigma/3$ 时，才需要考虑电阻。

如果不计电阻，则三相短路电流周期分量的有效值为

$$I_p^{(3)} = \frac{U_C}{\sqrt{3}\,X_\Sigma}$$

三相短路容量为

$$S_k^{(3)} = \sqrt{3}\,U_C \cdot I_k^{(3)}$$

关于短路电路的阻抗，一般只计电力系统阻抗、电力变压器阻抗和电力线路阻抗。至于供电系统中的母线、线圈型电流互感器的一次绕组、低压断路器的过电流脱扣线圈及开关的触头等的阻抗，相对来说都很小，在短路计算中可略去不计。在略去一些阻抗后，计算出来的短路电流自然稍有偏大，用其来校验电气设备显然更有保障。

电力系统的电阻很小，不予考虑。而电力系统的电抗则可由电力系统变电站高压馈电线出口断路器的断流容量 S_{OC} 来估算，将此断流容量看作系统的极限短路容量 S_k。因此，电力系统的电抗为

$$X_S = \frac{U_C^2}{S_{OC}}$$

式中，U_C 的单位为 kV；S_{OC} 为系统出口断路器的断流容量（MVA）。

变压器的电阻 R_T 可由变压器的短路损耗 ΔP_k 近似地计算。由于

$$\Delta P_k \approx 3I_N^2 \cdot R_T \approx 3\left(\frac{S_N}{\sqrt{3}\,U_C}\right)^2 \cdot R_T = \left(\frac{S_N}{U_C}\right)^2 \cdot R_T$$

故

$$R_T \approx \Delta P_k \cdot \left(\frac{U_C}{S_N}\right)^2$$

式中，U_C 的单位为 kV；S_N 为变压器的额定容量（kVA）；ΔP_k 为变压器的短路损耗（kW）。

变压器的电抗 X_T 可由变压器的短路电压（阻抗电压）$U_k\%$ 近似地计算：

$$U_k\% \approx \left(\frac{\sqrt{3}\,I_N \cdot X_T}{U_C}\right) \times 100 \approx \left(\frac{S_N \cdot X_T}{U_C^2}\right) \times 100$$

故

$$X_T \approx \frac{U_k\% \cdot U_C^2}{100 S_N}$$

式中，$U_k\%$ 为变压器的短路电压百分比值。

线路的电阻 R_{WL} 可由已知截面的导线或电缆的单位长度电阻 R_0 值求得

$$R_{WL} = R_0 \cdot L$$

式中，R_0 为导线或电缆的单位长度电阻（Ω/km）；L 为线路长度（km）。

线路的电抗 X_{WL} 可由已知截面和线距的导线或已知截面和电压的电缆单位长度电抗 X_0 值求得

$$X_{WL} = X_0 \cdot L$$

式中，X_0 为导线或电缆的单位长度电抗（Ω/km）；L 为线路长度（km）。

求出各元件的阻抗后，即可求出短路的总阻抗，继而计算短路电流周期分量及其他短路量。短路的总阻抗的计算公式如下：

$$R_{\Sigma} = \sum_{i=1}^{n} R_i$$

$$X_{\Sigma} = \sum_{i=1}^{n} X_i$$

$$Z_{\Sigma} = \sqrt{R_{\Sigma}^2 + X_{\Sigma}^2}$$

短路电流的计算方法有欧姆法、标幺值法和短路容量法。标幺值法在工程设计中应用比较广泛，下面介绍这种方法。

1. 标幺值的概念

某一物理量的标幺值（A_d^*）是该物理量的实际值（A）与所选定的基准值（A_d）的比值，即

$$A_d^* = \frac{A}{A_d}$$

当采用标幺值法进行计算时，必须先选定基准值。

当按标幺值法进行短路计算时，一般先选定基准容量 S_d 和基准电压 U_d。确定了基准容量和基准电压以后，根据三相交流电路的基本关系，基准电流 I_d 和基准电抗 X_d 可分别用下面的公式进行计算：

$$I_d = \frac{S_d}{\sqrt{3}\, U_d}$$

$$X_d = \frac{U_d}{\sqrt{3}\, I_d} = \frac{U_d^2}{S_d}$$

据此，可以直接写出以下标幺值表示式：

$$S^* = \frac{S}{S_d} \quad （容量标幺值）$$

$$U^* = \frac{U}{U_d} \quad （电压标幺值）$$

$$I^* = \frac{I}{I_d} = \frac{\sqrt{3}\, I \cdot U_d}{S_d} \quad （电流标幺值）$$

$$X^* = \frac{X}{X_d} = \frac{X \cdot S_d}{U_d^2} \quad (\text{电抗标幺值})$$

在工程设计中，为计算方便，通常取基准容量 $S_d = 100\text{MVA}$，基准电压 U_d 通常就取元件所在处的短路计算电压，即 $U_d = U_C$。

2. 用标幺值法进行短路计算的有关公式

无限大容量电源系统三相短路电流周期分量有效值的标幺值计算公式为

$$I_k^{(3)*} = \frac{I_k^{(3)}}{I_d} = \frac{\dfrac{U_C}{\sqrt{3}\,X_\Sigma}}{\dfrac{S_d}{\sqrt{3}\,U_C}} = \frac{U_C^2}{S_d \cdot X_\Sigma} = \frac{1}{X_\Sigma^*}$$

由此可求得三相短路电流周期分量的有效值为

$$I_k^{(3)} = I_k^{(3)*} \cdot I_d = \frac{I_d}{X_\Sigma^*}$$

求得 $I_k^{(3)}$ 后，就可利用前面的公式求出 $I_\infty^{(3)}$、$i_{sh}^{(3)}$、$I_{sh}^{(3)}$ 等。

三相短路容量的计算公式为

$$S_k^{(3)} = \sqrt{3}\,U_C \cdot I_k^{(3)} = \frac{\sqrt{3}\,U_C \cdot I_d}{X_\Sigma^*} = \frac{S_d}{X_\Sigma^*}$$

下面分别讲述供电系统各主要元件电抗标幺值的计算，取 $S_d = 100\text{MVA}$，$U_d = U_C$。

电力系统的电抗标幺值：

$$X_S^* = \frac{X_S}{X_d} = \frac{\dfrac{U_C^2}{S_{OC}}}{\dfrac{U_d^2}{S_d}} = \frac{S_d}{S_{OC}}$$

电力变压器的电抗标幺值：

$$X_T^* = \frac{X_T}{X_d} = \frac{\dfrac{U_k\%}{100} \cdot \dfrac{U_C^2}{S_N}}{\dfrac{U_d^2}{S_d}} = \frac{U_k\% \cdot S_d}{100 S_N}$$

电力线路的电抗标幺值：

$$X_{WL}^* = \frac{X_{WL}}{X_d} = \frac{X_0 \cdot L}{\dfrac{U_C^2}{S_d}} = \frac{X_0 \cdot L \cdot S_d}{U_C^2}$$

求出短路电路中所有元件的电抗标幺值后，就利用其等效电路进行电路化简，计算其总的电抗标幺值 X_Σ^*。由于各元件电抗都采用相对值，与短路计算点的电压无关，因此无须进行换算，这也是标幺值法较欧姆法的优越之处。

3. 用标幺值法进行短路计算的步骤

用标幺值法进行短路计算的步骤如下。

（1）绘出短路计算电路图，并根据短路计算目的确定短路计

扫一扫看 PDF：短路电流计算案例

算点。

（2）确定基准值，取 $S_d = 100MVA$，$U_d = U_C$（有几个电压级就取几个 U_d），并求出所有短路计算点电压下的 I_d。

（3）计算短路电路中所有主要元件的电抗标幺值。

（4）绘出短路电路的等效电路图，也用分子标元件序号、分母标元件的电抗标幺值，并在等效电路图上标出所有短路计算点。

（5）针对各短路计算点分别化简电路，并求其总电抗标幺值，按有关公式计算其所有短路电流和短路容量。

【案例4-6】　某供电系统如图 4-16 所示，已知电力系统出口断路器的断流容量为 500MVA。试求用户配电所 10kV 母线 K-1 点短路和车间变电所低压 380V 母线 K-2 点短路的三相短路电流与短路容量。

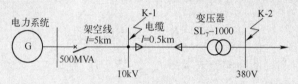

图 4-16　某供电系统

解：（1）确定基准值。

取 $S_d = 100MVA$，$U_{C1} = 10.5kV$，$U_{C2} = 0.4kV$，故有

$$I_{d1} = \frac{S_{d1}}{\sqrt{3}\,U_{C1}} = \frac{100}{\sqrt{3} \times 10.5} \approx 5.50 \ (kA)$$

$$I_{d2} = \frac{S_{d2}}{\sqrt{3}\,U_{C2}} = \frac{100}{\sqrt{3} \times 0.4} \approx 144 \ (kA)$$

（2）计算短路电路中各主要元件的电抗标幺值。

① 电力系统（已知 $S_{OC} = 500MVA$）：

$$X_1^* = \frac{100}{500} = 0.2$$

② 架空线路（查手册得 $X_0 = 0.38\Omega/km$）：

$$X_2^* = \frac{0.38 \times 5 \times 100}{10.5^2} \approx 1.72$$

③ 电缆线路（查手册得 $X_0 = 0.08\Omega/km$）：

$$X_3^* = \frac{0.08 \times 0.5 \times 100}{10.5^2} \approx 0.036$$

④ 电力变压器（查手册得 $U_k\% = 4.5$）：

$$X_4^* = \frac{U_k\% \cdot S_d}{100 S_N} = \frac{4.5 \times 100 \times 10^3}{100 \times 1\,000} = 4.5$$

绘制短路电路的等效电路图，如图 4-17 所示，在图上标出各元件的序号和电抗标幺值。

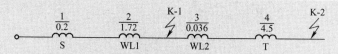

图 4-17　短路电路的等效电路图

（3）求 K-1 点的短路电路总电抗标幺值，以及三相短路电流和短路容量。

① 总电抗标幺值：

$$X^*_{\sum(K\text{-}1)} = X^*_1 + X^*_2 = 0.2 + 1.72 = 1.92$$

② 三相短路电流周期分量有效值：

$$I^{(3)}_{K\text{-}1} = \frac{I_{d1}}{X^*_{\sum(K\text{-}1)}} = \frac{5.50}{1.92} \approx 2.86 \text{（kA）}$$

③ 其他三相短路电流：

$$i^{(3)}_{sh} = 2.55 \times 2.86 \approx 7.29 \text{（kA）}$$
$$I^{(3)}_{sh} = 1.51 \times 2.86 \approx 4.32 \text{（kA）}$$

④ 三相短路容量：

$$S^{(3)}_{K\text{-}1} = \frac{S_d}{X^*_{\sum(K\text{-}1)}} = \frac{100}{1.92} \approx 52.0 \text{（MVA）}$$

（4）求 K-2 点的短路电路总电抗标幺值，以及三相短路电流和短路容量。

① 总电抗标幺值：

$$X^*_{\sum(K\text{-}2)} = X^*_1 + X^*_2 + X^*_3 + X^*_4 = 0.2 + 1.72 + 0.036 + 4.5 = 6.456$$

② 三相短路电流周期分量有效值：

$$I^{(3)}_{K\text{-}2} = \frac{I_{d2}}{X^*_{\sum(K\text{-}1)}} = \frac{144}{6.456} \approx 22.3 \text{（kA）}$$

③ 其他三相短路电流：

$$i^{(3)}_{sh} = 1.84 \times 22.3 \approx 41.0 \text{（kA）}$$
$$I^{(3)}_{sh} = 1.09 \times 22.3 \approx 24.3 \text{（kA）}$$

④ 三相短路容量：

$$S^{(3)}_{K\text{-}2} = \frac{S_d}{X^*_{\sum(K\text{-}2)}} = \frac{100}{6.456} \approx 15.5 \text{（MVA）}$$

在工程设计说明书中，往往只列出短路计算结果，如表 4-7 所示。

表 4-7　案例 4-6 的短路计算结果

短路计算点	三相短路电流/kA				三相短路容量/MVA
	$I^{(3)}_K$	$I^{(3)}_\infty$	$i^{(3)}_{sh}$	$I^{(3)}_{sh}$	$S^{(3)}_K$
K-1 点	2.86	2.86	7.29	4.32	52.0
K-2 点	22.3	22.3	41.0	24.3	15.5

4. 两相短路电流的计算

在进行继电保护装置灵敏度校验时，需要知道供电系统发生两相短路时的短路电流值。

两相短路电流与三相短路电流的关系为

$$\frac{I_k^{(2)}}{I_k^{(3)}} = \frac{\sqrt{3}}{2} \approx 0.866$$

因此

$$I_k^{(2)} = 0.866 I_k^{(3)}$$

其他两相短路电流 $I_\infty^{(2)}$、$i_{sh}^{(2)}$、$I_{sh}^{(2)}$ 的值都可按前面对应的三相短路电流的公式进行计算。

5. 单相短路电流的计算

在工程设计中，可利用下式计算单相短路电流：

$$I_k^{(1)} = \frac{U_\phi}{|Z_{\phi-0}|}$$

$$|Z_{\phi-0}| = \sqrt{(R_T + R_{\phi-0})^2 + (X_T + X_{\phi-0})^2}$$

式中，U_ϕ 为电源相电压（V）；$|Z_{\phi-0}|$ 为单相回路的阻抗，可查有关手册，或者按上式进行计算（mΩ）；R_T、X_T 分别为变压器单相的等效电阻和电抗（mΩ）；$R_{\phi-0}$、$X_{\phi-0}$ 分别为相线与中性线或保护线、保护中性线回路的电阻和电抗（mΩ），可查有关手册。

在无限大容量系统中或远离发电机处短路时，单相短路电流较三相短路电流小。单相短路电流主要用于单相短路保护的整定。

任务4.4 变压器的认识及选择

变压器是变电所中最关键的设备，它把输入的交流电压升高或降低为同频率的交流电压，以满足不同电压等级负荷的需要；同时，变压器是为满足高压输电、低压供配电和其他用途的电气设备，是供配电系统中不可缺少的电气设备之一。

4.4.1 电力变压器

扫一扫看 PPT：电力变压器及其选择

扫一扫做测试：变压器及其选择

1. 电力变压器的分类

电力变压器的分类方法很多，常用分类方法如下。

（1）按相数分，电力变压器有单相和三相两大类。用户变电所通常都采用三相变压器。

（2）按绕组导体材质分，电力变压器有铜绕组和铝绕组两大类。目前广泛应用油浸式铜绕组变压器，主要为 S9、S11 型低损耗变压器；推广应用的三相干式变压器主要为 SCB9、SCB11 系列低损耗变压器。

（3）按绕组绝缘和冷却方式分，电力变压器有油浸式、干式和充气式（SF$_6$）等。其中，油浸式变压器又分为油浸自冷式、油浸风冷式、油浸水冷式和强迫油循环冷却式等。工业用变压器大多采用油浸自冷式变压器，但环氧树脂浇注的干式变压器近年来在民用变电所，尤其在高层建筑中的应用日益增多。

（4）按容量系列分，用 R10 系列确定变压器的容量，即按 $R_{10} = \sqrt[10]{10} = 1.25$ 为倍数确定。我国新的变压器容量等级均采用此系列，如容量 100、125、160、200、250、315、400、500、630、800、1 000、1 250、1 600、2 000、2 500、3 150（单位为 kVA）等。

（5）按调压方式分，电力变压器有无载调压和有载调压两大类。用户变电所大多采用无载调压方式。

除电力变压器外的其他变压器习惯上称为特种变压器，如供二次回路测量、保护等用的仪用互感器（包括电流互感器 TA 和电压互感器 TV）等。

2. 电力变压器的型号、额定值和结构

1）电力变压器的型号和额定值

电力变压器的型号表示及含义如图 4-18 所示。

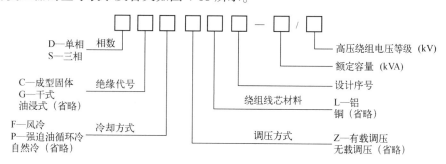

图 4-18　电力变压器的型号表示及含义

例如，S9-500/10 表示三相油浸自冷式铜线电力变压器，额定容量为 500kVA，高压绕组电压等级为 10kV，设计序号为 9。

变压器的额定值是制造厂家设计制造变压器和用户安全合理地选用变压器的依据，额定值通常标注在变压器的铭牌上。变压器主要包括以下几个额定值。

（1）额定容量 S_N。额定容量是指额定运行时的视在功率，以 VA、kVA 或 MVA 为单位。由于变压器的效率很高，所以通常将一、二次绕组的额定容量设计成相等的形式。

（2）额定电压 U_{1N} 和 U_{2N}。变压器一次绕组的额定电压 U_{1N} 是根据变压器的绝缘强度和容许发热条件规定的一次绕组正常工作时的电压值，二次绕组的额定电压 U_{2N} 是指变压器一次绕组加额定电压时二次绕组的空载电压值。额定电压以 V 或 kV 为单位。对于三相变压器，其额定电压是指线电压。

（3）额定电流 I_{1N} 和 I_{2N}。额定电流 I_{1N} 和 I_{2N} 是根据容许发热条件规定的绕组长期工作时允许通过的最大电流值。

对于单相变压器有

$$I_{1N} = \frac{S_N}{U_{1N}} \qquad I_{2N} = \frac{S_N}{U_{2N}}$$

对于三相变压器有

$$I_{1N} = \frac{S_N}{\sqrt{3}\,U_{1N}} \qquad I_{2N} = \frac{S_N}{\sqrt{3}\,U_{2N}}$$

额定容量 S_N、额定电压 U_N、额定电流 I_N 三者的关系如下。

单相变压器：$S_N = U_{1N} \cdot I_{1N} = U_{2N} \cdot I_{2N}$。

三相变压器：$S_N = \sqrt{3}\,U_{1N} \cdot I_{1N} = \sqrt{3}\,U_{2N} \cdot I_{2N}$。

（4）额定频率 f_N。

额定频率是指变压器允许的外施电源频率。我国的电力变压器频率都是工频 50Hz。

扫一扫看动画：电力变压器的调压

2）电力变压器的结构

图 4-19 所示为普通三相油浸式变压器的结构。

电力变压器是利用电磁感应原理工作的，因而它最基本的结构是电路部分和磁路部分。

铁芯为电力变压器的磁路部分，由磁导体和夹紧装置组成。铁芯由磁导率很高的硅钢片制成，厚度为 0.23～0.35mm，且带有绝缘，涡流损耗很小。在结构上，铁芯的夹紧装置不仅使磁导体成为一个机械上完整的结构，还在其上面套有带绝缘的线圈并支撑着引线，电力变压器内部的所有部件几乎均固定在铁芯上。

绕组是变压器建立磁场和输入及输出电能的电气回路，由铜、铝材料的圆或扁绝缘导线绕制，并配制各种绝缘件组成。与电源相连的称为一次绕组或原绕组，与负载相连的称为二次绕组或副绕组。因为变压器容量和电压的不同，绕组所具有的结构特点也各不相同，表现在匝数、导线截面、绕向、线圈连接方式和形式等上。绕组必须具有足够的电气强度、耐热强度和机械强度，以保证变压器可靠地运行。其中，前两个要求主要是对绕组绝缘的要求，后一个要求除与绝缘结构有关外，还与绕组的整体结构有关。为

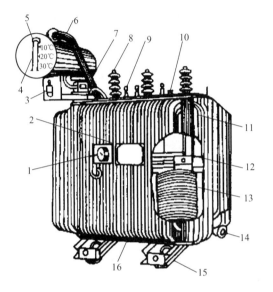

1—信号式温度计；2—铭牌；3—吸湿器；
4—油枕；5—油表；6—安全气道；
7—瓦斯继电器；8—高压套管；9—低压套管；
10—分接开关；11—油箱；12—铁芯；
13—绕组及绝缘；14—放油阀门；
15—小车；16—接地端子。

图 4-19 普通三相油浸式变压器的结构

了增大电磁耦合作用，变压器的高、低压绕组实际上是套装在同一铁芯柱上的，采用圆筒形同心式绕组结构，一般低压绕组靠近铁芯放置，高压绕组套在低压绕组的外面以便于进行绝缘处理。

三相油浸式变压器的其他结构主要如下。

油箱是油浸式变压器的外壳，变压器就装在油箱内，箱内灌满变压器油。它是支撑变压器的主要部件。油浸式变压器的绝缘油是一种绝缘强度很高的矿物油，其作用是作为绝缘介质和散热的媒介。

变压器的绝缘套管（高/低压套管）将变压器内部的高、低压引线引到油箱的外部，不但作为引线对地的绝缘，而且起到固定引线的作用。因此，它必须具有足够的电气强度和机械强度。变压器的绝缘套管是载流元件之一，在变压器运行过程中，长期通过负载电流，因此它必须具有良好的热稳定性，以及能够承受短路时的瞬间过热功能。变压器的绝缘套管还应具有体积小、质量轻、通风性强、密封性能好和便于维护检修的特点。

冷却装置是将变压器在运行过程中由损耗产生的热量散发出去，以保证变压器安全运行的装置。冷却装置一般是可拆卸的，不是强油循环的称为散热器，强油循环的称为冷却器。它具体分为自然风冷却装置、吹风冷却装置和强油风冷却装置。

分接开关是调整电压比的装置。分接开关分为无载调压（见图 4-20）和有载调压两种。分接开关装在双绕组变压器的一次绕组处。无载调压分接开关一般有 3～5 个分头位置，中间分头为额定电压位置，相邻分头相差±5%；有载调压分接开关的分头一般为额定电压的（±4×2.5%），相邻分头相差±2.5%。

油枕也叫储油柜，当变压器油的体积随油温变化而膨胀或缩小时，油枕起着储油及补油的作用，以保证油箱内充满油。油枕还能减小油与空气的接触面，防止油被过速氧化和受潮。

图 4-21 所示为 S11-MR 型三相卷铁芯全密封配电变压器。它采用特殊卷铁芯材料，其空载损耗比传统铁芯材料的变压器降低了 30%，空载电流减小了 50%～80%，具有良好的节能效果，在 315kVA 及以下小容量配电变压器中，应优先选用该产品。

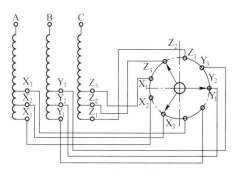

图 4-20　无载调压分接开关

图 4-21　S11-MR 型三相卷铁芯全密封配电变压器

全密封变压器因温度和负载变化引起的油体积变化完全由波纹油箱的弹性予以调节，油和周围空气不接触，防止了空气和潮气的侵入，避免了绝缘材料的老化，提高了其运行的可靠性。全密封变压器的保养维护工作量大大减少，与传统变压器相比，它不用对变压器油进行补充、过滤和更换，不用更换吸湿器硅胶，不用监视储油柜油面。全密封变压器器身与油箱采用更可靠的新型定位方法，确保变压器到用户后不调试就能安全运行。

图 4-22 所示为三相干式变压器。干式变压器具有低噪声、低损耗、难燃、不污染环境、防潮湿等特点，还具有过负荷能力强、热稳定性好、体积小、质量轻、安装简单方便、免维护等优点，广泛用于高层建筑、商业中心、机场、车站、码头、地铁和地下配电站等。

干式变压器的铁芯和线圈都不浸入任何绝缘液体中，一般用于对安全防火要求高的场所。干式变压器的冷却方式分为自然空气冷却和强迫空气冷却两种。它有下列几种类型。

（1）开启式：比较常用的类型，其器身与大气相连通，适用于比较干燥而洁净的室内（环境温度为 20℃，相对湿度不超过 85%）。目前，电压在 15kV 以

图 4-22　三相干式变压器

下时，空气自冷式干式变压器的容量可达 2 000kVA 左右，更大容量一般用吹风冷却。

（2）封闭式：器身与外部大气不连通，可用于比较恶劣的环境中。

（3）浇注式：用环氧树脂或其他树脂浇注作为主绝缘，结构简单，体积小，目前已成为干式变压器的主流。

环氧树脂干式变压器又称树脂绝缘干式变压器，具有防火、防潮、防尘和低损耗、低噪声、安装面积小的特点，虽然它的价格比同容量的油浸式变压器高，但其绝缘性能好，使用维护简便，便于深入负荷中心。环氧树脂干式变压器的高、低压绕组各自用环氧树脂浇注，并用轴套在铁芯柱上。高、低压绕组之间有冷却气道使绕组散热。三相绕组的连接处也由环氧树脂浇注，因而其所有带电部分都不暴露在外面。它的容量自 30kVA 至几千千伏安，最高达上万千伏安，高压绕组电压有 6kV、10kV、35kV 几种规格，低压绕组电压为 230/400V。电力变压器的容量在 2 000kVA 及以上时，均带有风扇冷却装置，其余一般为空气自冷式。根据用户的需要，还有是否带箱体及防震的不同类型。

我国目前生产的干式变压器有 SCL1、SCL、SC、SG3、SG、SGZ 等系列。

3）电力变压器的连接组别

6～10kV 电力变压器在其低压（400V）绕组为三相四线制系统时，其连接组别有 Yyn0 和 Dyn11 两种。

我国新的国家标准《供配电系统设计规范》（GB 50052—2009）规定，在 TN 及 TT 系统接地形式的低压电网中，宜选用 Dyn11 连接组别的三相变压器作为配电变压器。同时规定，在 TN 及 TT 系统接地形式的低压电网中，若选用 Yyn0 连接组别的三相变压器，则其由单相不平衡负荷引起的中性线电流不得超过低压绕组额定电流的 25%，且其一相的电流在满载时不得超过额定电流值。这是因为变压器采用 Dyn11 连接组别较采用 Yyn0 连接组别有以下优点。

（1）对 Dyn11 连接组别的变压器来说，其 $3n$ 次（n 为正整数）谐波励磁电流在其 D 接线的一次绕组内形成环流，不致注入公共的高压电网中，这比一次绕组接成 Y 接线的 Yyn0 连接组别的变压器更有利于抑制高次谐波电流。

（2）Dyn11 连接组别的变压器比 Yyn0 连接组别的变压器的零序阻抗小得多，从而更有利于低压单相接地短路故障的切除。

（3）Dyn11 连接组别的变压器承受单相不平衡负荷的能力比 Yyn0 连接组别的变压器强得多。上面提到，Yyn0 连接组别的变压器的中性线电流一般规定不得超过其低压绕组额定电流的 25%，而 Dyn11 连接组别的变压器的中性线电流可允许达低压绕组额定电流的 75% 以上。

因此，除三相负荷基本平衡的变压器可采用 Yyn0 连接组别外，一般宜采用 Dyn11 连接组别的变压器。

3. 变压器的选择

变压器的选择包括变压器类型的选择、台数的选择和容量的选择。

1）类型的选择

《20kV 及以下变电所设计规范》（GB 50053—2013）规定，多层或高层主体建筑内的变电所宜选用不燃或难燃型变压器；在对防火要求高的车间内的变电所也是如此。在多尘或有腐蚀性气体而严重影响变压器安全运行的场所，应选用防尘型或防腐蚀型变压器。常用的不燃或难燃型变压器有环氧树脂浇注干式变压器、六氟化硫变压器、硅油变压器和空气绝缘干式变压器等。

2）台数的选择

变压器的台数一般根据负荷特点、用电容量和运行方式等条件综合考虑确定。对于有大量一、二级负荷，或者季节性负荷变化较大（如空调制冷负荷），或者集中负荷较大的情况，一般宜有两台及以上变压器。

3）容量的选择

变压器的容量应按计算负荷来选择。低压 0.4kV 的配电变压器的单台容量一般不宜大于 2 000kVA，当仅有一台时，其容量不宜大于 1 250kVA；预装式变电站变压器容量采用干式变压器时不宜大于 8 000kVA，采用油浸式变压器时不宜大于 630kVA。

对于只选择一台变压器的情况，要求变压器的额定容量不小于所接用电设备的总计算负荷，即 $S_{TN} \geqslant S_C$。考虑节能和余量，变压器负荷率一般取 70%～85%。

对于选择两台变压器供电的低压单母线系统，分以下两种情况进行讨论。

若两台变压器采用一用一备的工作方式，则每台变压器的容量按低压母线上的全部计算负荷来确定，即 $S_{TN} > S_C$。若两台变压器采用互为备用的工作方式，则正常时每台变压器负担总负荷的一半左右，当一台变压器出现故障时，另一台变压器应承担全部负荷中的一、二级负荷，以保证对一、二级负荷供电可靠性的要求，这样，每台变压器的容量应不小于总计算负荷的 70%，而且不小于一、二级负荷计算负荷之和，即 $S_{TN} \geqslant 70\% S_C$，且 $S_{TN} > S_{C(I、II)}$；当选用两台不同容量的变压器时，每台变压器的容量可按下列条件选择：$S_{TN1} + S_{TN2} > S_C$，且 $S_{TN1} \geqslant S_{C(I、II)}$、$S_{TN2} \geqslant S_{C(I、II)}$。

【案例4-7】 已知某变电所（10kV/0.4V）的总计算负荷为 1 350kVA，其中一、二级负荷为 680kVA，试选择变压器的台数和容量。

解： 该变电所有一、二级负荷，根据变压器台数和容量选择的要求，选择两台变压器，且任意一台变压器单独运行时都要满足 70% 的负荷，即

$$S_N = 0.7 \times 1 350kVA = 945kVA$$

且任意一台变压器都应满足 $S_N \geqslant 680kVA$。因此，可选两台容量均为 1 000kVA 的变压器，型号为 S9-1000/10。

4.4.2 仪用互感器

电流互感器、电压互感器合称仪用互感器，简称互感器。从基本结构和工作原理上来讲，互感器就是一种特殊的变压器。互感器的功能如下。

（1）安全绝缘。采用互感器作为一次电路与二次电路之间的中间元件既可避免一次电路的高压直接引入仪表、继电器等二次设备，又可避免二次电路的故障影响一次电路，提高了两方面工作的安全性和可靠性，特别是保障了人身安全。

（2）扩大范围。采用互感器以后，相当于扩大了仪表、继电器的使用范围。例如，用一只 5A 的电流表，通过不同变流比的电流互感器就可测量任意大的电流。同样，用一只 100V 的电压表，通过不同变压比的电压互感器就可测量任意高的电压。而且，采用互感器后可使二次仪表、继电器等的电流、电压规格统一，有利于大规模生产。

（3）采用互感器可以获得多种形式的接线方案，以便满足各种测量和保护电路的要求。

1. 电流互感器

1）基本结构

电流互感器的结构原理如图 4-23 所示。它的结构特点是：一次绕组匝数很少，导体相当粗；二次绕组匝数很多，导体较细。它接入电路的方式是：一次绕组串联接入一次电路；二次绕组与仪表、继电器等的电流线圈串联，形成一个闭合回路。由于二次绕组的仪表、继电器等的电流线圈阻抗很小，所以电流互感器工作时二次电路接近短路状态。二次绕组的额定电流一般为 5A。

电流互感器的一次电流 I_1 与其二次电流 I_2 之间有下列关系：

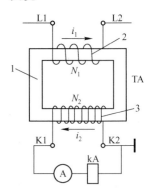

1—铁芯；2——一次绕组；3—二次绕组。

图 4-23　电流互感器的结构原理

$$I_1 \approx \frac{N_2}{N_1} I_2 \approx K_i I_2$$

式中，N_1、N_2 分别为电流互感器一次绕组和二次绕组的匝数；K_i 为电流互感器的变流比，一般定义为 I_{1N}/I_{2N}。

2）常用接线方案

电流互感器在三相电路中常用的接线方案如下。

（1）一相式接线 ［见图 4-24（a）］：电流线圈通过的电流反映一次电路对应相的电流，通常用在负荷平衡的三相电路中测量电流，或者在继电保护中作为过负荷保护接线。

（2）两相 V 形接线 ［见图 4-24（b）］：也称为两相不完全 Y 形接线。这种接线方案的 3 个电流线圈分别反映三相电流，其中最右边的电流线圈接在电流互感器二次绕组的公共线上，反映的是两个电流互感器二次电流的相量和，正好是未接电流互感器那一相的二次电流（其一次电流换算值）。因此这种接线方案广泛用于中性点不接地的三相三线制电路中，供测量 3 个相电流之用，也可用来接三相功率表和电表。这种接线方案还广泛地用于继电保护装置中，称为两相两继电器接线。

（3）两相电流差接线 ［见图 4-24（c）］：也称为两相交叉接线。它的二次绕组公共线流过的电流值为相电流的 $\sqrt{3}$ 倍。这种接线方案也广泛用于继电保护装置中，称为两相一继电器接线。

（4）三相 Y 形接线 ［见图 4-24（d）］：3 个电流线圈正好反映各相电流，因此广泛用于中性点直接接地的三相三线制和三相四线制电路中，用于测量或继电保护。

3）类型

电流互感器的类型很多，按一次绕组的匝数分，有单匝式（包括母线式、芯柱式、套管式）和多匝式（包括线圈式、线环式、串级式）；按一次电压的高低分，有高压和低压两大类；按用途分，有测量用和保护用两大类；按准确度等级分，测量用电流互感器有 0.1、0.2、0.5、1、3、5 几个等级，保护用电流互感器有 5P 和 10P 两个等级。

高压电流互感器一般制成两个铁芯和两个二次绕组的形式，其中准确度等级高的二次绕组接测量仪表，准确度等级低的二次绕组接继电器。

图 4-25 所示为户内低压 500V 的 LMZJ1-0.5 型（500～800/5）母线式电流互感器。它本身没有一次绕组，母线从中孔（一次母线穿孔）穿过，母线就是其一次绕组（1 匝）。

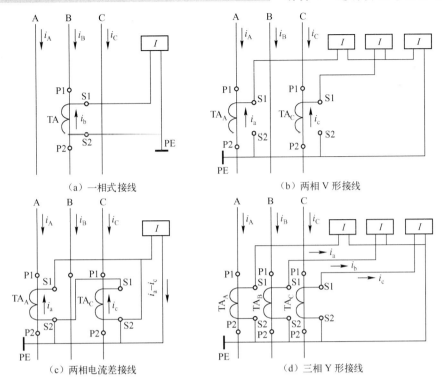

（a）一相式接线　　　　　　　　　（b）两相 V 形接线

（c）两相电流差接线　　　　　　　（d）三相 Y 形接线

图 4-24　电流互感器的常用接线方案

　　图 4-26 所示为户内高压 10kV 的 LQJ-10 型线圈式电流互感器。它的一次绕组绕在两个铁芯上，每个铁芯各有一个二次绕组，分别为 0.5 级和 3 级，其中，0.5 级接测量仪表，3 级接继电保护。低压的线圈式电流互感器 LQG-0.5 型（G 表示改进型）只有一个铁芯、一个二次绕组，其一、二次绕组均绕在同一铁芯上。

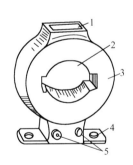

1—铭牌；2——次母线穿孔；3—铁芯，
外绕二次绕组，环氧树脂浇注；4—底座；
5—二次接线端子。

图 4-25　户内低压 500V 的 LMZJ1-0.5 型
（500～800/5）母线式电流互感器

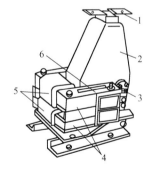

1——次接线端子；2——次绕组，环氧树脂浇注；
3—二次接线端子；4—铁芯（两个）；5—二次绕组
（两个）；6—警告牌。

图 4-26　户内高压 10kV 的
LQJ-10 型线圈式电流互感器

　　以上两种电流互感器都是环氧树脂浇注绝缘的，较之老式的油浸式和干式电流互感器，其尺寸小、性能好，因此在现在生产的高低压成套配电装置中被广泛应用。

4）使用注意事项

（1）电流互感器在工作时，其二次绕组不得开路。电流互感器二次绕组接的都是阻抗很小的电流线圈，因此它是在接近短路的状态下工作的。如果二次绕组开路，则 $I_0 = I_1$，励磁电流 I_0 被迫剧增几十倍，这样将产生如下严重后果。

① 铁芯过热，有可能烧毁电流互感器，并且会产生剩磁，大大降低准确度。

② 由于二次绕组的匝数远比一次绕组的匝数多，因此会在二次绕组上感应出危险的高电压，危及人身和设备的安全。

因此，电流互感器在工作时，其二次绕组绝对不允许开路。为此，在安装电流互感器时，其二次接线一定要牢靠和接触良好，并且不允许串接熔断器和开关。

（2）电流互感器的二次绕组有一端必须接地。这是为了防止电流互感器的一、二次绕组绝缘击穿时，一次绕组的高电压窜入二次绕组，危及人身和设备的安全。

（3）电流互感器在连接时要注意其端子的极性。按规定，电流互感器的一次绕组端子标以 P1、P2，二次绕组端子标以 S1、S2。P1 与 S1 互为"同名端"，P2 与 S2 也互为"同名端"。如果在某一瞬间，P1 为高电位，则二次绕组由电磁感应产生的电动势使得 S1 也为高电位，这就是"同名端"。在安装和使用电流互感器时，一定要注意端子的极性，否则其二次绕组所接仪表、继电器中流过的电流就不是预想的电流，甚至可能引起事故。

2. 电压互感器

1）基本结构

扫一扫看 PPT：
电压互感器及
其使用

电压互感器的结构原理如图 4-27 所示。它的结构特点是：一次绕组的匝数很多，二次绕组的匝数较少，相当于降压变压器。它接入电路的方式是：一次绕组并联在一次电路中，二次绕组并联仪表、继电器的电压线圈。由于二次绕组的仪表、继电器等的电压线圈的阻抗很大，所以电压互感器工作时二次回路接近空载状态。电压互感器二次绕组的额定电压一般为 100V。

电压互感器的一次电压 U_1 和二次电压 U_2 之间有下列关系：

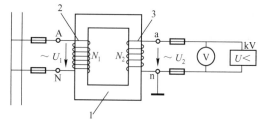

1—铁芯；2——次绕组；3—二次绕组。

图 4-27　电压互感器的结构原理

$$U_1 \approx \frac{N_1}{N_2} I_2 \approx K_u U_2$$

式中，N_1、N_2 分别为电压互感器一次绕组和二次绕组的匝数；K_u 为电压互感器的变压比，一般定义为 U_{1N}/U_{2N}。

2）常用接线方案

电压互感器在三相电路中常用的接线方案如下。

（1）一个单相电压互感器的接线［见图 4-28（a）］：供仪表、继电器接于线电压。

（2）两个单相电压互感器接成 V/V 形［见图 4-28（b）］：供仪表、继电器接于三相三线制电路的各个线电压，广泛地应用在 6～10kV 的高压配电装置中。

（3）三个单相电压互感器接成 Y_0/Y_0 形［见图 4-28（c）］：供电给要求线电压的仪表、继电器，并供电给接相电压的绝缘监察电压表。由于小电流接地的电力系统在发生单相接地情况时，另外两个完好相的对地电压要升高为线电压（$\sqrt{3}$ 倍的相电压），所以绝缘监察电压表不能接入按相电压选择的电压表，否则在一次电路发生单相接地情况时，电压表可能被烧坏。

（4）三个单相三绕组电压互感器或一个三相五芯柱三绕组电压互感器接成 $Y_0/Y_0/\triangle$ ［见图 4-28（d）］：接成 Y_0 的二次绕组供电给需要线电压的仪表、继电器及绝缘监察电压表；接成 $\triangle$ 的辅助二次绕组供电给绝缘监察电压继电器。当一次电路正常工作时，开口三角形两端的电压接近零。当某一相接地时，开口三角形两端将出现近 100V 的零序电压，使电压继电器动作，发出信号。

3）类型

电压互感器按绝缘的冷却方式分，有干式和油浸式两种。现已广泛采用环氧树脂浇注绝缘的干式互感器。

图 4-29 所示为单相三绕组环氧树脂浇注绝缘的户内用 JDZJ-10 型电压互感器。三个 JDZJ-10 型电压互感器连成如图 4-28（d）所示的 $Y_0/Y_0/\triangle$ 形的接线，可供小电流接地的电力系统用作电压、电能测量及单相接地的绝缘监察。

4）使用注意事项

（1）电压互感器的一、二次绕组必须加熔断器保护。由于电压互感器是并联接入一次电路的，二次绕组的仪表、继电器也是并联接入互感器二次回路的，因此互感器的一、二次绕组均必须装设熔断器，以防发生短路，烧毁电压互感器或影响一次电路的正常运行。

（2）电压互感器的二次绕组有一端必须接地。这是为了防止电压互感器的一、二次绕组绝缘击穿时，一次绕组的高电压串入二次绕组，危及人身和设备的安全。

（3）在连接电压互感器时，要注意其端子的极性。

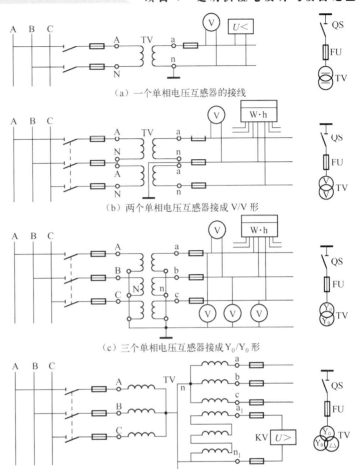

（a）一个单相电压互感器的接线

（b）两个单相电压互感器接成 V/V 形

（c）三个单相电压互感器接成 Y_0/Y_0 形

（d）三个单相三绕组电压互感器或一个三相五芯柱三绕组电压互感器接成 $Y_0/Y_0/\triangle$ 形

图 4-28　电压互感器的接线方案

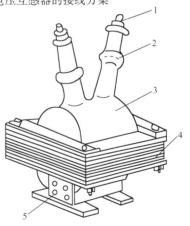

1——一次接线端子；2——高压绝缘套管；
3——一、二次绕组，环氧树脂浇注；
4——铁芯；5——二次接线端子。

图 4-29　单相三绕组环氧树脂浇注绝缘的户内用 JDZJ-10 型电压互感器

按规定，单相电压互感器的一次绕组端子标以 A、N，二次绕组端子标以 a、n，A 与 a 及 N 与 n 分别为"同名端"或"同极性端"。三相电压互感器按照相序，一次绕组端子分别标以 A、B、C、N，二次绕组端子对应地标以 a、b、c、n。这里的 A 与 a，B 与 b，C 与 c 及 N 与 n 分别为"同名端"或"同极性端"。在连接电压互感器时，不能把端子极性接错，否则可能发生事故。

任务4.5 高压电气设备及其选择

4.5.1 常用的高压电气设备

扫一扫看视频：高、低压电气设备

高压电气设备通常是指额定电压为 1kV 及以上电压等级的电气设备。高压电路的控制和保护采用高压电气设备，10kV 供电系统中常用的有高压熔断器、高压隔离开关、高压负荷开关、高压断路器、高压避雷器等。

1. 高压熔断器（文字符号为 FU）

扫一扫看动画：户内型高压熔断器

熔断器是一种应用广泛的保护电器。当通过的电流超过某一规定值时，熔断器的熔体熔化而切断电路。它的功能主要是对电路及其中的设备进行短路保护，但有的也具有过负荷保护功能。熔断器的主要优点是结构简单、体积较小、价格便宜和维护方便，但其保护特性误差较大，可能造成非全相切断电路，而且一般是一次性的，损坏后难以修复。

在 6～10kV 系统中，户内采用 RN1、RN2 型管式熔断器，而 XRNTl、XRNT2 型管式熔断器为推广应用的更新换代产品；户外较多采用 RW10 型跌落式熔断器。

1）RN1、RN2 型户内高压管式熔断器

RN1 和 RN2 的结构基本相同，都是瓷质熔管内充有石英砂填料的密闭管式熔断器。RN1 用作高压电力线路及其设备的保护，其熔体在正常情况下通过的是高压一次电路的负荷电流，因此结构尺寸较大。RN2 只用作电压互感器的短路保护，因而其熔体额定电流一般为 0.5A，结构尺寸较小。

图 4-30 所示为 RN1、RN2 型高压管式熔断器的外形，图 4-31 所示为其熔管剖面图。

如图 4-31 所示，工作熔体（铜熔丝）上焊有锡球，锡的熔点远较铜的熔点低。因此，在过负荷电流通过时，锡球受热首先熔化，铜、锡分子互相渗透而形成熔点较低的铜锡合金，使工作熔体能在较低的温度下熔断，这就是所谓的"冶金效应"。它使熔断器能在有过负荷电流或较小的短路电流时动作，提高了保护的灵敏度。工作熔体采用几根铜熔丝并联，利用粗弧分细灭弧法来加速电弧的熄灭。石英砂填料对电弧有冷却作用，有利于电弧快速熄灭。因此，这种熔断器的灭弧能力很强，在短路电流达到冲击值之前（短路后不到半个周期）就能完全熄灭电弧，故这种熔断器具有"限流"特性。

2）RW10-10F 型户外高压跌落式熔断器

图 4-32 所示为 RW10-10F 型高压跌落式熔断器的基本结构。

RW10-10F 系列熔断器由基座和灭弧管两部分组成。正常工作时，灭弧管下端的弹簧支架使铜熔丝始终处于张紧状态，以保证灭弧管合闸时自锁。当铜熔丝熔断时，弹簧支架在弹簧的作用下，迅速将铜熔丝从灭弧管内抽出，以减少燃弧时间和降低灭弧材料的损耗。

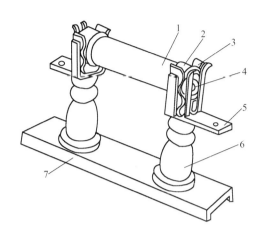

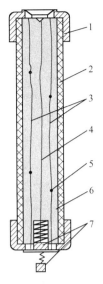

1—瓷熔管；2—金属管帽；3—弹性触座；
4—熔断指示器；5—接线端子；6—瓷绝缘子；7—底座。

图 4-30　RN1、RN2 型高压管式熔
断器的外形

1—金属管帽；2—瓷熔管；3—工作熔体；
4—指示熔体；5—锡球；6—石英砂填料；7—底座熔断指示器。

图 4-31　RN1、RN2 型高压管式熔断器
的熔管剖面图

灭弧管设计为逐级排气式，当线路上发生短路时，短路电流使铜熔丝迅速熔断，形成电弧。纤维质消弧管由于电弧燃烧而分解出大量气体，使管内压力剧增，并沿管道形成强烈的纵向吹弧。若短路电流较小，则其电弧燃烧管内壁产生的气体也较少，熔管仅向下排气；若短路电流较大，则其电弧燃烧管内壁产生的气体较多，气压较大，将熔管上端薄膜冲开，从而向两端排气，有助于防止熔断器在分断较大短路电流时造成熔管爆裂。铜熔丝熔断后，熔管的上动触头因失去张力而下翻，锁紧机构释放熔管，在触头弹力及熔管自重的作用下，熔管回转跌落，造成明显可见的断开间隙。

这种跌落式熔断器具有两种功能：一是作为 6～10kV 线路和变压器的短路保护；二是可当作隔离开关使用，即可用来隔离电源以保证安全检修。跌落式熔断器的灭弧能力不强，灭弧速度不快，因而属于非限流式熔断器。

扫一扫看动画：电动力灭弧原理

扫一扫看动画：跌落式熔断器灭弧原理

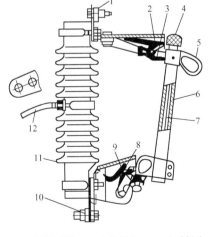

2. 高压隔离开关（文字符号为 QS）

高压隔离开关的结构比较简单，图 4-33 所示为 GN19 型户内式高压隔离开关。它断开后有明显可见的断开间隙，而且断开间隙的绝缘及相间绝缘都是足够可靠的，因此可用来隔离高压电源以保证其他设备的安全检修。但它没有专门的灭弧装置，因此不允许

1—上接线端子；2—上静触头；3—上动触头；
4—管帽；5—操作环；6—熔管；7—铜熔丝；
8—下动触头；9—下静触头；10—下接线端子；
11—绝缘瓷瓶；12—固定安装板。

图 4-32　RW10-10F 型高压跌落式
熔断器的基本结构

带负荷操作。不过它可以用来通断一定的小电流，如励磁电流不超过 2A 的空载变压器、电容电流不超过 5A 的空载线路及电压互感器和避雷器的电路等。

3. 高压负荷开关（文字符号为 QL）

高压负荷开关具有简单的灭弧装置，因而能通断一定的负荷电流和过负荷电流，但不能断开短路电流，因此它必须与高压熔断器串联使用，借助熔断器来切除短路故障。

图 4-34 所示为 FN3-10RT 型高压负荷开关。其中上半部为负荷开关本身，外形与隔离开关相似，但其上端的绝缘子实际上是一个压气式灭弧装置。此绝缘子不但起支持绝缘子的作用，而且内部是一个汽缸，有由操动机构主轴传动的活塞，其功能类似打气筒。当负荷开关分闸时，在闸刀一端的弧动触头与绝缘喷嘴内的弧静触头之间产生电弧。分闸时主轴转动而带动活塞，压缩汽缸内的空气产生高压气流从喷嘴喷出，将电弧迅速熄灭。

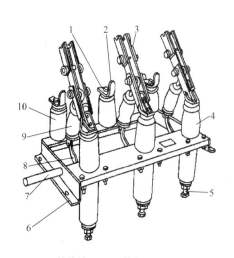

1—上接线端子；2—静触头；3—闸刀；
4—套管绝缘子；5—下接线端子；
6—框架；7—转轴；8—拐臂；
9—升降绝缘子；10—支柱绝缘子。

1—主轴；2—上绝缘子兼汽缸；3—连杆；4—下绝缘子；
5—框架；6—RN1 型高压熔断器；7—下触座；8—闸刀；
9—弧动触头；10—绝缘喷嘴；11—主静触头；12—上触座。
13—断路弹簧；14—绝缘拉杆；15—热脱扣器。

图 4-33　GN19 型户内式高压隔离开关　　　图 4-34　FN3-10RT 型高压负荷开关

负荷开关断开后具有明显可见的断开间隙，因此它也可以用来隔离电源，保证安全检修。

4. 高压断路器（文字符号为 QF）

高压断路器具有相当完善的灭弧装置，它不仅能通断正常负荷电流，还能通断一定的短路电流。它也能在继电保护装置的作用下自动跳闸，切除短路故障。

高压断路器按其采用的灭弧介质分，有油断路器、六氟化硫（SF6）断路器、真空断路器等类型。目前，我国中小型建筑供配电系统中主要采用真空断路器和六氟化硫（SF6）断路器。

油断路器又分为多油和少油两大类。多油断路器由于存在油量大、体积大、断流容量小、原材料消耗多等缺点，一般不采用；少油断路器用油量少，比较安全，且外形尺寸小，便于在成套设备中装设。20 世纪 80 年代，一般 6～35kV 户内配电装置中多采用少油断路器。图 4-35 所示为 SN10-10 型少油断路器。

六氟化硫断路器利用 SF6 气体作为灭弧介质。纯净的 SF6 是无色、无味、无毒且不易燃的惰性气体，具有优良的灭弧性能和电绝缘性能。因此六氟化硫断路器的灭弧速度快，断流能力强，适于频繁操作，而且没有油断路器可能燃烧或爆炸的危险。体积小且性能优异的六氟化硫负荷开关和断路器在进口的或全资的环网开关柜中已被大量采用。

真空断路器的触头装在真空灭弧室内，利用真空灭弧原理来灭弧。真空断路器具有体积小、质量轻、动作快、寿命长、安全可靠和便于维修等优点，适于频繁操作，特别适合1 000kVA 及以上的变压器回路操作和保护之用。

高压真空断路器是利用"真空"来灭弧的一种断路器。由于真空中不存在气体游离的问题，所以这种断路器的触头断开时很难发生电弧。但是在感性电路中，灭弧速度过快，瞬间切断电流 i 将使 di/dt 极大，从而使电路出现过电压，这对供配电系统是不利的。因此，这个"真空"不能是绝对的真空。实际上，在触头断开时，因高电场发射和热电发射而产生一点电弧，此电弧称为"真空电弧"，它能在电流第一次过零时熄灭。这样，燃弧时间既短（至多半个周期），又不会产生很高的过电压。

真空断路器的灭弧室结构如图 4-36 所示。真空灭弧室的中部有一对圆盘状的触头，在触头刚分离时，由于高电场发射和热电发射而使触头间发生电弧。电弧温度很高，可使触头表面产生金属蒸汽。随着触头的分开和电弧电流的减小，触头间的金属蒸汽也逐渐减少。当电弧电流过零时，电弧暂时熄灭，触头周围的金属离子迅速扩散，凝聚在四周的屏蔽罩上，在电流过零后几微秒的极短时间内，触头间隙实际上又恢复了原有的高真空度。因此，当电流过零后，虽然很快加上了高电压，但触头间隙也不会再次击穿。也就是说，真空电弧在电流第一次过零时就能完全熄灭。

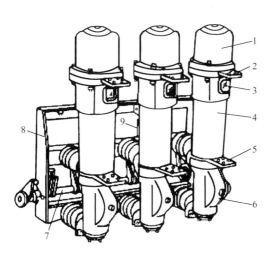

1—铝帽；2—上接线端子；3—油标；4—绝缘筒；
5—下接线端子；6—基座；7—主轴；
8—框架；9—断路弹簧。

图 4-35　SN10-10 型少油断路器

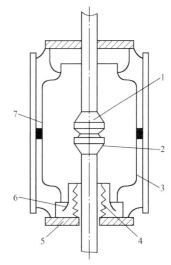

1—静触头；2—动触头；3—屏蔽罩；
4—波纹管；5—与外壳封接的金属法兰盘；
6—波纹管屏蔽罩；7—玻壳。

图 4-36　真空断路器的灭弧室结构

4.5.2　高压电气设备的选择与校验

1. 基本原则

高压电气设备的选择除必须满足正常运行条件下的工作要求外，还应按短路电流所产生的电动力效应和热效应进行校验。因此，"按正常运行条件进行选择、按短路条件进行校验"

是选择高压电气设备的基本原则。

按正常运行条件下的工作要求选择高压电气设备就是要考虑高压电气设备使用的环境条件和电气要求。环境条件是指高压电气设备所处的安装位置、环境温度、海拔高度，以及有无防尘、防腐、防火、防爆等要求；电气要求是指高压电气设备对电压、电流等方面的要求，对于一些断流电器，还要考虑其断流能力。

按短路条件校验高压电气设备就是校验其短路时的动稳定度和热稳定度。因为在发生短路时，高压电气设备在短路电流的作用下会产生很高的温度，如果超过其所允许的最高温度，就将被烧毁，所以必须进行热稳定度校验，以保证设备的运行安全；当高压电气设备流过冲击短路电流时，将产生很大的作用力，如果大于其所能承受的作用力，则将被破坏，因此必须进行动稳定度校验。

断路器、隔离开关、负荷开关等设备都必须进行短路稳定度校验。用熔断器保护的设备及用限流电阻保护的设备（如电压互感器等）可不进行短路稳定度校验。

2. 按电压和电流进行选择

高压隔离开关、负荷开关和断路器的额定电压不得低于装设地点电网的额定电压，其额定电流不得小于通过的计算电流，即

$$U_N \geq U_{gmax}$$

$$I_N \geq I_C$$

3. 断流能力校验

高压隔离开关不允许带负荷操作，只用作隔离电源，因此不校验其断流能力。高压负荷开关能带负荷操作，但不能切断短路电流，因此其断流能力应按切断最大可能的过负荷电流来校验，满足的条件为

$$I_{OC} \geq I_{OL \cdot max}$$

式中，I_{OC} 为高压负荷开关的最大分断电流；$I_{OL \cdot max}$ 为高压负荷开关所在电路的最大可能过负荷电流，可取为 $(1.5 \sim 3)I_C$，I_C 为电路的计算电流。

高压断路器可分断短路电流，其断流能力应满足的条件为

$$I_{OC} \geq I_k^{(3)}$$

或

$$S_{OC} \geq S_k^{(3)}$$

式中，I_{OC}、S_{OC} 分别为高压断路器的最大开断电流和断流容量；$I_k^{(3)}$、$S_k^{(3)}$ 分别为高压断路器安装地点的三相短路电流周期分量有效值和三相短路容量。

4. 短路稳定度校验

高压隔离开关、负荷开关和断路器均需要进行短路动稳定度与热稳定度校验。

动稳定度校验是指在短路冲击电流作用下，配电设备的载流部分所产生的电动力是否能导致高压断路器的损坏，配电设备的极限电流必须大于三相短路时通过配电设备的冲击电流。

动稳定度的校验条件为

$$i_{max} \geq i_{sh}^{(3)}$$

或

$$I_{max} \geq I_{sh}^{(3)}$$

式中，i_{max}、I_{max} 分别为配电设备所允许的动稳定电流的幅值和有效值；i_{sh}、I_{sh} 分别为配电设备的短路冲击电流的幅值和有效值。

热稳定度校验是指短路电流 I_∞ 在假想时间内通过高压断路器时，其各部分的发热不会超过规定的最大允许温度，即

$$I_t^2 t \geq I_\infty^2 t_{ima}$$

式中，I_t、t 分别为配电设备的热稳定试验电流有效值和热稳定试验时间，可由有关手册或产品样本查得；I_∞ 为稳态短路电流；t_{ima} 为假想时间，其值为

$$t_{ima} = t_k + 0.05\left(\frac{I''}{I_\infty}\right)^2$$

在无限大容量电源供电系统中，$I'' = I_\infty$，故 $t_{ima} = t_k + 0.05\text{s}$，当 $t_k > 1\text{s}$ 时，$t_{ima} \approx t_k$，有

$$t_k = t_{op} + t_{oc}$$

式中，t_{op} 为继电保护动作时间；t_{oc} 为高压断路器全分断时间（固有分闸时间和灭弧时间），一般高压断路器的 t_{oc} 为 0.2s，高速高压断路器的 t_{oc} 为 0.1～0.15s。

表4-8所示为选择高压电气设备时应校验的项目。

表4-8　选择高压电气设备时应校验的项目

设备	电压	电流	断流能力	短路电流校验	
				动稳定度	热稳定度
高压熔断器	√	√	√	—	—
高压隔离开关	√	√	—	√	√
高压负荷开关	√	√	√	√	√
高压断路器	√	√	√	√	√
电流互感器	√	√	—	√	√
电压互感器	√	—	—	—	—
高压电容器	√	—	—	—	—
母线	—	√	—	√	√
电缆	√	√	—	√	√
支柱绝缘子	√	—	—	√	—
绝缘套管	√	√	—	√	—

扫一扫看视频：高压开关柜接线方案

4.5.3　几种高压开关柜的组成及其功能

10kV 变电所均采用成套式高压开关柜。高压开关柜就是按照一定的线路方案将高压电气设备等有关设备组装为一体的配电装置，用于供配电系统中作为受电或配电的控制、保护和监察测量。

高压开关柜有固定式、手车式两大类型。固定式高压开关柜中的所有电气元件都是固定安装的；手车式高压开关柜中的某些主要电气元件，如高压断路器、电压互感器和避雷器等，都是安装在可移开的手车上面的，因此手车式高压开关柜又称移开式高压开关柜。固定式高压开关柜较为简单经济，而手车式高压开关柜则可大大提高供电可靠性。当高压断路器这些主要设备发生故障或需要检修时，可随时将其拉出后推入同类备用手车，即可恢复供电。

图4-37所示为装有 SN10-10 型少油断路器的 GG-1A (F)-07D 型高压开关柜。该型开关柜是在原 GG-1A 型的基础上，采取措施以达到"五防"要求的防误型产品。所谓"五防"，就是指防止误分、合高压断路器，防止带负荷拉、合隔离开关，防止带电挂接地线，防止带接地线合隔离开关，防止人员误入带电间隔室。

图4-38所示为 KYN28C-12（MDS）型高压开关柜。该型开关柜的主开关可选用性能优良的 ABB 公司的 VD4 型抽出式真空断路器和国产的 ZN63A-12（VBI）、VK 型

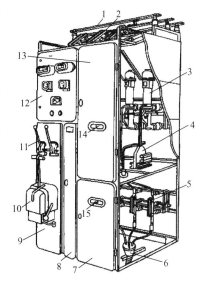

1—母线；2—母线隔离开关；3—少油断路器；4—电流互感器；5—线路隔离开关；6—电缆头；7—下检修门；8—端子箱门；9—操作板；10—断路器的电磁操动机构；11—隔离开关的操动机构手柄；12—仪表继电器；13—上检修门；14、15—观察窗口。

图4-37　装有 SN10-10 型少油断路器的 GG-1A(F)-07D 型高压开关柜

等抽出式真空断路器，二次回路可配置传统的继电保护装置，也可装置 WZJK 型综合智能监测保护装置。该型开关柜是多种老型金属封闭开关设备的替代产品，并且同国外同类型产品相比，它具有较高的性价比。

图 4-39 所示为 HXCN1-10 型环网开关柜，用于 10kV 环网供电、双电源供电和终端供电系统中，作为电能的控制和保护装置，它也可用于箱式变电所。环网开关柜中的主开关一般为高压负荷开关，现在多采用真空或六氟化硫负荷开关。

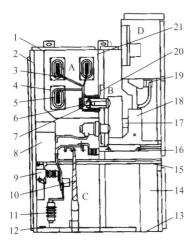

A—母线室；B—断路器手车室；
C—电缆室；D—继电仪表室；

1—泄压装置；2—外壳；3—分支小母线；
4—母线套管；5—主母线；6—静触头装置；
7—静触点盒；8—电流互感器；9—接地开关；
10—电缆；11—避雷器；12—接地主母线；
13—底板；14—控制线槽；15—接地开关操作机构；
16—可抽出式水平隔板；17—加热装置；
18—断路器手车；19—二次插头；
20—隔板（活门）；21—装卸式隔板。

图 4-38　KYN28C-12（MDS）型高压开关柜

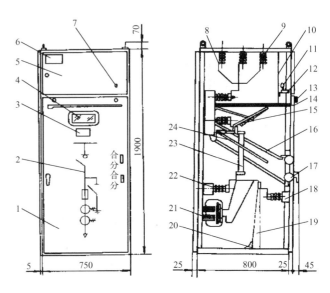

1—下门；2—模拟电路；3—显示器；4—观察窗；5—上门；
6—铭牌；7—组合开关；8—母线；9—绝缘子；
10、14—隔板；11—照明灯；12—端子板；13—旋钮；
15—高压负荷开关；16、24—连杆；17—负荷开关操作机构；
18、22—支架；19—电缆；20—角钢（固定电缆用）；
21—电流互感器；23—高压熔断器。

图 4-39　HXGNI-10 型环网开关柜

环网开关柜一般由 3 个间隔组成，即两个电缆进出线间隔和一个变压器间隔，其主要电气元件包括高压负荷开关、高压熔断器、高压隔离开关、接地开关、电流互感器、电压互感器和避雷器等。环网开关柜具有可靠的防误操作设施，达到了"五防"要求。环网开关柜在我国城市电网改造和小型变配电所中得到了广泛的应用。

任务 4.6　低压电气系统的认知

4.6.1　低压电缆、母线的技术参数及选择

在低压配电系统中，导线的合理选择对实现安全、经济地供电，保证供电质量有着十分重要的意义。低压配电系统中的导体有导线、电缆和母线。有关导线

扫一扫做测试：低压电气设备

扫一扫看视频：线缆的敷设方式和部位

的内容在前面已说明，下面讲述有关电缆和母线的内容。

1. 电缆

电缆的种类很多，按其用途可分为电力电缆和控制电缆两大类；按绝缘材料的不同，可分为油浸纸绝缘电缆、橡皮绝缘电缆和塑料绝缘电缆三大类。电缆一般都由缆芯、绝缘层和保护层3个主要部分组成。图4-40和图4-41所示分别为油浸纸绝缘电力电缆和交联聚乙烯绝缘电力电缆的结构。

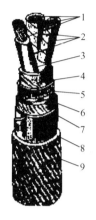

1—缆芯（铜芯或铝芯）；2—油浸纸绝缘层；3—麻筋
（填料）；4—油浸纸（统包绝缘）；5—铅包；
6—涂沥青的纸带（内护层）；7—浸沥青的麻被
（内护层）；8—钢铠（外护层）；
9—麻被（外护层）。

图4-40　油浸纸绝缘电力电缆的结构

1—缆芯（铜芯或铝芯）；2—交联聚乙烯绝缘层；
3—聚氯乙烯护套（内护层）；
4—钢铠或铝铠（外护层）；
5—聚氯乙烯外套（外护层）。

图4-41　交联聚乙烯绝缘电力电缆的结构

缆芯分为单芯、双芯、三芯及多芯。表4-9所示为电力电缆型号中各代号的含义。

表4-9　电力电缆型号中各代号的含义

绝缘种类	导电线芯	内护层	派生结构	外护套	
代号含义	代号含义	代号含义	代号含义	第一数字含义	第二数字含义
Z：纸 v：聚氯乙烯 x：橡胶 xD：丁基橡胶 xE：乙丙橡胶 Y：聚乙烯 YJ：交联聚乙烯 E：乙丙烯	L：铝芯 T：铜芯	H：橡套 HP：非燃性护套 HF：氯丁胶 HD：耐寒橡胶 v：聚氯乙烯护套 vF：复合物 Y：聚乙烯护套 L：铝包 Q：铅包	D：不滴流 F：分相 CY：充油 G：高压 P：屏蔽 z：直流 C：滤尘用或重型	0：无 1：钢带 2：双钢带 3：细圆钢丝 4：粗圆钢丝	0：无 1：纤维线包 2：聚氯乙烯护套 3：聚乙烯护套 4：—

常用的电缆有以下几种。

（1）聚氯乙烯绝缘及护套的电力电缆：有1kV和6kV两种电压级，制造工艺简便，没有敷设高差的限制，可以在很大范围内代替油浸纸绝缘电力电缆、滴干绝缘或不滴流浸渍纸绝缘电力电缆。它质量轻，弯曲性能好，具有内铠装结构，使铠装不易腐蚀；接头安装操作简便；能耐油和酸碱的腐蚀；还具有不延燃的特性，可用于有火灾发生的环境中。其中聚氯乙烯绝缘、聚乙烯护套的电力电缆除有优良的防化学腐蚀作用外，还具有不吸水特性，适于在潮湿、积水或水中敷设。但聚氯乙烯绝缘的电力电缆的绝缘电阻较油浸纸绝缘电缆小，介质损耗高，特别是 6kV 的介质损耗比油浸纸绝缘电力电缆高得多。

（2）交联聚乙烯、绝缘聚氯乙烯护套的电力电缆：有 1kV、3kV、6kV、10kV、35kV 等电压等级，其中 YJV42 及 YJLV42 仅有 6kV 和 10kV 两种电压等级。该电缆除具有与聚氯乙烯绝缘、聚氯乙烯护套的电力电缆相同的特性外，还具有载流量大的优点，但它的价格较高。

（3）橡皮绝缘的电力电缆：弯曲性能好，能在严寒地区敷设，尤其适用于水平高差大或垂直敷设场合。它不仅适用于固定敷设的线路，还适用于定期或移动的固定敷设线路。橡皮绝缘、橡皮护套软电缆（简称橡套软电缆）适用于移动式设备的供电线路。但橡胶的耐油、耐热水平较差，受热橡胶老化快，因此它的缆芯允许的温升小，相应的载流量也较小。

（4）控制电缆：常用的有塑料绝缘、塑料护套及橡皮绝缘、塑料护套的控制电缆。在高层建筑及大型民用建筑内部可采用不延燃的聚氯乙烯护套控制电缆，如 KVV、KXV 等；在需要承受大的机械力时采用钢带铠装的控制电缆，如 KVV20、KXV20 等；高寒地区可采用耐寒塑料护套控制电缆，如 KXVD、KVVD 等；有防火要求时可采用非燃性橡套控制电缆，如 KXHF 等。控制电缆的型号及用途如表 4-10 所示。

表 4-10　控制电缆的型号及用途

型号	名称	用途
KY	铜芯聚乙烯绝缘、聚氯乙烯护套控制电缆	敷设在室内、电缆沟内、管道内及地下
VV	钢芯聚氯乙烯绝缘、聚氯乙烯护套控制电缆	
KXV	铜芯橡皮绝缘、聚氯乙烯护套控制电缆	
KXF	铜芯橡皮绝缘、氯丁护套控制电缆	
KYVD	铜芯聚乙烯绝缘、耐寒塑料护套控制电缆	
KXVD	铜芯橡皮绝缘、耐寒塑料护套控制电缆	
KXHI	铜芯橡皮绝缘、非燃性护套控制电缆	
KYV22	铜芯聚乙烯绝缘、聚氯乙烯护套内钢带铠装控制电缆	敷设在室内、电缆沟内、管道内及地下，能承受较大的机械力
KVV22	铜芯聚氯乙烯绝缘、聚氯乙烯护套内钢带铠装控制电缆	
KXV22	铜芯橡皮绝缘、聚氯乙烯护套内钢带铠装控制电缆	

在高层建筑或大型民用建筑中，水消防、防排烟、消防电梯、疏散指示照明、安全照明、消防广播、消防电话及消防报警设施等的线路应采用阻燃、耐高温或防火的电力线缆及控制线缆。凡是塑料绝缘导线、塑料绝缘及护套的电缆型号前面加 "ZR" 的，就为阻燃型线缆；加 "NT" 或 RV-105、BV-105、BVP-105、BVVP-105、RVVP-105、RV-105、BLV-105 等的，均为耐高温线缆。防火的有氧化镁绝缘的防火电缆，它的防潮性能较差，且线路粗硬，安装比较困难，价格也较高，仅在特殊场合使用。

（5）预制分支电缆：一种新型的电缆，它将电缆的分支头预先制成，省去了在施工中要进行电缆分支的工序，并且主干线电缆不需要断开，这样使得安全性大大提高。

2. 母线

母线又称汇流排，是用来汇集和分配电流的导体，是各级电压配电装置的中间环节。母线一般由矩形截面的铜或铝导体（又称铝排或铜排）构成。

在建筑供电系统中，应用较多的是插接式母线。插接式母线作为额定电压为 500V、额定电流在 2 000A 以下的供电线路的干线（通常称为母线）。插接式母线和与其配套的插接式母线配电箱构成一个完整的供电系统。根据使用的性质，它可以分为动力插接式母线和照明插接式母线。

插接式母线槽由金属外壳、绝缘瓷插座及金属母线组成。金属母线采用铝或铜制作。

母线可以输送较大的电流。例如，密集型插接式母线槽的特点是不但能输送大电流，而且安全可靠，体积小，安装灵活；施工中与其他土建互不干扰，安装条件适应性强，效益较好，绝缘电阻一般不小于 10MΩ。

CZIJ3 系列插接式母线槽的额定电流为 250 ～ 2 500A，电压为 380V，额定绝缘电压为 500V，按电流等级分为 250A、400A、800A、1 000A、1 250A、1 600A、2 000A、2 500A 等三相供电系统。

3. 母线的选择

导线与电缆的选择前面已讲述过，表 4-11 给出了直接敷设在地中的低压绝缘电缆的安全载流量。下面说明母线的选择。

表 4-11　直接敷设在地中的低压绝缘电缆的安全载流量

标称截面积/ mm^2	双芯电缆/A		三芯电缆/A		四芯电缆/A	
	铜	铝	铜	铝	铜	铝
1.5	13	9	13	9		
2.5	22	16	22	16	22	16
4	35	26	35	26	35	26
6	52	39	52	39	52	39
10	88	66	83	82	74	56
16	123	92	105	79	101	75
25	162	122	140	105	132	99
35	198	148	167	125	154	115
50	237	178	206	155	189	141
70	286	214	250	188	223	174
95	334	250	299	224	272	204
120	382	287	343	257	308	231
135	440	330	382	287	347	260

母线的选择应符合下述几个条件。

（1）所选择母线的性能必须满足持续工作电流的要求。

（2）对全年平均负荷高、母线较长、输电容量也较大的母线，应按经济电流密度进行选择。

（3）短路热稳定条件和短路动稳定条件校验合格。

1）母线截面的选择

（1）按导体长期发热允许电流或允许载流量进行选择，即

$$K \cdot I_{al} \geq I_{max}$$

式中，I_{max} 为导体所在回路的最大持续工作电流；I_{al} 为相对于母线允许温度和标准环境条件下导体的长期允许电流；K 为综合修正系数。

（2）按经济电流密度进行选择。除配电装置的汇流母线外，对于全年负荷利用小时数较多、母线长度超过20m且传输容量较大的回路，通常按经济电流密度选择导线截面。导体的经济截面为

$$S_{ec} = I_{max} / J_{ec}$$

式中，I_{max} 为导体正常工作时的最大电流（A）；J_{ec} 为经济电流密度（A/mm）。

2）热稳定条件校验

短路热稳定时，导体的最小允许截面 S_{min} 为

$$S_{min} = \frac{\sqrt{Q_k \cdot K_s}}{C}$$

式中，K_s 为集肤效应系数；Q_k 为短路电流的热效应；C 为热稳定系数，与导体材料及短路前的工作温度有关。

3）动稳定条件校验

（1）单条矩形母线：要求母线产生的最大相间计算应力不超过其允许应力。

（2）多条矩形导体构成的母线：当母线由多条矩形导体组成时，母线上的最大机械应力应由相间作用应力和同相各条间的作用应力合成。

 扫一扫看视频：低压电气设备

 扫一扫看视频：低压配电设备

 扫一扫看动画：低压断路器的原理结构和接线

4.6.2 低压配电柜

低压配电柜又称低压配电屏，是按一定的线路方案将低压设备组合而成的一种低压成套配电装置。低压配电柜有固定式和抽屉式两大类。固定式低压配电柜中的所有元件都是固定安装的；而抽屉式低压配电柜中的某些电气元件先按一定的线路方案组成若干功能单元，然后灵活组装成配电屏（柜），各功能单元类似抽屉，可按需要抽出或推入，因此又称为抽出式低压配电柜。由于固定式低压配电柜比较简单经济，因此在一般中小型机械类工厂中，广泛采用的是固定式低压配电柜，离墙安装，双面维护。

我国目前广泛应用的固定式低压配电柜主要为PGL1型和PGL2型。这种固定式低压配电柜的技术较先进，结构合理，安全可靠。该配电柜的母线安装在柜后骨架上方的绝缘框上，并在母线上方装有母线防护罩；其保护接地系统也较完善，提高了防触电的安全性；线路方案也更为完备、合理，大多数线路方案都有几个辅助方案，便于用户选用。

图4-42所示为PGL1/2型低压配电柜的外形结构。新的PGL1型低压配电柜采用的低压断路器为DW16型或DZ20型；而PGL2型低压配电柜采用的低压断路器则为DW15型或DZX20型，断流能力较强，其他电气元件

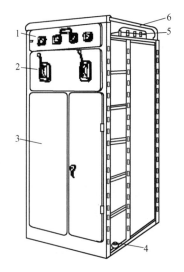

1—仪表板；2—操作板；3—检修门；4—中性母线绝缘子；5—母线绝缘框；6—母线防护罩。

图4-42 PGL1/2型低压配电柜的外形结构

基本相同。

另外一种 GGL 型低压配电柜的设计也较先进，技术性能指标符合 IEC 标准。由于它采用了 ME 型低压断路器等新型元件，因此比 PGL 型低压配电柜的断流能力更强，短路稳定度更好，运行也更安全可靠。

我国目前应用的抽屉式低压配电柜主要有 BFC、GCL、GCK、GCS、GHTl 型等，可用作动力中心和电动机控制中心，其中 GHTl 型是 GCK（L）1A 型的更新换代产品，是一种新型户内混合式低压成套开关设备和控制设备。该设备采用 NT 型高分断能力熔断器和 ME、CWl、CMl 型断路器等新型元件，性能较好，但价格较高。

 扫一扫看 PPT：低压配电系统设计　　 扫一扫看视频：低压配电系统简述　　 扫一扫看动画：住宅小区供电系统布线图

4.6.3　低压系统的配电方式

1. 基本配电方式

民用建筑低压配电线路的 3 种基本配电方式（也叫基本接线方式）如图 4-43 所示。

图 4-43（a）所示为放射式配电方式，它的优点是配电线路相对独立，发生故障时因停电而影响的范围较小，供电可靠性较高；配电设备比较集中，便于维修。但它采用的导线较多，有色金属消耗量大多较大，同时占用较多的低压配电盘（箱）回路，从而使配电盘投资增加。

对于下列情况，低压配电系统宜采用放射式配电方式。

（1）容量大、负荷集中或重要的用电设备。

（2）每台设备的负荷虽不大，但位于变电所的不同方向。

（3）需要集中连锁启动或停止的设备。

（4）对于有腐蚀介质或有爆炸危险的场所，其配电及保护启动设备不宜放在现场，必须由与之相隔离的房间馈出线路。

图 4-43（b）所示为树干式配电方式，它不需要在变电所低压侧设置配电盘，而将变电所低压侧的引出线经过空气断路器或隔离开关直接引至室内。这种配电方式使变电所低压侧的结构简单，减少了电气设备的用量，有色金属损耗低，系统灵活性较好。

图 4-43（c）所示为环形配电方式，这种配电方式又分为闭环和开环两种运行状态，此处是闭环运行状态。从图 4-43（c）中可以看出，当任意一段线路发生故障或停电检修时，都可以由另一侧线路继续供电。可见，闭环运行状态供电的可靠性较高，电能和电压损失也较小。但是闭环运行状态的保护整定相当复杂，若配合不当，则容易发生保护误动作，使事故停电范围扩大。因此，在正常情况下，一般不用闭环运行状态。但在开环运行状态下，发生故障时会中断供电，因此环形配电线路一般只用于对二、三级负荷进行供电。

除上述 3 种基本配电方式外，还有链式和混合式配电方式。链式配电方式适用于距离配电盘较远而彼此相距又较近的不重要的小容量用电设备。链式配电方式所连接的设备一般不宜超过 4 台，电流不宜超过 20A。由于链式配电线路只设置一组总的保护，所以可靠性较差，目前很少采用，但在住宅建筑照明线路中仍经常被采用。

在实际应用中，放射式和树干式配电方式应用较为广泛，但纯树干式配电方式极少被采

用，往往是树干式与放射式配电方式的混合使用，即混合式配电方式，如图 4-44 所示。这种配电方式可根据配电盘分散的位置、容量、线路走向综合考虑。

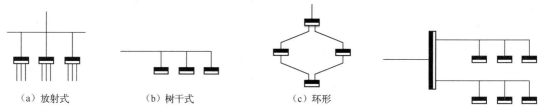

（a）放射式　　　（b）树干式　　　（c）环形

图 4-43　民用建筑低压配电线路的 3 种基本配电方式

图 4-44　低压配电线路的混合式配电方式

放射式、树干式和环形 3 种配电方式的本身形式也不是单一的，若将它们混合交替使用，则形式更是多种多样的，这里不一一列举。在实际线路设计中，应按照安全可靠、经济合理的原则将不同的配电方式进行优化组合。

2. 动力负荷配电

民用建筑中的动力负荷按使用性质可分为建筑设备机械（如水泵、通风机等）、建筑机械（如电梯、卷帘门等）、各种专用机械（如炊事、制冷、医疗设备等）；按电价可分为非工业电力电价和照明电价两种。因此，先按使用性质和电价归类，再按容量及方位分路。对负荷集中的场所（水泵房、锅炉房、厨房等的动力负荷）采用放射式配电方式；对负荷分散的场所（医疗设备、空调机等）采用树干式配电方式，依次连接各动力分配电盘；电梯设备的配电由变电所专用电梯配电回路采用放射式配电方式直接引至屋顶电梯机房。

1）消防用电设备的配电

消防动力包括消火栓泵、喷淋泵、正送风机、防排机、消防电梯、防火卷帘门等。由于建筑消防系统在应用上的特殊性，因此要求它的供配电系统要绝对安全可靠，并便于操作与维护。我国消防法规规定，消防系统供电电源应分为主工作电源与备用电源，并按不同的建筑等级和电力系统有关规定确定供电负荷等级：一类高层建筑的消防用电应按一级负荷处理，即由不同的高压电网供电，形成一用一备的电源供电方式；二类高层建筑的消防用电应按二级负荷处理，即由同一电网的双回路供电，形成一用一备的供电方式。有时为加大备用电源容量，确保消防系统不受停电事故的影响，还配备柴油发电机组。因此，消防系统的供配电系统应由变电所的独立回路和备用电源（柴油发电机组）的独立回路在负载末端经双电源自动切换装置供电，以确保消防动力电源的可靠性、连续性和安全性。消防设备的配电线路可以采用普通电线电缆，但应穿金属管、阻燃塑料管或金属线槽敷设配电线路，无论是明敷设还是暗敷设，都要采取必要的防火、耐热措施。

2）空调动力设备的配电

在高层建筑的动力设备中，空调设备是最大的一类动力设备，这类设备的容量大、种类多，包括空调制冷机组（或冷水机组、热泵）、冷却水泵、冷却塔风机、空调机、新风机、风机盘管等。

空调制冷机组的功率很大，大多在 200kW 以上，有的超过 500kW。因此，其配电可以采用从变电所低压母线直接引到机组控制柜的方式。

冷却水泵、冷冻水泵的台数较多，且留有备用，单台设备容量在几十千瓦以上，多数采

用减压启动方式，一般采用两级放射式配电方式，先从变电所低压母线引来一路电源到泵房动力配电箱，再由动力配电箱引出线至各个泵的启动控制柜。

空调机、新风机的功率大小不一，分布范围较广，可以采用多级放射式配电方式；在容量较小时，也可采用链式配电方式或混合式配电方式，应根据具体情况灵活选择。风机盘管为220V单相用电设备，数量多、单机功率小，只有几十瓦到一百多瓦，一般可以采用类似照明灯具的配电方式，一个支路可以接若干风机盘管或由插座供电。

3）电梯的配电

电梯是建筑内重要的垂直运输设备，必须安全可靠，可分为客梯、自动扶梯、景观电梯、货梯及消防电梯等。由于运输的轿厢和电源设备在不同的地点，因此，虽然单台电梯的功率不大，但为了确保电梯的安全及电梯间互不影响，每台电梯宜由专用回路以放射式配电并应装设单独的隔离电器和短路保护电器。电梯轿厢的照明电源、轿顶电源插座和报警装置的电源可以从电梯的动力电源隔离器前取得，但应另外装设隔离电器和短路保护电器。电梯机房及滑轮间、电梯井道及底坑的照明和插座线路应与电梯分别配电。

对于电梯的负荷等级，应符合现行《民用建筑电气设计标准》（GB 51348—2019）、《供配电系统设计规范》（GB 50052—2009）及其他有关规范的规定，并按负荷分级确定电源及配电方式。电梯的电源一般引至机房电源箱，自动扶梯的电源一般引至高端地坑的扶梯控制箱，消防电梯应符合消防设备的配电要求。

4）给排水装置的配电

建筑内除了有消防水泵，还有生活水泵、排水泵及加压泵等。生活水泵大多集中于泵房设置，一般从变电所低压出线引出单独回路送至泵房动力配电箱，再以放射式配电至各泵的控制设备；而排水泵位置比较分散，可以直接放射式配电至各泵的控制设备。

任务4.7　变电所的主接线和电力系统继电保护

扫一扫看PPT：变电所的设计要求

扫一扫看视频：低压配电系统常用的接线形式

扫一扫看PPT：供配电系统一次主接线

扫一扫看PDF：主接线案例

4.7.1　主接线的基本连接方式

变电所的主接线是供电系统中用来传输和分配电能的路线，所构成的电路称为一次电路，又称为主电路或主接线。它由各种主要电气设备（变压器、隔离开关、负荷开关、断路器、熔断器、互感器、电容器、母线电缆等设备）按一定顺序连接而成。主接线图只表示相对的电气连接关系而不表示实际位置，通常用单线来表示三相系统。

对变电所主接线的基本要求如下。

（1）安全性：要符合国家标准和有关技术规范的要求，能充分保证人身和设备的安全。

（2）可靠性：要满足各级电力负荷对供电可靠性的要求。因事故被迫中断供电的机会越少、停电时间越短、影响范围越小，主接线的可靠性越高。因此，变电所的主接线方案必须与负荷级别相适应。

（3）灵活性：能适应系统所需的各种运行方式，便于操作维护，并能适应负荷的发展，

有扩充和改建的可能性。

（4）经济性：尽量使主接线简单，投资少，运行费用低并节约电能。

电气主接线是变电所接收电能、变换电压和分配电能的电路。

1. 高压电气主接线

1）一路电源进线的单母线接线

如图 4-45 所示，一路电源进线的单母线接线方式适用于负荷不大且对可靠性要求稍低的场合。当没有其他备用电源时，一般只用于三级负荷的供电；当进线电源为专用架空线或满足二级负荷供电条件的电缆线路时，可用于二级负荷的供电。

2）两路电源进线的单母线接线

如图 4-46 所示，两路 10kV 电源一用一备。两路电源进线的单母线接线方式一般用于二级负荷的供电。

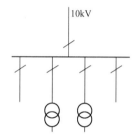

图 4-45　一路电源进线的单母线接线

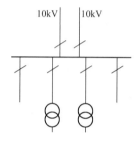

图 4-46　两路电源进线的单母线接线

3）无联络的分段单母线接线

如图 4-47 所示，两路 10kV 电源进线，两段高压母线无联络，一般采用互为备用的工作方式。无联络的分段单母线接线方式多用于负荷不太大的二级负荷场合。

4）母线联络的分段单母线接线

如图 4-48 所示，这是最常用的高压主接线方式，两路电源同时供电、互为备用，通常母联开关为断路器，可以手动切换，也可以自动切换，适用于一、二级负荷的供电。

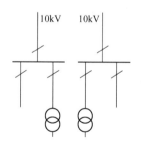

图 4-47　无联络的分段单母线接线

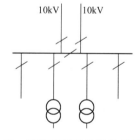

图 4-48　母线联络的分段单母线接线

2. 低压电气主接线

10kV 变电所的低压电气主接线一般采用单母线接线和分段单母线接线两种方式。对于分段单母线接线，两段母线互为备用，母联开关可以手动或自动切换。

根据变压器台数和电力负荷的分组情况，对于两台及以上的变压器，可以有以下几种常见的低压主接线方式。

1）电力和照明负荷公用变压器供电

如图4-49所示，对于这种接线方式，为了对电力和照明负荷分别进行计量，应将电力电价负荷和照明电价负荷分别集中起来，设分计量表。

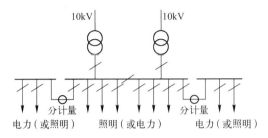

图4-49　电力和照明负荷公用变压器供电的低压电气主接线

2）空调制冷负荷专用变压器供电

如图4-50所示，空调制冷负荷由专用变压器供电，当非空调季节空调设备停运时，可将专用变压器停运，从而达到经济运行的目的。

3）电力和照明负荷分属变压器供电

如图4-51所示，是将照明和电力负荷分别接在各自的供电变压器上的接线方式。

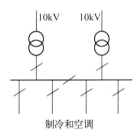

图4-50　空调制冷负荷专用变压器
供电的低压电气主接线

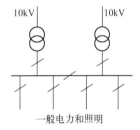

图4-51　电力和照明负荷分属变压器
供电的低压电气主接线

为满足消防负荷的供电可靠性要求，在采用备用电源时，变电所的低压电气主接线如图4-52和图4-53所示。

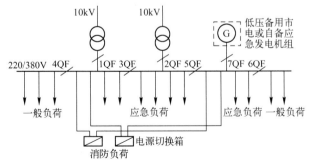

图4-52　两台变压器加一路备用
电源的低压电气主接线

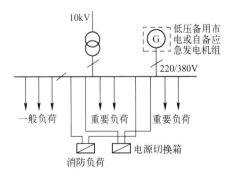

图4-53　一台变压器加一路备用
电源的低压电气主接线

扫一扫看视频：
变配电所的运
行和维护概述

4.7.2　电力系统继电保护

1. 继电保护装置的任务与要求

1）继电保护装置的任务

由于各种原因，供配电系统难免发生各种故障或进入不正常的运行状态，其中最常见的就是短路。当供配电系统发生短路时，必须迅速切除故障部分，恢复其他无故障部分的正常运行。在高压系统中，一般采用继电保护装置来保证保护的灵敏度和提高供电的可靠性。

继电器是组成继电保护装置的基本元件，它是一种自动电器，即当其输入的物理量达到某一规定值时，其电气量输出电路将接通或分断。若输入的物理量在增大时达到动作值，则为过量继电器；若输入的物理量减小时达到动作值，则为欠量继电器。

继电保护装置就是按照保护的要求将各种继电器按一定的方式连接和组合而成的电气装置，其任务如下。

（1）故障时作用于跳闸。在供配电系统出现故障时，作用于前方最近的断路器，使之迅速跳闸，切除故障部分，使系统的其他部分恢复正常运行，同时发出信号，提醒运行值班人员及时处理事故。

（2）异常状态时发出报警信号。在电力系统进入不正常的运行状态时，如在过负荷或出现故障苗头时发出报警信号，提醒运行值班人员及时处理，消除异常，以免发展为故障。

2）对继电保护装置的基本要求

（1）选择性。当供配电系统发生故障时，应该仅由离故障点最近的保护装置动作，切除故障，而系统的其他部分仍正常运行。满足这一要求的动作称为"选择性动作"。当供配电系统发生故障时，若靠近故障点的保护装置不动作（拒动作），而离故障点远的前级保护装置动作（越级动作），则称为"失去选择性"。

（2）可靠性。保护装置该动作时就应动作（不拒动），不应该动作时应不误动。前者为信赖性，后者为安全性，即可靠性包括信赖性和安全性。保护装置的可靠性与保护装置的元件质量、接线方案及安装、整定和运行维护等多种因素有关。

（3）速动性。为了防止故障扩大，减轻故障的危害程度，并提高供配电系统运行的稳定性，当系统发生故障时，保护装置应尽快动作，切除故障。

（4）灵敏性。灵敏性又称灵敏度，是表征保护装置对其保护区内故障和不正常的运行状态反应能力的一个参数。如果保护装置对其保护区内极轻微的故障都能及时地反应并做出相应的动作，则说明保护装置的灵敏度高。

对于具体的保护装置，以上4项要求不一定都是同等重要的，往往有所侧重。例如，对于电力变压器，由于它是供配电系统中的关键设备，因此对它的保护装置的灵敏度要求比较高，而对于一般电力线路的保护装置，灵敏度可略低一些，但对其选择性要求比较高。又如，在无法兼顾选择性和速动性的情况下，为了快速切除故障以保护某些关键设备，或者为了尽快恢复系统的正常运行，有时甚至不惜牺牲选择性来保证速动性（如速断保护和自动重合闸装置）。

扫一扫看视频：变电所继电保护装置的类型和接线方式

2. 保护继电器的分类

保护继电器的分类方式很多。保护继电器按其组成元件分，有机电型、晶体管型和微机型 3 类。由于机电型保护继电器具有简单可靠、便于维修和调试等优点，因此目前在民用建筑的供配电系统中仍普遍应用，而国外生产的高压开关柜上则较多采用微机型保护继电器。机电型保护继电器按其结构原理分，又有电磁式和感应式等类型。

保护继电器按其反应的物理量分，有电流继电器、电压继电器、功率继电器、瓦斯继电器等。

保护继电器按其反应的数量变化分，有过量继电器和欠量继电器，如过电流继电器、欠电压（低电压）继电器等。

保护继电器按其在保护装置中的功能分，有启动继电器、时间继电器、信号继电器、中间继电器（或称出口继电器）等。

图 4-54 是过电流保护框图，当线路上发生短路时，启动用的电流继电器 KA 瞬时动作，使时间继电器 KT 启动；KT 经整定一定时间后，接通信号继电器 KS 和中间（出口）继电器 KM；KM 即接通断路器 QF 的跳闸回路，使断路器跳闸，从而切除短路故障。

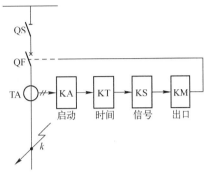

图 4-54 过电流保护框图

 扫一扫看动画：定时限过电流保护装置
 扫一扫看动画：电磁式信号继电器
 扫一扫看动画：电磁式时间继电器
 扫一扫看动画：感应式电流继电器
 扫一扫看动画：中间继电器

3. 常用保护继电器的符号

1）电流继电器（KA）

电流继电器的励磁线圈串接在主电路中，继电器按整定的电流值动作，反映电路电流的变化。为使串入电流继电器线圈后不影响被测电路电压，电流继电器的线圈导线粗、匝数少、阻抗小。

根据被测量电路的保护特点，电流继电器有过电流继电器和欠电流继电器两类。过电流继电器在正常工作电流时不动作，只有当电流超过某一整定值时才动作；而欠电流继电器则在电流小于某一整定值时动作。电磁式和感应式电流继电器的图形符号分别如图 4-55 与图 4-56 所示。

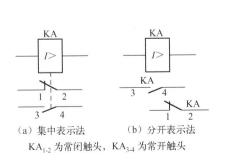

图 4-55 电磁式电流继电器的图形符号

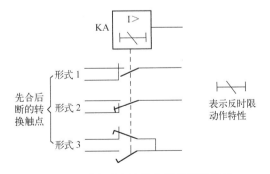

图 4-56 感应式电流继电器的图形符号

2）电压继电器（KV）

电压继电器是主要用于控制电路作为失压保护或欠电压保护的电器。它的线圈匝数多、阻抗大。电压继电器的图形符号如图 4-57 所示。

3）时间继电器（KT）

时间继电器在继电保护装置中用作时限元件，使保护装置的动作获得一定的延时。图 4-58 所示为时间继电器的图形符号。

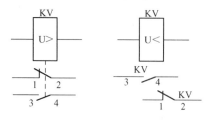

（a）集中表示法　　（b）分开表示法

KV$_{1-2}$ 为常闭触头，KV$_{3-4}$ 为常开触头

图 4-57　电压继电器的图形符号

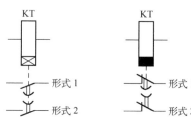

（a）带延时闭合触头　（b）带延时断开触头
　的时间继电器　　　的时间继电器

图 4-58　时间继电器的图形符号

4）信号继电器（KS）

信号继电器在继电保护装置中用作信号元件，指示保护装置已经动作。信号继电器的图形符号如图 4-59 所示。

5）中间继电器（KM）

中间继电器主要用于各种保护和自动装置中，以增加保护和控制回路的触头数量与触头容量。它通常用在保护装置的出口外，用来接通断路器的跳闸回路，故又称为出口继电器。图 4-60 所示为中间继电器的图形符号。

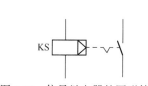

图 4-59　信号继电器的图形符号

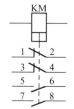

图 4-60　中间继电器的图形符号

知识梳理

1. 电力系统是由发电厂、电力网及用户组成的统一整体，建筑供电系统一般从电网取得 10kV 的电压，进行电压变换后，将电能分配给各个用户。在建筑供电系统中，电源的质量从电压偏移、频率变化、波形畸变等方面衡量。

2. 负荷计算中最重要的就是求计算负荷。求计算负荷常用的方法有需要系数法、单位指标法、负荷密度法等。负荷计算的目的是合理选择建筑供电系统的变压器、导线和其他高/低压电气设备。

3. 短路电流计算的目的是选择电气设备，以保证电力系统的正常运行，掌握一种计算方法至关重要，关键在于明确概念，掌握公式。

4. 电力变压器是供电系统中的关键设备，作用是变换交流电压、实现电能的传递。按绝缘方式分，它有油浸式和干式两种。由于油浸式变压器以变压器油为绝缘介质，一旦发生火灾，扑救很困难，因而在对防火级别要求高的场所（如高层建筑）采用干式变压器或其他阻燃型变压器。

电流互感器可以将大电流变换为小电流，电压互感器可以将高电压变换为低电压，以供测量、计量、继电保护等使用，并且能将仪表和继电器与高压系统可靠地隔离，保证人身和设备的安全。它们的工作原理与变压器相同，一般电流互感器二次绕组的额定电流为 5A，电压互感器二次绕组的额定电压为 100V。使用时应根据需要选择不同的接线方式，并注意工作时电流互感器二次绕组不允许开路，电压互感器二次绕组不允许短路，二次绕组都必须有一端接地，连接时要注意端子极性。

5. 高压熔断器、高压隔离开关、高压负荷开关、高压断路器是变电所高压电路中重要的控制和保护电器。"按正常运行条件进行选择、按短路条件进行校验"是选择高压电气设备的基本原则。断路器、隔离开关、负荷开关等设备都必须进行短路稳定度校验。

6. 电缆按其用途可分为电力电缆和控制电缆两大类。它是各级电压配电装置的中间环节，作用是汇集和分配电流。母线一般多为裸导体，优点是散热效果好，允许通过的电流大，安装简便，投资费用低。电缆和母线应进行短路动稳定条件和热稳定条件校验。

7. 低压配电柜又称低压配电屏，是按一定的线路方案由低压设备组合而成的一种低压成套配电装置。低压配电柜有固定式和抽屉式两大类。

思考与练习题 4

1. 什么叫电力系统？我国电力系统中的电压等级主要有哪些？

2. 什么叫电压偏移？如何保证电压偏移在规定的允许范围内？

3. 在建筑供电系统中，衡量电源质量的标准有哪些？如何改善建筑供电系统的电源质量？

4. 在建筑供电系统中，选择供电电源电压等级的原则是什么？

5. 什么叫计算负荷？负荷计算的目的是什么？

6. 计算负荷的类别及用途是什么？

7. 有一机修车间，拥有冷加工机床 52 台，共 200kW；通风机 4 台，共 5kW；电焊机 3 台，共 10.5kW（$\varepsilon = 65\%$）。车间采用 220/380V 三相四线制供电，试确定该车间的计算负荷 P_c、Q_c、S_c、I_c。

8. 某 220/380V 的 TN-C 线路上接有如表 4-12 所列的用电设备，试计算该线路上的计算负荷 P_c、Q_c、S_c、I_c。

表 4-12　用电设备

设备名称	380V 单头手动弧焊机			220V 电热箱		
接入相序	AB	BC	CA	A	B	C
设备台数	1	1	2	2	1	1
单台设备容量	21kVA $\varepsilon = 65\%$	17kVA $\varepsilon = 100\%$	10.3kVA $\varepsilon = 50\%$	3kW	6kW	4.5kW

9. 短路故障产生的原因有哪些？短路对电力系统有哪些危害？

10. 进行短路计算的目的是什么？

11. 什么是短路电流的电动效应？为什么要采用短路冲击电流来计算？

12. 什么是短路电流的热效应？为什么要采用短路稳态电流来计算？什么叫短路发热假想时间？如何计算？

13. 有一地区变电站通过一条长 4km 的 10kV 电缆线路供电给某建筑物一个装有两台并列运行的 SL7-

800 型主变压器的变电所。地区变电站出口断路器的断流容量为 300MVA。试求该变电所 10kV 高压侧和 380V 低压侧的短路电流 I_k、I_{sh}、i_{sh} 及短路容量 S_k，并列出短路计算表。

14. 变压器的作用是什么？它是怎样工作的？电力变压器如何分类？

15. 干式变压器有何特点？适用场合如何？它有哪几种类型？

16. 我国 6～10kV 变电所电力变压器常用哪两种连接组别？什么情况下采用 Dyn11 连接组别？

17. 如何选择变电所变压器的台数、容量和绝缘结构？

18. 某 10/0.4kV 变电所，总计算容量为 1400kVA，其中一、二级负荷为 900kVA。试选择 S9 系列变压器的台数和容量。

19. 电流互感器有哪几种接线方式？适用范围如何？

20. 电压互感器有哪几种接线方式？适用范围如何？

21. 高压熔断器的作用是什么？它有哪几种类型？分别适用于什么场合？

22. 当高压隔离开关与高压断路器配合使用时，为何要在两者之间加装闭锁装置？

23. 高压负荷开关的作用是什么？

24. 高压断路器的作用是什么？它有哪几种类型？

25. 高压少油断路器、真空断路器和六氟化硫断路器各自的灭弧介质是什么？灭弧性能如何？各适用于什么场合？

26. 试画出高压断路器、高压隔离开关和高压负荷开关的图形与文字符号。

27. 高压开关柜有哪几种类型？各有何特点？高压开关柜的"五防"功能指的是什么？

28. 选择高压开关设备和高压熔断器应满足哪些条件？高压开关设备为何要进行短路稳定度校验？

29. 选择导线和电缆截面应满足哪些条件？

30. 低压系统的基本配电方式有哪几种？各有何特点？

31. 主接线设计的基本要求是什么？

32. 主接线中母线在什么情况下分段？分段的目的是什么？

33. 写出常用继电器的文字符号和图形符号。

34. 使用电流互感器和电压互感器时应注意哪些事项？

35. 继电保护的任务是什么？

项目 5

建筑施工现场临时用电设计

	项目简介	建筑施工现场临时用电设计是保证高速度、高质量完成施工作业的重要前提，必须根据施工现场用电特点，综合考虑节约用电、节省费用，以及保证安全、保证工程质量等因素，按照现场勘查→确定电源进线，以及变电所或配电室、配电装置、用电设备及线路走向→进行负荷计算→选择变电器→设计配电系统和接地装置并绘制临时用电工程图纸→设计防雷装置等程序进行精心设计，并达到《建设工程施工现场供用电安全规范》（GB 50194—2014）和《施工现场临时用电安全技术规范》（JGJ 46—2005）的要求
教	教学载体	本项目以某工程施工现场临时用电设计为教学载体，详细给出了设计计算过程，进行了施工现场用电设备的负荷计算和电气设备的选择，并提出了相应的安全技术措施
	推荐教学方式	现场教学法、引导法、分组学习、任务驱动法
	建议学时	课内 4 学时+课外 8 学时
学	学生知识储备	1. 负荷计算方法与基本公式； 2. 安全用电基本知识； 3. 供配电基本知识； 4. 施工图绘制能力
	能力目标	能根据工程概况和相关技术要求进行中小型工程项目的施工现场临时用电设计，在教师的指导下完成施工现场临时用电施工组织设计方案

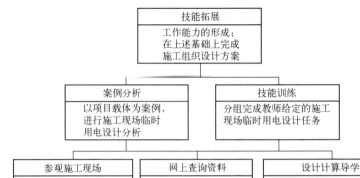

教学过程示意图

技能拓展
工作能力的形成：
在上述基础上完成
施工组织设计方案

案例分析
以项目载体为案例，进行施工现场临时用电设计分析

技能训练
分组完成教师给定的施工现场临时用电设计任务

参观施工现场
了解施工现场用到了什么设备，以便进行负荷计算

网上查询资料
总结施工组织设计的内容和计算深度

设计计算导学
讲解设计步骤、设计依据、计算方法和相关要求

▶▶▶▶ 训练方式和手段

项目训练共分成4个阶段：

第1阶段（认知阶段）

　　训练目的：让学生了解施工现场常用的电气设备，以及临时用电设计的大致内容。

　　训练方法：现场教学法、咨询法。

第2阶段（知识储备阶段）

　　训练目的：引导学生掌握施工现场临时用电设计的范围、步骤和方法。

　　训练方法：引导法、讨论法、分组学习法。

第3阶段（能力形成阶段）

　　训练目的：使学生学会中小型工程项目施工现场临时用电的设计方法。

　　训练方法：用分组的方式，利用课外时间，在教师的指导下完成任务书中提出的设计任务。

第4阶段（能力拓展阶段）

　　训练目的：拔高教学设计，在上述基础上完成施工组织设计方案，为后续课程打基础。

　　训练方法：用分组的方式，利用课外时间，在教师的指导下完成任务。

学生学习成果展示：

　　施工现场临时用电设计书。

教学载体　某工程施工现场临时用电设计

【温馨提示】

　　下面给出的是较为完整的某工程施工现场临时用电施工组织设计，本项目学习主要利用其中的一至三，四和五作为学生拓展训练之用。

某工程临时用电施工组织设计

一、编制依据和现场勘察及初步设计

1. 编制依据

（1）本工程的设计施工图。

（2）《施工现场临时用电安全技术规范》JGJ 46—2005。

（3）《建筑施工安全检查标准》JGJ 59—2011。

（4）有关安全、文明施工工地的标准、规范文件。

2. 现场勘查及初步设计

（1）本工程为高层住宅区，由2#、3#楼和配电室组成，总建筑面积约为＊＊＊ m^2，地下一层面积约为＊＊＊ m^2；2#楼地上建筑层数30层，建筑高度为＊＊＊ m；3#楼地上建筑层数35层，建筑高度为＊＊＊ m；变电室地上建筑层数2层；结构类型为框架剪力墙结构，抗震设防烈度为7.5度，基础采用人工挖孔桩。

（2）本设计仅负责变压器以下线路，主要是基础、主体结构及装修施工用电（不包括设备整体调试用电）的电气开关的选择、布置、使用、维修和管理。

（3）本供电系统采用三相五线制，三级配电，两级保护，工作接零、保护接零分别单独设置。其中两级保护的漏电电流和保护系数分别如下：装设在总配电箱内的漏电开关动作电流应不大于150mA，动作时间不大于0.2s；装设在移动开关箱内的供电设备的各出线漏电开关动作电流应不大于30mA（潮湿的作业场所应不大于15mA），动作时间不大于0.1s；分配电箱的漏电保护开关的动作电流应不大于150mA（或100mA），动作时间大于0.1s。

（4）在进行主体部分施工时，应考虑现场施工供电变压器的实际情况。电源从已经建成的建筑物地下室新安装的400kVA变压器室引出，共分为5路，第1路引至1#分配电箱（钢筋作业场1，1#楼A、B、C单元楼层施工用电，1#楼A、B单元施工电梯用电）；第2路引至2#分配电箱（1#、2#塔吊，1#楼C单元施工电梯）；第3路引至3#分配电箱（钢筋作业场2，2#楼A、B单元楼层、施工电梯用电）；第4路引至4#分配电箱（2#楼C单元楼层、施工电梯用电、1F施工用电）；第5路供办公、生活区使用。

（5）各回路从二级电箱分支电路到各分配电箱、单机箱、移动箱。对于楼层配电，每隔两层设一个综合开关箱，做到配电合理、互不干扰，防止因电气故障影响施工（具体布置详见临电施工平面图）。施工现场照明主要依靠现场零星的碘钨灯及在塔吊上设置镝灯来实现。

（6）现场主干线路电缆全部采用VV型塑料护套电缆，敷设方式为沿墙及埋地、穿管敷设。电缆规格主要有VV-(3×120+2×70)mm²、VV-(3×70+2×35)mm²等；分支线路采用YZ型橡套电缆。

（7）分配电箱内配置总隔离开关、分路隔离和漏电保护器。

二、施工现场临时用电设备和负荷计算

1. 施工现场临时用电设备

在进行地下室开挖施工时，静压桩机按退场考虑，其用电量暂不考虑。

施工用电高峰期拟投入的机械设备如表5-1所示。

表 5-1　施工用电高峰期拟投入的机械设备

机械机具名称	功率	数量	合计	备注
垂直运输				
塔吊	31kW	3	93kW	暂载率 $J_c = 40\%$
人货电梯	40kW	6	240kW	—
混凝土、砂浆搅拌				
砂浆搅拌机	3kW	6	18kW	高峰期不考虑
混凝土搅拌机	7.5kW	2	15kW	
混凝土浇捣				
平板振动机	1.1kW	16	17.6kW	—
插入式振动机	1.5kW	10	15kW	—
木工工具				
木工电锯	5.5kW	2	11kW	—
圆盘锯	1.5kW	16	24kW	—
钢筋制作				
对焊机	160kVA	2	320kVA	暂载率 $J_c = 50\%$
电弧焊机	10kVA	4	40kVA	暂载率 $J_c = 50\%$
电渣压力焊机	21kVA	4	84kVA	暂载率 $J_c = 50\%$
钢筋弯曲机	2.2kW	4	8.8kW	—
钢筋切断机	2.2kW	4	8.8kW	—
钢筋调直机	7.5kW	2	15kW	—
其他				
离心高压泵	7.5kW	2	15kW	高峰期不考虑
潜水泵	1.1～2.2kW	10	22kW	高峰期不考虑

电动机合计功率：$\sum P_1 = (93 + 240 + 18 + 15 + 17.6 + 15 + 11 + 24 + 8.8 + 8.8 + 15)\text{kW} = 466.2\text{kW}$。

电焊机合计功率：$\sum S_2 = (320 + 40 + 84)\text{kVA} = 444\text{kVA}$。

2. 总负荷计算

1）用电负荷计算

公式：$S_j = K_1 \times K_2(K_3 \times \sum P_1 \div \cos\varphi + K_4 \times \sum S_2)$。

其中各个量的含义如下。

K_1——备用系数，一般取 1.05～1.1（本设计取 1.05）。

K_2——照明系数，施工现场室内、外照明容量的统计不易准确，故估算为动力负荷的 10%，本设计考虑晚上加班期间不使用全部机械，计算总用电量时暂不考虑，因此一般取 1.1。

K_3——电动机需要系数，根据电动机的数量在 0.5～0.7 之间取值（本设计取 0.5）。

K_4——电焊机需要系数，取值为 0.4～0.5（本设计取 0.4 或 0.5）。

$\cos\varphi$——电动机的平均功率因数，取值为 $0.65 \sim 0.78$（本设计取 0.78）。

电动机和电焊机的需要系数的取值如表 5-2 所示。

表 5-2　电动机和电焊机的需要系数的取值

用电名称	数量		需要系数
电动机	$3 \sim 10$ 台	K_3	0.7
	$11 \cdots 30$ 台		0.6
	30 台以上		$0.5 \sim 0.6$
加工厂动力设备	—		0.5
电焊机	$3 \sim 6$ 台	K_4	0.5
	6 台以上		0.4

2）总用电量计算

根据实际情况，可知 $K_1 = 1.05$，$K_2 = 1.1$，$K_3 = 0.5$，$K_4 = 0.4$，$\cos\varphi = 0.78$。因此可得

$$S_j = K_1 \times K_2(K_3 \times \sum P_1 \div \cos\varphi + K_4 \times \Sigma S_2)$$
$$= 1.05 \times 1.1 \times (0.5 \times 466.2 \div 0.78 + 0.4 \times 444)\text{kVA}$$
$$\approx 1.05 \times 1.1 \times (298.8 + 177.6)\text{kVA} \approx 550.2\text{kVA}$$

$$I_j = \frac{S_j}{\sqrt{3}\,U} = \frac{550.2 \times 1000}{\sqrt{3} \times 380}\text{A} \approx 836.94\text{A}$$

施工现场配电室选用 1000A 的总开关，业主提供一台 400kVA 的变压器基本能满足施工用电要求。

3）导线选择校核

本工程现场电源引入线由两根 VV–$(3 \times 120 + 2 \times 70)\text{mm}^2$ 的电缆线并联，埋地引入。

为确保电源电压质量，通常对进线电缆进行电压损失校验，具体的公式如下：

$$\Delta U\% = \frac{\sum P_j L}{CS}\%$$

式中，$\sum P_j L$ 为功率矩（kW·m）；L 为导线长度（平面图测量，m）；C 为系数（三相四线供电，导线为铜线时 $C = 72$）；S 为导线截面（mm²）。

由上面计算得到 $S_j = 576.9\text{kVA}$，因此 $P_j = S_j \times \cos\varphi = 550.2 \times 0.78\text{kW} = 429.2\text{kW}$，将这些结果代入上面的校核公式，可得

$$\Delta U\% = \frac{\sum P_j L}{CS}\% = \frac{429.2 \times 20}{72 \times 120 \times 2}\% \approx 0.497\% < 5\%$$

即满足电压损失要求。

3. 分配电箱、导线的选择

1）基础及主体施工配电框图

基础及主体施工配电框图见附图 1。

2）导线选择

（1）1#分配电箱（钢筋作业场 1，3#楼 A、B、C 单元楼层施工用电，3#楼 A、B 单元施

工电梯用电）。

① 设备功率表。

设备功率表（1#分配电箱）如表5-3所示。

表5-3 设备功率表（1#分配电箱）

械机具名称	功率	数量	合计	备注
施工电梯	40kW	2	80kW	—
对焊机	160kVA	1	160kVA	—
电渣压力焊机	21kVA	2	42kVA	—
电弧焊机	10kVA	2	20kVA	—
钢筋弯曲机	2.2kW	4	8.8kW	—
钢筋切断机	2.2kW	3	6.6kW	—
钢筋调直机	7.5kW	1	7.5kW	—
平板振动机	2.2kW	2	4.4kW	—
插入式振动机	1.1kW	4	4.4kW	—
木工电锯	5.5kW	1	5.5kW	—
圆盘锯	1.5kW	4	6kW	—
砂浆搅拌机	3kW	2	6kW	装修阶段用
离心高压泵	7.5kW	1	7.5kW	高峰期不考虑

② 容量计算。

电动机合计功率：$\sum P_1 = (80 + 8.8 + 6.6 + 7.5 + 4.4 + 4.4 + 5.5 + 6)\text{kW} = 123.2\text{kW}$。

电焊机合计功率：$\sum S_2 = 222\text{kVA}$。

需要系数：$K_3 = 0.5$，$K_4 = 0.4$。

③按计算电流选择电缆（考虑夜晚加班时不使用全部施工机械，照明系数暂不考虑）。

电动机设备：$P_j = K_1 \times K_2 \times \left(K_3 \times \sum P_1\right) = 1.05 \times 1.0 \times (0.5 \times 123.2)\text{kW} \approx 64.7\text{kW}$。

电焊机设备：$S_j = K_1 \times K_2 \times \left(K_4 \times \sum P_2\right) = 1.05 \times 1.0 \times (0.4 \times 222)\text{kVA} \approx 93.2\text{kVA}$。

由以上可得

$$I_j = \frac{P_j}{\sqrt{3}\,U\cos\varphi} + \frac{S_j}{\sqrt{3}\,U} = \left(\frac{64.7 \times 1\,000}{\sqrt{3} \times 380 \times 0.78} + \frac{93.2 \times 1\,000}{\sqrt{3} \times 380}\right)\text{A} \approx (126 + 141.6)\text{A} = 267.6\text{A}$$

因此，选择 VV-（3×120+2×70）mm² （允许载流量为267A）。

④ 按允许电压降校核。

由上面可计算得总的 $P_j = (64.7 + 93.2 \times 0.78)\text{kW} \approx 137.4\text{kW}$。因此有

$$\Delta U\% = \frac{\sum P_j L}{CS}\% = \frac{137.4 \times 210}{72 \times 120}\% \approx 3.34\% < 5\%$$

即满足电压损失的要求。

因此至 1# 分配电箱所选电缆截面符合电压降要求。

⑤ 结论。

根据以上分析，至 1# 分配电箱的干线选用 VV–（3×120+2×70）mm²（见附图 2）。

（2）2# 分配电箱（1#、2# 塔吊，3# 楼 C 单元施工电梯）。

① 设备功率表。

设备功率表（2# 分配电箱）如表 5-4 所示。

表 5-4　设备功率表（2# 分配电箱）

机械机具名称	功率/kW	数量	合计/kW	备注
塔吊	31	3	93	—
人货电梯	40	1	40	—
塔吊照明	3.5	12	42	暂按 12 套计算

② 容量计算：

$$\sum P = (93 + 40 + 42)\text{kW} = 175\text{kW}$$

③ 按计算电流选择电缆（需要系数 $K_3 = 0.5$）：

$$P_j = K_1 \times K_2 \times (K_3 \times \sum P) = 1.05 \times 1.0 \times (0.5 \times 175)\text{kW} \approx 91.9\text{kW}$$

$$I_j = \frac{P_j}{\sqrt{3}\,U\cos\varphi} = \frac{91.9 \times 1\,000}{\sqrt{3} \times 380 \times 0.78}\text{A} \approx 179\text{A}$$

因此，选择 VV–（3×70+2×35）mm²（允许载流量为 185A）。

④ 按允许电压降校核：

$$\Delta U\% = \frac{\sum P_j L}{CS}\% = \frac{91.9 \times 110}{72 \times 70}\% \approx 2\% < 5\%$$

即满足电压损失要求。

因此，至 2# 分配电箱所选电缆截面符合电压降要求。

⑤ 结论。

根据以上分析，至 2# 分配电箱的干线选用 VV–（3×70+2×35）mm²（埋地敷设引至分配电箱）（分配电箱内配置见附图 2）。

（3）3# 分配电箱（钢筋作业场 2、2# 楼 A、B 单元楼层、施工电梯用电）。

① 设备功率表。

设备功率表（3# 分配电箱）如表 5-5 所示。

表 5-5　设备功率表（3# 分配电箱）

机械机具名称	功率	数量	合计	备注
施工电梯	40kW	2	80kW	—
砂浆搅拌机	3kW	2	6kW	装修阶段用
平板振动机	2.2kW	2	4.4kW	—

续表

机械机具名称	功率	数量	合计	备注
插入式振动机	1.1kW	4	4.4kW	—
木工电锯	5.5kW	1	5.5kW	—
圆盘锯	1.5kW	4	6kW	—
对焊机	160kVA	1	160kVA	—
电弧焊机	10kVA	2	20kVA	—
电渣压力焊机	21kVA	2	42kVA	—
钢筋弯曲机	2.2kW	4	8.8kW	—
钢筋切断机	2.2kW	3	6.6kW	—
钢筋调直机	7.5kW	1	7.5kW	—

② 容量计算。

电动机合计功率：$\sum P_1 = (80+4.4+4.4+5.5+6+8.8+6.6+7.5)\,\text{kW} = 123.2\,\text{kW}$。

电焊机合计功率：$\sum S_2 = 222\,\text{kVA}$。

③ 按计算电流选择电缆。

需要系数：$K_3 = 0.5$，$K_4 = 0.4$。

电动机设备：$P_j = K_1 \times K_2 \times (K_3 \times \sum P_1) = 1.05 \times 1.0 \times (0.5 \times 123.2)\,\text{kW} \approx 64.7\,\text{kW}$。

电焊机设备：$S_j = K_1 \times K_2 \times (K_4 \times \sum P_2) = 1.05 \times 1.0 \times (0.4 \times 222)\,\text{kVA} \approx 93.2\,\text{kVA}$。

由以上可得

$$I_j = \frac{P_j}{\sqrt{3}\,U\cos\varphi} + \frac{S_j}{\sqrt{3}\,U} = \left(\frac{64.7 \times 1\,000}{\sqrt{3} \times 380 \times 0.78} + \frac{93.2 \times 1\,000}{\sqrt{3} \times 380}\right)\text{A} \approx (126 + 141.6)\,\text{A} = 267.6\,\text{A}$$

因此，选择 $VV-(3 \times 120 + 2 \times 70)\,\text{mm}^2$（允许载流量为267A）。

④ 按允许电压降校核。

由上面可计算得到总的 $P_j = (64.7 + 93.2 \times 0.78)\,\text{kW} \approx 137.4\,\text{kW}$。因此有

$$\Delta U\% = \frac{\sum P_j L}{CS}\% = \frac{137.4 \times 210}{72 \times 120}\% \approx 3.34\% < 5\%$$

即满足电压损失要求。

因此，至3#分配电箱所选电缆截面符合电压降要求。

⑤ 结论。

根据以上分析，至3#分配电箱的干线选用 $VV-(3 \times 120 + 2 \times 70)\,\text{mm}^2$（埋地敷设引至分配电箱）（分配电箱内配置见附图2）。

（4）4#分配电箱（2#楼C单元楼层、施工电梯用电、1F施工用电）。

① 设备功率表。

设备功率表（4#分配电箱）如表5-6所示。

表 5-6　设备功率表（4#分配电箱）

机械机具名称	功率	数量	合计	备注
施工电梯	40kW	1	40kW	—
砂浆搅拌机	3kW	1	3kW	装修阶段用
平板振动机	2.2kW	2	4.4kW	
插入式振动机	1.1kW	4	4.4kW	
木工电锯	5.5kW	1	5.5kW	
圆盘锯	1.5kW	3	4.5kW	
电弧焊机	10kVA	2	20kVA	
电渣压力焊机	21kVA	2	42kVA	
离心高压泵	7.5kW	1	7.5kW	高峰期不考虑

② 容量计算。

电动机合计功率：$\sum P_1 = (40 + 4.4 + + 4.4 + 5.5 + 4.5)\text{kW} = 58.8\text{kW}$。

电焊机合计功率：$\sum S_2 = (20 + 42)\text{kVA} = 62\text{kVA}$。

③ 按计算电流选择电缆。

需要系数：$K_3 = 0.5, K_4 = 0.5$。

电动机设备：$P_j = K_1 \times K_2 \times (K_3 \times \sum P_1) = 1.05 \times 1.0 \times (0.5 \times 58.8)\text{kW} \approx 30.9\text{kW}$。

电焊机设备：$S_j = K_1 \times K_2 \times (K_4 \times \sum P_2) = 1.05 \times (0.5 \times 62)\text{kVA} \approx 32.6\text{kVA}$。

由以上可得

$$I_j = \frac{P_j}{\sqrt{3}\,U\cos\varphi} + \frac{S_j}{\sqrt{3}\,U} = \left(\frac{30.9 \times 1\,000}{\sqrt{3} \times 380 \times 0.78} + \frac{32.6 \times 1\,000}{\sqrt{3} \times 380}\right)\text{A} \approx (61.2 + 49.5)\text{A} = 110.7\text{A}$$

因此，选择 $\text{VV-}(3\times50+2\times25)\text{mm}^2$（允许载流量为 152A）。

④ 按允许电压降校核。

由上面可计算得到总的 $P_j = (30.9 + 32.6 \times 0.78)\text{kW} \approx 56.3\text{kW}$。因此有

$$\Delta U\% = \frac{\sum P_j L}{CS}\% = \frac{56.3 \times 90}{72 \times 50}\% \approx 1.41\% < 5\%$$

即满足电压损失要求。

因此，至 4#分配电箱所选电缆截面符合电压降要求。

⑤ 结论。

因此，至 4#分配电箱的干线选用 $\text{VV-}(3\times50+2\times25)\text{mm}^2$（埋地敷设引至分配电箱）（分配电箱内配置见附图 2）。

3）办公及生活照明。

本工程因场地的原因，工人生活区设置于场外，所以只考虑办公区生活用电。

该支路用电量按 20kW 考虑，采用 5mm×16mm 的塑料护套电缆沿地埋设，此处不再详述。

4. 主要设备供电线路计算

主要设备供电线路计算是指总（分）配电箱至设备之间的线缆规格。

（1）塔吊，取 $K_d = 1$，$\cos\varphi = 0.7$：

$$P_e = 2P_N \times \sqrt{J_c} = 2 \times 31 \times \sqrt{0.4}\,\text{kW} \approx 39.2\,\text{kW}$$

$$I_{js} = \frac{K_d P_e}{\sqrt{3}\,U\cos\varphi} = \frac{1 \times 39.2 \times 1\,000}{\sqrt{3} \times 380 \times 0.7}\,\text{A} \approx 85.1\,\text{A}$$

因此，查表选用橡皮铜芯软电缆 $(3 \times 25 + 2 \times 16)\,\text{mm}^2$。

（2）人货电梯，取 $K_X = 1$，$\cos\varphi = 0.75$：

$$I_{js} = \frac{K_d P_e}{\sqrt{3}\,U\cos\varphi} = \frac{1 \times 40 \times 1\,000}{\sqrt{3} \times 380 \times 0.75}\,\text{A} \approx 81\,\text{A}$$

因此，查表选用橡皮铜芯软电缆 $(3 \times 25 + 2 \times 16)\,\text{mm}^2$。

（3）对焊机，取 $K_d = 0.5$，$\cos\varphi = 0.70$：

$$P_e = S_N \cos\varphi \times \sqrt{J_c} = 160 \times 0.7 \times \sqrt{0.5}\,\text{kW} \approx 79.2\,\text{kW}$$

$$I_{js} = \frac{K_x P_e}{\sqrt{3}\,U\cos\varphi} = \frac{0.5 \times 79.2 \times 1\,000}{\sqrt{3} \times 380 \times 0.7}\,\text{A} \approx 85.95\,\text{A}$$

因此，查表选用塑料护套电缆 $(3 \times 35)\,\text{mm}^2$。

（4）电渣压力焊机，取 $K_d = 0.5$，$\cos\varphi = 0.70$：

$$P_e = S_N \cos\varphi \times \sqrt{J_c} = 21 \times 0.7 \times \sqrt{0.5}\,\text{kW} \approx 10.39\,\text{kW}$$

$$I_{js} = \frac{K_d P_e}{\sqrt{3}\,U\cos\varphi} = \frac{0.5 \times 10.39 \times 1\,000}{\sqrt{3} \times 380 \times 0.7}\,\text{A} \approx 11.28\,\text{A}$$

因此，查表选用橡套电缆 $(3 \times 6)\,\text{mm}^2$。

（5）其他 5kW 以内设备均采用橡套电缆，截面不小于 $2.5\,\text{mm}^2$。

三、施工现场临时用电基本安全措施

1. 安全用电组织与管理

扫一扫看 PPT：
施工现场临时
用电安全隐患

（1）建立临时用电施工组织设计和安全用电技术措施的编制、审批制度，并建立相应的技术档案。

（2）设置现场用电、机械设备等的专职安全员，负责检查督促日常的施工安全工作。

（3）建立技术交底制度。向专业电工、各类用电人员介绍临时用电施工组织设计和安全用电技术措施的总体意图、技术内容与注意事项，并应在技术交底文字资料上履行交底人和被交底人的签字手续，注明交底日期。

（4）建立安全检测制度。从临时用电工程竣工开始，定期对临时用电工程进行检测，主要检测是接地电阻值、电气设备绝缘电阻值、漏电保护器动作参数等，以监视临时用电工程是否安全可靠，并做好检测记录。

（5）建立电气维修制度。加强日常和定期维修工作，及时发现和消除隐患，并建立维修工作记录，记载维修时间、地点、设备、内容、技术措施、处理结果、维修人员、验收人员等。

（6）建立工程拆除制度。建筑工程竣工后，临时用电工程的拆除应有统一的组织和指挥，并需要规定拆除时间、人员、程序、方法、注意事项和防护措施等。

（7）建立安全检查和评估制度。施工管理部门和企业要按照《施工现场临时用电安全技术规范》（JCJ 46—2005）定期对施工现场临时用电的安全情况进行检查与评估。

（8）建立安全用电责任制，对临时用电工程各部位的操作、监护、维修分片、分块、分机落实到人，并辅以必要的奖惩。

（9）建立安全教育和培训制度。定期对专业电工和各类用电人员进行用电安全教育与培训，上岗人员必须持有劳动部门核发的上岗证书，严禁无证上岗。

2. 施工现场临时用电基本保护措施

（1）采用 TN-S 接零保护系统，实行三级配电两级漏电保护和一机一闸一箱一漏的办法。

扫一扫看 PPT：临时用电安全防护措施

（2）现场整个用电系统采用的保护重复接地不少于3处，重复接地极用 50mm×50mm×5mm 角钢打入地下 1.8m 以下。在进行临时用电布置时，要实际测量接地电阻值，应符合要求：配电室的接地电阻值不大于 10Ω，扣件式钢管外架防雷接地电阻值不大于 30Ω，对外用施工电梯、塔吊机电一体用电设备的防雷接地电阻值不大于 10Ω 且现场每条分支回路上的接地极设置不少于两处。

（3）所使用的电器产品必须是有关部门推荐的优质产品。

（4）电气施工作业人员必须经有关部门培训考核合格，持有特种作业人员操作证，方准进行作业。

（5）用电操作顺序：送电到总配电箱→分配电箱→开关箱→设备。停电拉闸顺序与之相反至上锁。

（6）防雷/避雷针（接闪器）用 $\phi 16mm$ 钢筋，$H=1.5m$，引下线与建筑物基础接地线相连接，防雷电阻值经测试不大于 30Ω。

（7）其他有关要求参照《施工现场临时用电安全技术规范》（JGJ 46—2005）执行。

3. 安全用电技术措施

（1）建立安全可靠的接零接地，设置有效的二级漏电保护装置。

（2）配电室内设置安全警示牌，严格送电程序。检修时必须停电，悬挂停电标志牌。电气周围设置禁止用火标志，配置绝缘灭火器，在电气装置和线路周围不准堆放易燃、易爆和强腐蚀等物品。

（3）当有必要使用临时拖地电缆时，应有电缆保护措施，防止其被压坏或砸坏而引起安全事故。

（4）电气设备的设置、安装、防护、使用、维修必须符合《施工现场临时用电安全技术规范》（JGJ 46—2005）的要求。

（5）各种电源连接必须牢固，绝缘良好。配电箱、开关箱标明用途名称，实行一机一闸一保险机制，箱门配锁，并有专人负责，箱内及四周不得有杂物。

（6）强化电气防火领导体制，建立电气防火队伍，加强电气防火教育，制定防火制度，执行防火责任制。

（7）本施工现场临时用电施工组织设计是根据《施工现场临时用电安全技术规范》（JGJ 46—2005）的要求，结合当地用电系统的有关具体实际情况而编制的。在投入实施前，必须经有关部门人员的审核审批后方准使用。在使用中，现场施工员应根据工地的具体情况进行详细的交底，使用电人员做到心中有数，确保安全。

4. 施工现场预防发生电气火灾的措施

（1）施工现场发生火灾的主要原因。

① 电气线路过负荷引起火灾。线路上的电气设备长时间超负荷使用，使用电流超过了导线的安全载流量。这时如果保护装置选择不合理，那么时间长了，导致线芯过热，使绝缘层损坏燃烧，造成火灾。

② 线路短路引起火灾。因导线安全间距不够，绝缘等级不够，年久老化、破损等或人为操作不慎等原因造成线路短路，强大的短路电流会很快转换成热能，使导线严重发热，温度急剧升高，造成导线熔化，绝缘层燃烧，引起火灾。

③ 接触电阻过大引起火灾。导线接头连接不好、接线柱压接不实、开关触点接触不牢等造成接触电阻增大，随着时间的增长，会引起局部氧化，氧化后会增大接触电阻。当电流流过电阻时，会消耗电能产生热量，导致导线过热，引起火灾。

④ 变压器、电动机等设备运行故障引起火灾。变压器长期过负荷运行或制造质量不良会造成线圈绝缘损坏、匝间短路，铁芯涡流加大引起导线过热，变压器绝缘油老化、击穿、发热等引起火灾或爆炸。当电动机发生线圈短路、转子扫膛、单相运转等故障时，都会使电动机过热，导致绝缘燃烧，引起火灾。

⑤ 电热设备、照明灯具使用不当引起火灾。电炉等电热设备表面温度很高，如果使用不当，则会引起火灾；大功率照明灯具等与易燃物距离过近也会引起火灾。

⑥ 电弧、电火花等引起火灾。在使用电焊机、点焊机时，电气弧光、火花等会引燃周围物体，引起火灾。

（2）预防电气火灾的措施。

针对电气火灾发生的原因，本施工组织设计制定出以下有效的预防措施。

① 在进行施工组织设计时，根据电气设备的用电量正确选择导线截面，从理论上杜绝线路过负荷使用。要认真选择保护装置，当线路上出现长期过负荷情况时，能在规定时间内动作，保护线路。

② 导线架空敷设时，其安全间距必须满足规范要求；当配电线路采用熔断器作为短路保护时，熔体额定电流一定要小于电缆或穿管绝缘导线允许载流量的 2.5 倍或明敷设绝缘导线允许载流量的 1.5 倍；经常教育用电人员正确执行安全操作规程，避免作业不当造成火灾。

③ 电气操作人员要认真执行规范，正确连接导线，接线柱要压牢、压实。各种开关触头要压接牢固。铜和铝连接时要有过渡端子，多股导线要用端子或涮锡后与设备连接，以防加大电阻引起火灾。

④ 配电室的耐火等级要大于三级，室内配置砂箱和绝缘灭火器。严格执行变压器的运行检修制度，每年按季度进行 4 次停电清扫和检查。现场的电动机严禁超载使用，其周围无易燃物；发现问题要及时解决，保证设备正常运转。

⑤ 施工现场严禁使用电炉。在使用碘钨灯时，灯与易燃物的间距要大于 300mm，室内不准使用功率超过 100W 的灯泡，严禁使用床头灯。

⑥ 在使用焊机时，要执行用火证制度，并有人监护，施焊周围不能存在易燃物体，并备齐防火设备。电焊机要放在通风良好的地方。

⑦ 施工现场的高大设备和有可能产生静电的电气设备要做好防雷接地与防静电接地工作，以免雷电及静电火花引起火灾。

⑧ 存放易燃物仓库内的照明装置一定要采用防爆型设备，导线敷设、灯具安装、导线与设备连接均应满足有关规范的要求。

⑨ 配电箱、开关箱内严禁存放杂物及易燃物，并派专人负责定期清扫。

⑩ 设有消防设施的施工现场，消防泵的电源要由总配电箱中引出专用回路供电，而且此回路不得设置漏电保护器，当电源发生接地故障时，可以设单相接地报警装置。对于有条件的施工现场，此回路应由两个电源供电，供电线路应在末端可切换。

（3）在发生电气火灾时，扑灭电气火灾应注意以下事项。

① 迅速切断电源，以免事态扩大。切断电源时应戴绝缘手套，使用有绝缘柄的工具。当火场离开关较远而需要剪断电线时，火线和中性线应分开错位剪断，以免在剪断处造成短路，并防止电源线掉在地上造成短路而使人触电。

② 当电源线因其他原因不能及时切断时，一方面，派人到供电端拉闸；另一方面，在灭火时，人体的各部位与带电体应保持一定的距离，必须使用绝缘用品。

③ 使用绝缘性能好的灭火剂，如干粉灭火器、二氧化碳灭火器、1211 灭火器或干燥砂子。严禁使用导电灭火剂进行扑救。

5. 现场触电急救措施

（1）触电者摆脱电流后，应就地立即对其进行急救，只有在触电的危险性继续威胁触电者或救护人员时，或者该处不便于救护的情况下（如阴暗、下雨、场地狭窄等），才可将触电者转移到其他地方。 扫一扫看视频：触电现场救护

（2）触电的急救措施应根据触电者的情况确定。为了确定触电者的情况，必须使触电者仰面躺下，检查其心脏是否跳动、是否有呼吸，可根据触电者呼吸时胸部的起伏来判断，不要仅仅为了发现微弱的或浅表的呼吸而做任何仔细的检查，因为这样做对救护没有好处，往往会延误救护时间，这是完全不允许的。正常呼吸的特征是胸部起伏明显而有节奏，不需要对处于这种状态的触电者进行人工呼吸；不正常呼吸的特征是吸气短促，吸气时胸部上升不明显或没有节奏，或者胸部没有明显的呼吸动作，所有这些症状都会导致肺内血液含氧不足，造成组织和器官缺氧，因此要对触电者进行人工呼吸。

（3）心脏收缩，证明心脏在工作，即机体内有血液循环。诊断的方法是把耳朵贴近触电者胸部，倾听心音或检查脉搏。

（4）在诊断触电者的身体状况时，应当检查大拇指附近的桡动脉的脉搏或颈部甲状软骨的突出部——喉结左右两侧颈动脉的脉搏，若颈动脉没有脉搏，则通常证明体内血液循环终止，心脏停止工作；体内有无血液循环也可由瞳孔状况进行判断，当没有血液循环时，瞳孔放大。检查触电者状况包括使其保持适当的姿势，检查其呼吸、脉搏、瞳孔状况等，这些应在 15 ～ 20s 完成。

（5）如果触电者有知觉，但以前曾处于昏迷状态或长时间处于电流作用之下，则必须将其放在干垫子上，盖一件衣服，立刻请医生。医生到来之前，必须使触电者绝对安静，不断观察其呼吸与脉搏，不允许其继续活动与工作，即使触电者自我感觉良好。例如，遭受电流作用的人，经过几分钟后，可能情况恶化，甚至心脏停搏，或者出现其他危险症状。因此，只有医生才能正确诊断其健康状况，如果请不到医生，那么必须迅速用担架等运输工具将其送往医院。

（6）如果触电者失去知觉，但呼吸平稳，脉搏正常，则应将其平放在垫子上，解开其衣服和腰带，以利于呼吸，同时应保证新鲜空气流动，采用诱发知觉措施，如可用凉水喷脸等，并不断观察其身体状况，直到医生到来。

（7）如果触电者呼吸不正常，如次数少而急促或呼吸状况恶化但还能摸到脉搏，那么此

时必须做人工呼吸。当没有呼吸与脉搏时，疼痛性刺激也不会引起任何反应，眼睛瞳孔放大，对光无调节能力，此时必须设法使其复苏，进行人工呼吸与心脏处按摩、挤压。任何时候都不应放弃救护，不能因无呼吸与脉搏而认为触电者死亡，只有当触电者有致命损伤，如颅骨破裂等，才可认为其死亡，在其他情况下，只有医生才有权诊断触电者是否死亡。

（8）经验表明，当人处于诊断死亡状态时，若施行及时正确的急救，一般都能使假死者复苏。只有在心脏停搏不超过 4～5min 的情况下实行复苏急救才能奏效，在医生到来之前，急救工作不能间断，有时要坚持数小时，对触电者不间断地进行人工呼吸与心脏按压。只有医生才有权诊断触电者是否死亡。

四、临时用电安全技术交底

1. 安全用电自我防护技术交底

施工现场用电人员应加强自我防护意识，特别是电动建筑机械的操作人员，必须掌握安全用电的基本知识，以减少触电事故的发生。对现场一些固定机械设备的防护和操作人员，应进行如下技术交底。

（1）开机前认真检查开关箱内的控制开关设备是否齐全、有效，漏电保护器是否可靠，发现问题及时向工长汇报，工长派电工处理。

（2）开机前仔细检查电气设备的接零保护线端子有无松动，严禁赤手触摸一切带电绝缘导线。

（3）严格执行安全用电规范，凡属于电气维修、安装的工作，必须由电工来操作，严禁非电工进行电工作业。

2. 电工安全技术交底

（1）电工严格执行电工安全操作规程，对电气设备工具要进行定期检查和试验，不合格的电气设备、工具要停止使用。

（2）电工严禁带电操作，线路上禁止带负荷接线，正确使用电工器具。

（3）电气设备的金属外壳必须做接地或接零保护，在总配电箱、开关箱内必须安装漏电保护器，实行两级漏电保护。

（4）电气设备所用熔断器禁止用其他金属丝代替，并且需要与设备容量相匹配。

（5）施工现场严禁使用塑料线，所用绝缘导线型号及截面必须符合临时用电设计要求。

（6）电工必须持证上岗，操作时必须穿戴好各种绝缘防护用品，不得违章操作。

（7）当发生电气火灾时，应立即切断电源，用干砂灭火，或者用干粉灭火器灭火，严禁使用导电的灭火剂灭火。

（8）移动式照明必须采用安全电压。

（9）施工现场临时用电施工必须执行施工组织设计和安全操作规程。

3. 塔式起重机安全技术交底

（1）对于塔式起重机的重复接地，应在轨道两端各设一组接地装置，对较长的轨道，每隔 30m 应加设一组接地装置。

（2）塔式起重机必须做防雷接地，同一台电气设备的重复接地与防雷接地可使用同一个接地体，接地电阻值应取两者的最小值。

（3）塔式起重机的各种限位开关必须齐全且有效，其供电电缆不得拖地行走。

（4）对于起重设备，每天工作时必须对各种行程开关进行空载检查，确保正常后方可

使用。

（5）塔吊司机必须持证上岗。

4. 夯土机械安全技术交底

（1）夯土机械的操作手柄必须采取绝缘措施。

（2）操作人员必须穿戴绝缘胶鞋和绝缘手套，两人操作，一人扶夯，一人整理电缆。

（3）夯土机械必须装设防溅型漏电保护器，其额定漏电动作电流小于 15mA，额定漏电动作时间小于 0.1s。

（4）夯土机械的负荷线应采用橡皮护套铜芯电缆，其长度应小于 50m。

5. 电焊机安全技术交底

（1）电焊机应放置在防雨和通风良好的地方，严禁在易燃、易爆物品周围施焊。

（2）电焊机一次线长度应小于 5m，一、二次侧防护罩齐全。

（3）电焊机二次线应选用 YHS 型橡皮护套铜芯多股软电缆。

（4）手柄和电缆线的绝缘应良好。

（5）电焊变压器的空载电压应控制在 80V 以内。

（6）操作人员必须持证上岗，施焊人员要有用火证和看护人，必须穿戴绝缘胶鞋和绝缘手套，使用护目镜。

6. 手持电动工具安全技术交底

（1）手持电动工具的开关箱内必须安装隔离开关、短路保护、过负荷保护和漏电保护器。

（2）手持电动工具的负荷线必须选择无接头的多股铜芯橡皮护套软电缆。其中绿/黄双色线在任何情况下都只能用作保护线。

（3）施工现场优先选用 II 类手持电动工具，并应装设额定动作电流不大于 15mA、动作时间不大于 0.1s 的漏电保护器。

7. 特殊潮湿环境场所作业安全技术交底

（1）开关箱内必须装设隔离开关。

（2）在露天或潮湿环境下必须用 II 类于持电动工具。

（3）特殊潮湿环境中的电气设备开关箱内的漏电保护器应选用防溅型的，其额定漏电动作电流应小于 15mA，额定漏电动作时间不大于 0.1s。

（4）在狭窄场所施工时，优先使用带隔离变压器的 III 类手持电动工具。如果选用 II 类手持电动工具，则必须装设防溅型漏电保护器，把隔离变压器或漏电保护器装在狭窄场所外边并应设专人看护。

（5）手持电动工具的负荷线应采用耐气候型橡皮护套铜芯软电缆并不得有接头。

（6）手持电动工具的外壳、手柄、负荷线、插头、开关等必须完好无损，使用前要做空载检查，运转正常方可使用。

五、临时用电检查验收记录

临时用电工程安装完毕后，由公司基层安全部门组织检查验收。参加人员有主管临时用电安全的领导人员和技术人员、施工现场主管、编制临时用电设计者、电工班长及安全员。检查内容应包括配电线路、配电箱、开关箱、电气设备安装、设备调试、接地电阻测试记录等，并做好记录，参加人员应签字。

附图1

施工用电电配电柜图

对焊机

钢筋作业场2综合箱

2#楼A单元楼层、施工电梯用电

2#楼B单元楼层、施工电梯用电

备用

2#楼C单元楼层施工用电

2#楼C单元施工电梯单机箱

2#楼C单元底层施工用电

1F施工用电

备用

3#分配电箱

4#分配电箱

配　电　室

5#分配电箱

办公区、生活区照明用电

1#分配电箱

2#分配电箱

对焊机

钢筋作业场1综合箱

1#楼A单元楼层、施工电梯用电

1#楼B单元楼层、施工电梯用电

备用

备用

2#-1分配电箱

3#塔吊

3#塔吊照明箱

1#楼A单元塔吊、塔吊照明箱

1#楼B单元塔吊、塔吊照明箱

1#楼C单元施工电梯用电

备用

附图2

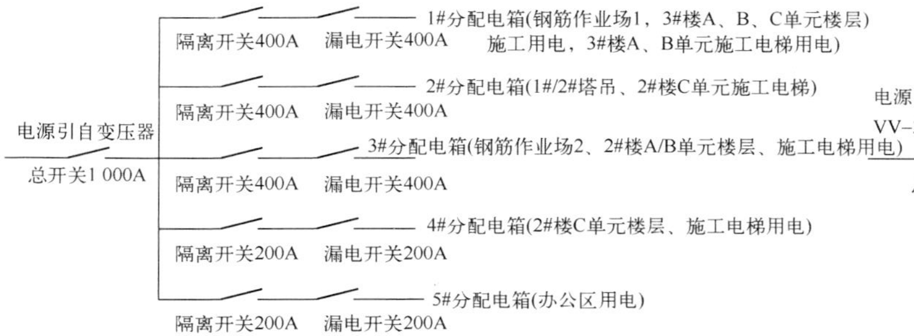

配电系统图（一）

配电室总配电箱
电源引自变压器
总开关1 000A

- 隔离开关400A　漏电开关400A — 1#分配电箱钢筋作业场1、3#楼A、B、C单元楼层）施工用电，3#楼A、B单元施工电梯用电
- 隔离开关400A　漏电开关400A — 2#分配电箱（1#/2#塔吊，3#楼A、B单元C单元施工电梯）
- 隔离开关400A　漏电开关400A — 3#分配电箱钢筋作业场2、2#楼A/B单元楼层、施工电梯用电）
- 隔离开关200A　漏电开关200A — 4#分配电箱（2#楼C单元楼层、施工电梯用电）
- 隔离开关200A　漏电开关200A — 5#分配电箱（办公区用电）

1#分配电箱
电源引自配电室
VV-3×150+2×70
总开关400A

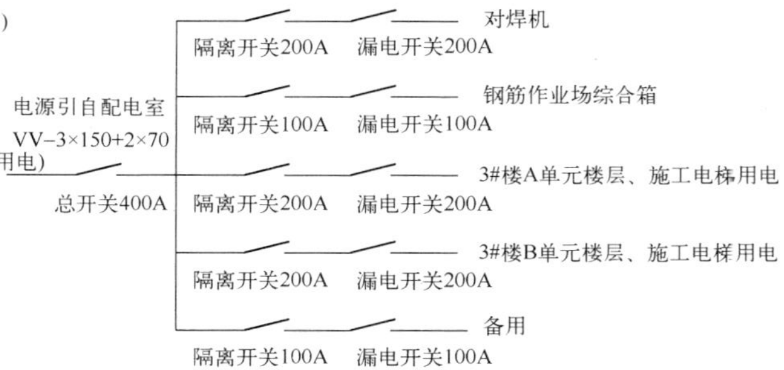

- 隔离开关200A　漏电开关200A — 对焊机
- 隔离开关100A　漏电开关100A — 钢筋作业场综合箱
- 隔离开关200A　漏电开关200A — 3#楼A单元楼层、施工电梯用电
- 隔离开关200A　漏电开关200A — 3#楼B单元楼层、施工电梯用电
- 隔离开关100A　漏电开关100A — 备用

3#分配电箱
电源引自配电室 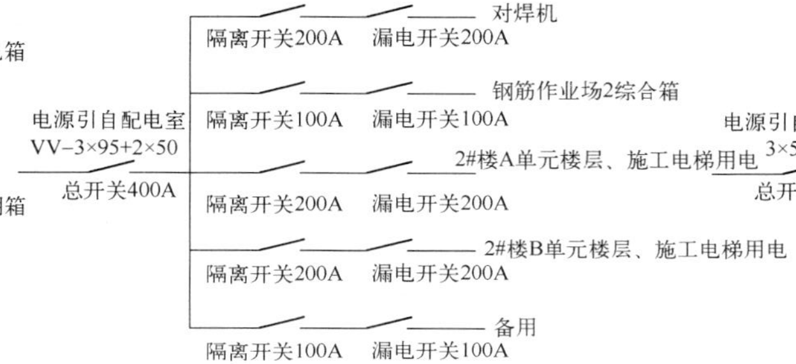
VV-3×95+2×50
总开关400A

- 隔离开关200A　漏电开关200A — 对焊机
- 隔离开关100A　漏电开关100A — 钢筋作业场2综合箱
- 隔离开关200A　漏电开关200A — 2#楼A单元楼层、施工电梯用电
- 隔离开关200A　漏电开关200A — 2#楼B单元楼层、施工电梯用电
- 隔离开关100A　漏电开关100A — 备用

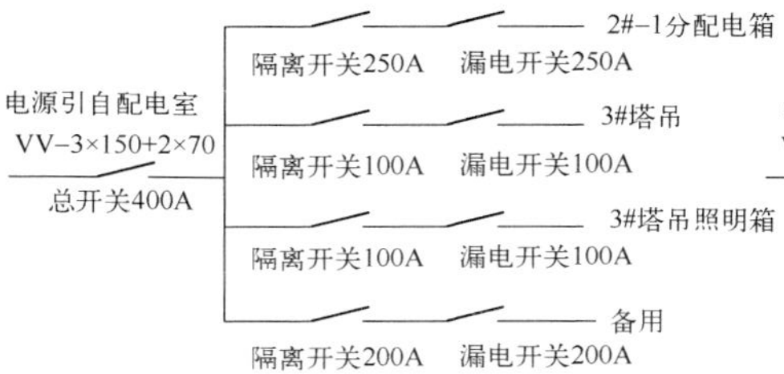

4#分配电箱
电源引自配电室 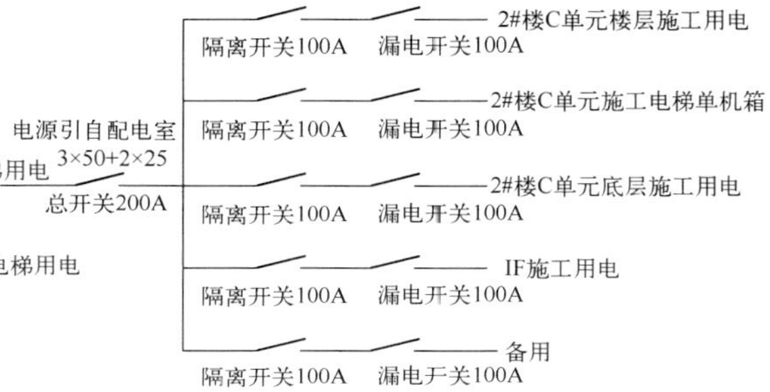
3×50+2×25
总开关200A

- 隔离开关100A　漏电开关100A — 2#楼C单元楼层施工用电
- 隔离开关100A　漏电开关100A — 2#楼C单元施工电梯单机箱
- 隔离开关100A　漏电开关100A — 2#楼C单元施工电梯用电
- 隔离开关100A　漏电开关100A — 2#楼C单元底层施工用电
- 隔离开关100A　漏电开关100A — 1F施工用电
- 隔离开关100A　漏电开关100A — 备用

2#分配电箱
电源引自配电室
VV-3×150+2×50
总开关400A

- 隔离开关250A　漏电开关250A — 2#-1分配电箱
- 隔离开关100A　漏电开关100A — 3#塔吊
- 隔离开关100A　漏电开关100A — 3#塔吊照明箱
- 隔离开关200A　漏电开关200A — 备用

2#-1分配电箱

任务 5.1　临时用电现场勘查及初步设计

5.1.1　临时用电现场勘查

现场勘查是临时用电各项安全措施制定的基础，是编制可操作性施工组织设计的依据，因此必须以严谨的态度认真对待。

扫一扫看 PPT：施工现场临时用电学习任务

1. 现场勘查的目的

现场勘查的目的是为用电做合理的布局，了解当地的电力供应情况：是否能满足施工需要，是否经常停电及停电时间，电压是否稳定，在建设单位已接通电源的情况下检查变压器容量是否满足要求，电源及线路的位置是否妨碍施工，施工现场的地形对用电布置的影响。

2. 现场勘查的内容

现场勘查主要考察施工现场的地形、周围环境，掌握整个临时用电施工组织设计的地理环境条件。

现场勘查的内容包括：调查测绘现场的地形、地貌，正式工程的位置，上下水等地上、地下管线和沟道的位置，建筑材料、器具的堆放位置，生产、生活暂设建筑物位置，用电设备装设位置及现场周围环境等。

3. 现场勘查的时间

临时用电施工组织设计的现场勘查工作与建筑工程施工组织设计的现场勘查工作同时进行，或者直接借用其勘查资料。

5.1.2　临时用电初步设计

扫一扫看视频：施工现场临时用电系统设计原则

临时用电初步设计在现场勘查的基础上完成。

1. 初步设计概述

（1）确定用电规划。

通过现场勘查可以对整个施工现场的情况有全面的了解，掌握大量设计资料后，就可以对施工现场的用电进行平面规划、布置，确定电源进线、变电所、配电室、总配电箱、分配电箱等的位置及线路走向了，若自备发电机组，则要确定其位置及送电线路的走向。

（2）进行设备布置。

根据现场勘查结果确定电源进线，变、配电室，以及发电机房的位置。设备位置应选在不妨碍施工、不积水、通风、无灰尘、无振动、地势较高处，总配电室应设在靠近电源处，分配电箱应装在用电设备或负荷较为集中处。

（3）确定线路方式。

对于无变压器的施工现场，可用一路主导线沿现场周围布置，或者沿用电集中的地方布置，需要用电处用支线引出。有变压器的施工现场可提供多条主干线供电，一般适用于大中型工程、集群式工程，如果施工现场特别大，则可分区域供电，线路的布置方式有放射式、树干式、链式等，应根据实际情况选用。供电的主干线的架设要规范、牢固。当线路跨越公路、铁路、交通要道时，应按规范要求架设，确保安全。

（4）设计配电线路。

设计配电线路主要是选择和确定线路走向，配电方式（架空线或埋地电缆等），敷设要求，导线排列，选择和确定配线的型号、规格，选择和确定其周围的防护设施等。配电线路设计不仅要与变电所设计相衔接，还要与配电箱设计相衔接，尤其要与变电系统的基本防护方式（应采用 TN-S 保护系统）相结合，统筹考虑中性线的敷设和接地装置的敷设。

2. 初步设计要明确的几点要求

施工现场的用电设备主要是塔式起重机、混凝土搅拌机、电动打夯机等动力设备及照明设备，一般也采用 220/380V 电压，应采用 TN-S 系统的形式。但建筑施工现场的环境较为恶劣，通常是露天作业，用电设备经常移动，负荷随工程进度变化较大，并多属于临时设施。因此，建筑施工现场的供配电既要符合规范要求，又要考虑其临时性特点，统筹兼顾，合理安排。

1）供电电源的要求

施工现场临时用电一般采用电源中性点直接接地的 220/380V 三相四线制低压电力系统。施工现场的电源通常可采用下面几种途径解决。

（1）就近借用已有的配电变压器供电。

（2）按图纸施工变配电所，从而取得施工电源。

（3）向供电部门提出临时用电申请，设置临时变压器。

（4）自建临时电站，如柴油发电机等。

2）配电线路的要求

施工现场的配电系统应设置总配电箱（配电柜）、分配电箱、开关箱，实行三级配电机制，即采用三级配电形式，如图 5-1 所示。

施工现场用电线路理图：

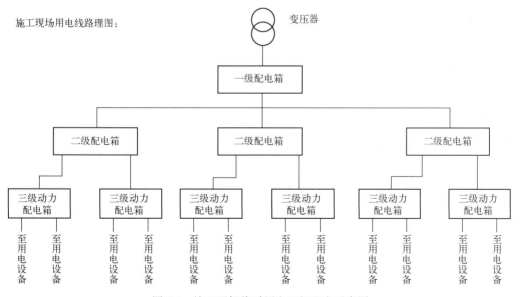

图 5-1 施工现场临时用电三级配电示意图

3）系统保护的要求

当施工现场临时用电采用专用变压器供电时，应采用 TN-S 接零保护系统，如图 5-2 所示。在施工现场的专用变压器供电 TN-S 接零保护系统中，电气设备的金属外壳必须与保护中性线连接。保护中性线应由工作接地线、总配电箱电源侧中性线或总漏电保护器电源侧中性线处引出。同时要求选取符合容量要求和质量合格的总配电箱和开关箱中的漏电保护器，实现两级漏电保护。

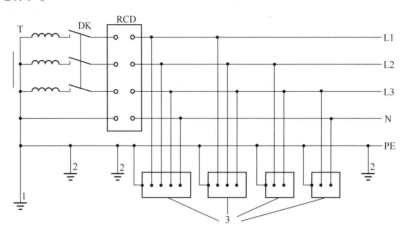

1—工作接地；2—PE 线重复接地；3—电气设备金属外壳；

DK—总电源隔离开关；RCD—总漏电保护器（兼有短路、过载、漏电保护功能）。

图 5-2　专用变压器供电时的 TN-S 接零保护系统示意图

当施工现场与外电线路共享同一供电系统时，电气设备的接地、接零保护应与原系统保护一致，不得一部分设备做保护接零，另一部分设备做保护接地。三相四线制供电时的局部 TN-S 按零保护系统保护零线引出示意图如图 5-3 所示。

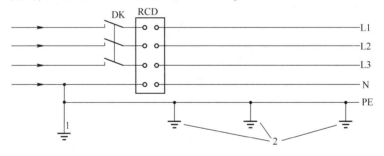

1—NPE 线重复接地；2—PE 线重复接地；DK—总电源隔离开关；

RCD—总漏电保护器（兼有短路、过载、漏电保护功能）。

图 5-3　三相四线制供电时的局部 TN-S 接零保护系统保护中性线引出示意图

4）配线线路的要求

对于施工现场临时用电，为了安全，采用橡胶绝缘导线为宜，为了节省铜材而采用铝线，因此，电缆、导线型号选择 BDX 型铝芯橡胶绝缘导线。

在选择导线截面时，应根据具体的使用场合，按照发热条件和允许电压损失进行选择，并按照机械强度校验所选导线截面。需要三相四线制配电的电缆线路必须采用五芯电缆，在建工程内的电缆线路必须采用电缆埋地引入的方式，严禁穿越脚手架引入。室内配线所用导线或电缆截面应根据用电设备或线路的计算负荷确定，但铜线截面不应小于1.5mm²，铝线截面不应小于2.5mm²。室内配线必须有短路保护和过载保护，对穿管敷设的绝缘导线线路，其短路保护熔断器的熔体额定电流不应大于穿管绝缘导线长期连续负荷允许载流量的2.5倍。

施工现场的低压供配电系统保护装置的选择要求如下。

（1）当配电线路采用熔断器作为短路保护时，熔体额定电流应不大于电缆或穿管绝缘导线允许载流量的2.5倍或明敷设绝缘导线允许载流量的1.5倍。

（2）当配电线路采用低压断路器作为短路保护时，其过电流脱扣器脱扣电流整定值应小于线路末端单相短路电流，并应能承受短时过负荷电流。

（3）经常过负荷的线路、易燃易爆物邻近的线路、照明线路必须有过负荷保护。

（4）设过负荷保护的配电线路的绝缘导线的允许载流量应不小于熔断器熔体额定电流或低压断路器长延时过电流脱扣器脱扣电流整定值的1.25倍。

（5）电气设备的供电线路首端应装设漏电保护装置。漏电保护装置一般选用漏电保护器。

知识梳理

1. 施工现场临时用电设计依据有《低压配电设计规范》（GB 50054—2011）、《建设工程施工现场供用电安全规范》（GB 50194—2014）、《通用用电设备配电设计规范》（GB 50055—2011）、《供配电系统设计规范》（GB 50052—2009）、《施工现场临时用电安全技术规范》（JGJ 46—2005）等。

2. 临时用电现场勘查的内容包括：调查测绘现场的地形、地貌，正式工程的位置，上下水等地上、地下管线和沟道的位置，建筑材料、器具的堆放位置，生产、生活暂设建筑物位置，用电设备装设位置及现场周围环境等。

3. 临时用电初步设计的主要任务是确定用电规划、进行设备布置、确定线路方式和设计配电线路，同时结合相关规范明确临时用电的设计要求。

任务5.2　计算施工现场临时用电负荷

施工现场用电负荷的大小是选择电源容量的重要依据，同时，它对合理选择导线并布置供电线路，以及正确选择各种电气设备、制定施工方案、安排施工进度等都是非常重要的。通过对施工用电设备的总负荷计算选择变压器的容量及相适应的电气配件；通过对分路电流的计算确定线路导线的规格、型号；通过对各用电设备组的电流计算确定分配电箱电源开关的容量及熔断器的规格，电源线的型号、规格。因此，必须通过准确的负荷计算使设计工作建立在可靠的基础资料之上，从而得出经济合理的设计方案。

高压用电的施工现场一般用电量较大，在计算其总用电量时，可以先对各用电设备进行分类，分组计算，然后相加。

在进行施工现场用电设备负荷计算时，对各类施工机械的运行、工作特点等因素都要进行充分的考虑。

（1）许多用电设备不可能同时运行，如卷扬机、电焊机等。

（2）各用电设备不可能同时满载运行，如塔式起重机不可能同时起吊相同质量的物品。

（3）施工机械的种类不同，其运行的特点也不同，施工现场为高层建筑提供水源的水泵一般要连续运转，而龙门架与井架则应反复短时间停开。

（4）各用电设备在运行过程中都存在不同程度的功率损耗，导致设备效率下降。

（5）对于现场配电线路，在输送功率的同时会产生线路功率的损耗，线路越长，损耗越高，故不应忽视线路功率。

基于上述因素，在进行施工现场临时用电负荷计算时，多采用需要系数法。为了便于进行直观分析，建议首先绘制供电系统图，然后按从末端至首端的顺序进行计算，即先计算最末一级的计算负荷，再逐级往前推算。

5.2.1 施工现场用电负荷计算的目的、方法

1. 负荷计算的目的

施工现场的供电系统所需的电能通常是经过降压变电所从电力系统中获得的。因此，合理地选择各级变电所中的变压器、主要电气设备及配电导线等是保证施工现场供电系统安全可靠的重要前提。临时用电负荷计算的主要目的是为合理选择变电所的变压器容量、各种电气设备及配电导线提供科学依据。

2. 确定负荷计算的方法

负荷计算的方法较多，有需要系数法、二项式法、利用系数法、单位产品耗电法等。在实际供配电设计中，广泛采用需要系数法。这种方法计算简便，适用于没有特别大容量用电场所的负荷计算，比较适合施工现场临时用电的负荷计算。

扫一扫看视频：
施工现场临时
用电负荷计算

在实际计算时，通常对施工现场的用电设备进行分组，用需要系数法计算出每组设备的计算负荷。

5.2.2 施工现场三相用电设备的负荷计算

扫一扫看PPT：
施工现场主要
用电设备

施工现场用电设备通常包括塔式起重机、物料提升机、钻孔机、打夯机、电焊机、手持电动工具、混凝土搅拌机、振动机、地面抹光机、水磨石机、钢筋加工机械、木工机械、盾构机械、水泵、照明设备等。在进行负荷计算时，应该首先弄清这些设备属于哪种工作方式。一般情况下，对于起重设备和电焊设备，在计算其设备容量时，需要考虑其暂载率。

1. 单台设备的负荷计算

在计算单台设备的计算负荷时，分长期运行、短时运行和断续运行不同方法进行，同时考虑设备的效率。计算公式如下：

$$P_{js1} = \frac{P_e}{\eta}$$

式中，P_{js1} 为用电设备的有功计算负荷（kW）；P_e 为用电设备的设备容量；η 为用电设备的效率。

2. 用电设备组的负荷计算

在进行负荷计算时，通常分组进行，如电焊机组、振动机组、照明设备组等。各用电设备组的负荷计算公式如下：

$$P_{js2} = K_d \sum P_e \text{（有功功率计算）}$$

$$Q_{js2} = P_{js2} \tan\varphi \text{（无功功率计算）}$$

$$S_{js2} = \sqrt{P_{js2}^2 + Q_{js2}^2} \text{（视在功率计算）}$$

$$I_{js2} = \frac{P_{js2}}{\sqrt{3}\, U_N \cos\varphi} \text{（计算电流）}$$

式中，P_{js2} 为用电设备组的有功计算负荷（kW）；Q_{js2} 为用电设备组的无功计算负荷（kvar）；S_{js2} 为用电设备组的视在计算负荷（kVA）；I_{js2} 为用电设备组干线上的计算电流（A）；K_d 为用电设备组的需要系数；$\cos\varphi$ 为用电设备组的功率因数。

对于同类设备的需要系数，可从相关手册中查到，但其中所列的需要系数值是用电设备台数较多时的数据。若用电设备台数较少，则该需要系数值可适当大一点。如果仅有 1～2 台用电设备，则需要系数可取为 1。在用电设备台数较少时，功率因数 $\cos\varphi$ 可适当取小一点。

3. 配电干线或低压母线总负荷计算

因为配电干线或低压母线总的计算负荷是由不同类型的多组用电设备组成的，而各组用电设备的最大负荷往往不会同时出现，所以在确定配电干线或低压母线总的计算负荷时，应乘以同时系数 K_Σ，同时运行系数的数值是根据统计规律确定的。

对于工地变电所的低压母线，有功功率的同时运行系数 $K_{\Sigma P}$ 的取值为 0.8～0.9。

对于工地变电所的低压母线，无功功率的同时运行系数 $K_{\Sigma Q}$ 的取值为 0.9～1.0。

因此，配电干线或低压母线总的计算负荷如下。

配电干线或低压母线总的有功计算负荷：$P_{\Sigma js} = K_{\Sigma P} \sum P_{js}$。

配电干线或低压母线总无功计算负荷：$Q_{\Sigma js} = K_{\Sigma Q} \sum Q_{js}$。

配电干线或低压母线总视在计算负荷：$S_{\Sigma js} = \sqrt{P_{\Sigma js}^2 + Q_{\Sigma js}^2}$。

配电干线或低压母线总计算电流：$I_{\Sigma js} = \dfrac{S_{\Sigma js}}{\sqrt{3}\, U_N}$。

4. 考虑变压器损耗后的施工现场临时用电总负荷计算

在进行施工现场总负荷计算时，要考虑变压器本身的有功损耗 ΔP_T 和无功损耗 ΔQ_T，其数值可通过查阅电力变压器的技

扫一扫看 PDF：施工现场临时用电负荷计算及供电变压器的确定

术数据得到。通常在负荷计算中，变压器的有功损耗和无功损耗可分别用下列近似公式计算：

$$\Delta P_T = 0.02 S_T \qquad \Delta Q_T = 0.06 S_T$$

式中，S_T 为变压器的容量。此外，还应考虑电力变压器经济运行的容量，一般增加计算负荷 S_{j3} 的 20%～30% 容量为宜。

如果需要进行无功补偿，则计算方法与前面讲述的相同。

求完不同线路的计算负荷后，即得到对应的计算电流，把它作为依据来进行配电导线电缆的选择。

【案例5-1】 施工现场用电负荷计算案例。机械设备名称如表5-7所示。

表5-7 机械设备名称

序号	机械或设备名称	额定功率	数量	需要系数 K_d	$\cos\varphi$	$\tan\varphi$	备注
1	塔吊	75kW	1	0.3	0.7	1.02	暂载率 $J_c=40\%$
		50kW	1	0.3	0.7	1.02	暂载率 $J_c=40\%$
2	混凝土施工系统	30kW	1	0.7	0.68	1.08	—
3	电焊机	280kW	1	0.45	0.45	1.98	暂载率 $J_c=50\%$
4	施工升降机	44kW	1	0.7	0.7	1.02	—
5	搅拌机组	30kW	1	0.7	0.68	1.08	—
6	振动机	1.1kW	30	0.7	0.7	1.02	—
7	蛙式打夯机	25kW	1	0.7	0.7	1.02	—
8	空气压缩机	12kW	1	0.7	0.7	1.02	—
9	现场照明	55kW	—	0.9	0.55	1.52	—

计算过程如下。

（1）各个设备组的负荷计算。

① 塔吊设备组。

查表得 $K_d=0.3$，$\cos\varphi=0.7$，$\tan\varphi=1.02$。

先将 $J_c=40\%$ 统一换算到 $J_c=25\%$ 的额定容量：

$$P_{e1} = 2P_1 \times \sqrt{J_c} = 2 \times (75+50) \times \sqrt{0.4}\,\text{kW} \approx 158.1\,(\text{kW})$$

故计算负荷为

$$P_{js1} = K_d \cdot P_{e1} = 0.3 \times 157\text{kW} = 47.1\,(\text{kW})$$

$$Q_{js1} = P_{js1} \cdot \tan\varphi = 47.1 \times 1.02\text{kvar} \approx 48\text{kvar}$$

② 混凝土施工设备组。

查表得 $K_X=0.7$，$\cos\varphi=0.68$，$\tan\varphi=1.08$，因此有

$$P_{js2} = K_d \times P_{e2} = 0.7 \times 30\text{kW} = 21\,(\text{kW})$$

$$Q_{js2} = P_{js2} \times \tan\varphi = 21 \times 1.08\text{kvar} \approx 22.7\text{kvar}$$

③ 电焊机及焊接设备组。

查表可得 $K_X=0.45$，$\cos\varphi=0.45$，$\tan\varphi=1.98$。

先将 $J_c=50\%$ 统一换算到 $J_c=100\%$ 的额定容量：

$$P_{e3} = \sqrt{50/100} \times P_n = \sqrt{0.5} \times 280\text{kW} \approx 198\,(\text{kW})$$

故计算负荷为

$$P_{js3} = K_d \times P_{e3} = 0.45 \times 198\text{kW} = 89.1\,(\text{kW})$$

$$Q_{js3} = P_{js3} \times \tan\varphi = 89.1 \times 1.98\text{kvar} \approx 176.4\text{kvar}$$

④ 施工升降机组。

查表可得 $K_d=0.7$，$\cos\varphi=0.7$，$\tan\varphi=1.02$，因此有

$$P_{js4} = K_d \cdot P_{e4} = 0.7 \times 44\text{kW} = 30.8\,(\text{kW})$$

$$Q_{js4} = P_{js4} \cdot \tan\varphi = 30.8 \times 1.02 \text{kvar} \approx 31.4 \text{kvar}$$

⑤ 搅拌机组。

查表可得 $K_d = 0.7$，$\cos\varphi = 0.68$，$\tan\varphi = 1.08$，因此有

$$P_{js5} = K_d \cdot P_{e5} = 0.7 \times 30 \text{kW} = 21(\text{kW})$$

$$Q_{js5} = P_{js5} \cdot \tan\varphi = 21 \times 1.08 \text{kvar} \approx 22.7 \text{kvar}$$

⑥ 振动机组。

查表可得 $K_d = 0.7$，$\cos\varphi = 0.7$，$\tan\varphi = 1.02$，因此有

$$P_{js6} = K_d \cdot P_{e6} = 0.7 \times 33 \text{kW} = 23.1(\text{kW})$$

$$Q_{js6} = P_{js6} \cdot \tan\varphi = 23.1 \times 1.02 \text{kvar} \approx 23.6 \text{kvar}$$

⑦ 打夯机组。

查表可得 $K_d = 0.7$，$\cos\varphi = 0.7$，$\tan\varphi = 1.02$，因此有

$$P_{js7} = K_d \cdot P_{e7} = 0.7 \times 25 \text{kW} = 17.5(\text{kW})$$

$$Q_{js7} = P_{js7} \cdot \tan\varphi = 17.5 \times 1.02 \text{kvar} \approx 17.9 \text{kvar}$$

⑧ 空气压缩机气泵组。

查表可得 $K_d = 0.7$，$\cos\varphi = 0.7$，$\tan\varphi = 1.02$，因此有

$$P_{js8} = K_d \cdot P_{e8} = 0.7 \times 12 \text{kW} = 8.4(\text{kW})$$

$$Q_{js8} = P_{js8} \cdot \tan\varphi = 8.4 \times 1.02 \text{kvar} \approx 8.6 \text{kvar}$$

⑨ 照明设备组。

查表可得 $K_d = 0.9$，$\cos\varphi = 0.55$，$\tan\varphi = 1.52$，因此有

$$P_{js9} = K_d \cdot P_{e9} = 0.9 \times 55 \text{kW} = 49.5(\text{kW})$$

$$Q_{js9} = P_{js9} \cdot \tan\varphi = 49.5 \times 1.52 \text{kvar} \approx 75.2 \text{kvar}$$

（2）总的计算负荷。

① 总的有功功率：

$$P_{js} = K_{\sum P} \times (P_{js1} + P_{js2} + \cdots + P_{js9})$$
$$= 0.9 \times (47.4 + 21 + 89.1 + 30.8 + 21 + 23.1 + 17.5 + 8.4 + 49.5) \text{kW} \approx 277(\text{kW})$$

② 总的无功功率：

$$Q_{js} = K_{\sum Q} \times (Q_{js1} + Q_{js2} + \cdots + Q_{js9})$$
$$= 0.9 \times (48.3 + 22.7 + 176.4 + 31.4 + 22.7 + 23.6 + 17.9 + 8.6 + 75.2) \text{kvar} \approx 363.7 \text{kvar}$$

③ 总的负荷功率：

$$S_{js} = \sqrt{P_{js}^2 + Q_{js}^2} = \sqrt{277^2 + 363.7^2} \text{kVA} \approx 457.2 \text{kVA}$$

若选用两台 315kVA 的变压器，则变压器的损耗为

$$\Delta P_T = 2 \times 0.02 S_T = 2 \times 0.02 \times 315 \text{kW} = 12.6(\text{kW})$$

$$\Delta Q_T = 2 \times 0.06 S_T = 2 \times 0.06 \times 315 \text{kvar} = 37.8 \text{kvar}$$

考虑到变压器的损耗，总的计算功率为

有功计算负荷：$P_{js} = (279 + 12.6) \text{kW} = 291.6(\text{kW})$

$$无功计算负荷：Q_{js} = (405+37.8)\,kvar = 442.8\,kvar$$

$$视在计算负荷：S_{js} = \sqrt{291.6^2+442.8^2}\,kVA \approx 630.19\,kVA$$

$$计算电流：I_{js} = \frac{630.19 \times 1\,000}{\sqrt{3} \times 380}\,A \approx 957.5\,A$$

知识梳理

1. 在进行施工现场临时用电负荷计算时，计算的顺序是由末端（设备端）至首端（电源进线端），即先求设备的计算负荷，再求施工现场总的计算负荷。

2. 求计算负荷计算顺序是：一台设备的计算负荷→设备组的计算负荷→低压干线或低压母线的计算负荷→施工现场总的计算负荷。

3. 在求单台设备的计算负荷时，要考虑其效率。

4. 在求起重设备和电焊设备的设备功率时，要考虑其暂载率。

5. 在配电点要考虑设备的同时运行系数：$K_{\sum P}$ 的取值为 0.8～0.9，$K_{\sum Q}$ 的取值为 0.9～1.0。

6. 在变压器的安装处要考虑变压器的损耗：$\Delta P_T = 0.02 S_T$，$\Delta Q_T = 0.06 S_T$。

任务5.3 变压器的选择

当施工现场完全由临时变压器供电时，可按施工现场所有用电设备总的视在计算负荷选择变压器的容量，依据高、低压绕组的电压等级就可从变压器的目录中选择合适型号的变压器。在选择变压器时，除采用前面讲述的变压器的选择方法外，还要考虑施工现场的工作特点。

扫一扫看视频：变压器的选择及负荷计算

5.3.1 变压器额定电压的选择

变压器高、低压绕组电压的选择与用电量的多少、用电设备的额定电压，以及与高压电力网距离的远近等因素都有关系。总体来说，高压绕组的电压等级应尽量与当地的高压电力网的电压一致，低压绕组的电压等级应根据用电设备的额定电压而定。当用电量较小（350kVA 以下）、供电半径较小（不超过 800m）时，多选用 0.4kV 的电压等级；当用电量和供电半径都较大时，要由较高等级的电源供电。

5.3.2 变压器容量的选择

由于建筑工地的用电具有一定的特殊性，主要是临时性强，负荷波动性大，因此，在选用临时配电变压器时，应根据工地的实际情况做出合理的选择，使其既能满足工地供配电要求，又不会造成设备的浪费，一般在计算出施工现场临时用电总计算负荷后，考虑 5%～10% 的余量即可，一般不超过 20%～30%，即变压器容量可按下式确定：

$$S_{TN} \geq (1.05 \sim 1.1) S_{\sum js}$$

式中，S_{TN} 是变压器的额定容量（kvar）；$S_{\sum js}$ 是施工现场临时用电总视在计算功率。

5.3.3　变压器数量的确定

鉴于建筑工地用电的临时性，且用电量不大，负载的重要性也不高，往往只选用一台变压器，由 10kV 的电网电压降到 220/380V 供电。如果集中负荷较大，或者昼夜、季节性负荷波动较大，则宜安装两台或两台以上变压器。

知识梳理

临时用电变压器容量的选择依据是施工现场总计算负荷的视在功率值，按照够用的原则，并考虑 5%～10% 的余量；一般情况下选一台变压器即可，但是当负荷较大或负荷变化较大时，最好选择两台或两台以上变压器。

任务 5.4　施工现场临时配电箱的设计

如前所述，建筑施工用电一般采取分级配电，配电箱分三级设置：总配电箱、分配电箱和开关箱。总配电箱以下可设若干分配电箱（分配电箱 1、分配电箱 2 等），分配电箱以下可设若干开关箱。

配电箱与开关箱设计是指现场所用的非标准配电箱与开关箱的设计。配电箱与开关箱设计是指选择箱体材料、确定箱体结构尺寸、确定箱内电气配置和规格、确定箱内电气接线方式和电气保护措施等。

配电箱与开关箱设计要与配电线路设计相适应，还要与配电系统的基本保护方式相适应，并满足用电设备的配电和控制要求，尤其要满足防漏电、触电的要求。

5.4.1　临时配电箱的配置原则

配电箱是动力系统和照明系统的配电与供电中心。在建筑施工现场，凡是用电的场所，不论负荷大小，都应按用电情况安装适宜的配电箱。建筑工地的低压配电箱分电力配电箱和照明配电箱两类，原则上应分别设置，当动力负荷容量较小、数量较少时，也可以和照明设备共享同一配电箱；对于容量较大的设备及特殊用途设备，如消防、警卫等设备，应单独设置配电箱。

建筑工地的配电箱配置要遵循以下 4 个原则。

1. 三级配电

一般变压器低压绕组出线有配电柜，属于一级配电，但工地施工用电常把施工总配电箱作为一级配电，把分配电箱作为二级配电，把开关箱作为三级配电。总配电箱靠近电源，分配电箱设置在负荷较集中的地方，开关箱由末级分配电箱供电，二者间距不得超过 30m，开关箱与设备的间距不得超过 3m。

扫一扫看 PPT：施工现场临时用电供配电系统设计

2. 两级保护

《施工现场临时用电安全技术规范》要求，施工现场所有用电设备除用作保护接零外，必须在设备负荷线的首端设置漏电保护装置。同时规定开关箱中必须装设漏电保护器。也就是说，临时用电应在总配电箱和开关箱中分别设置漏电保护器，形成用电线路的两级保护。

漏电保护器要装设在总配电箱电源隔离开关的负荷侧和开关箱电源隔离开关的负荷侧。总配电箱的保护区域较大，停电后的影响范围也大，主要用来提供间接保护和防止漏电火灾的发生，其漏电动作电流和漏电动作时间要大于后面的保护。因此，总配电箱和开关箱中的两级漏电保护器的额定漏电动作电流和额定漏电动作时间应做合理配合，使之具有分级、分段保护的功能。

总配电箱中漏电保护器的额定漏电动作电流应大于 30mA，额定漏电动作时间应大于 0.1s，但其额定漏电动作电流与额定漏电动作时间的乘积不应大于 30mA·s。开关箱中漏电保护器的额定漏电动作电流不应大于 30mA，额定漏电动作时间不应大于 0.1s。

3. TN-S 三相五线制供电系统

根据《民用建筑电气设计规范》JGJ 16—2008 的要求，基本施工现场及临时线路一律实行三相五线制供电方式，做到保护中性线和工作中性线单独敷设。TN-S 系统是把工作中性线（N 线）和专用保护线（PE 线）严格分开的供电系统。建筑工程施工前的"三通一平"（电通、水通、路通和地平）必须采用 TN-S 供电系统。

TN-S 供电系统的特点如下。

（1）系统正常运行时，专用保护线上没有电流，只是工作中性线上有不平衡电流。专用保护线对地没有电压，因此电气设备金属外壳接零保护接在专用保护线上，安全可靠。

（2）工作中性线只用作单相照明负载回路。

（3）专用保护线不允许断线，也不允许进入漏电开关。

（4）干线上使用漏电保护器，工作中性线不得有重复接地，而专用保护线则有重复接地，但是不经过漏电保护器，因此 TN-S 系统供电干线上也可以安装漏电保护器。

4. 一机一箱一闸一漏

"一机"就是一台独立的用电设备，如塔吊、混凝土搅拌机、钢筋切断机等。

"一箱"就是独立的配电箱。

"一闸"就是有明显断开点的电气设备，如断路器。

"一漏"就是漏电保护器，但是漏电电流不能大于 30mA，潮湿的地方和容器内的漏电电流不能大于 15mA。

也就是说，一个开关箱只能控制一台用电设备（含插座），每个开关箱内必须设置一个闸刀开关和一个漏电保护器。这是对开关箱的具体要求。

5.4.2 临时配电箱的内设配置

扫一扫看 PPT：施工现场临时用电配电箱要求

1. 总配电箱的内设配置

（1）漏电保护器设置在总路上：设备接线顺序为外线→DZ20 透明式塑料外壳断路器→总漏电保护器→分 DZ20 透明式塑料外壳断路器→出线。

（2）漏电保护器设置在分路上：设备接线顺序为外线→总 DZ20 透明式塑料外壳断路器→分 DZ20 透明式塑料外壳断路器→分漏电保护器→出线。

2. 分配电箱的内设配置

设备接线顺序为进线→总 DZ20 透明式塑料外壳断路器→分 DZ20 透明式塑料外壳断路器→出线。

3. 开关箱的内设配置

设备接线顺序为进线→DZ20 透明式塑料外壳断路器→漏电保护器→出线。

临时用电配电箱配置（标准）分类表如表 5-8 所示。

表 5-8　临时用电配电箱配置（标准）分类表

总配电箱	漏电保护器设置在总路上	（1）外线→总隔离开关→总断路器→总漏电保护器→分隔离开关→分断路器→出线； （2）外线→总隔离开关→总漏电断路器→分隔离开关→分断路器→出线； （3）外线→DZ20 透明式塑料外壳断路器→总漏电保护器→分 DZ20 透明式塑料外壳断路器→出线； （根据分断路器数量配电表）
	漏电保护器设置在分路上	（1）外线→总隔离开关→总断路器→分隔离开关→分断路器→分漏电保护器→出线； （2）外线→总隔离开关→总断路器→分隔离开关→分漏电断路器→出线； （3）外线→总隔离开关→总断路器→分 DZ20 透明式塑料外壳断路器→分漏电保护器→出线； （4）外线→总 DZ20 透明式塑料外壳断路器→分 DZ20 透明式塑料外壳断路器→分漏电保护器→出线； （5）外线→总隔离开关→总断路器→分 DZ20 透明式塑料外壳漏电断路器→出线； （6）外线→总 DZ20 透明式塑料外壳断路器→分 DZ20 透明式塑料外壳漏电断路器→出线
分配电箱		（1）进线→总隔离开关→总断路器→分隔离开关→分断路器→出线； （2）进线→总 DZ20 透明式塑料外壳断路器→分 DZ20 透明式塑料外壳断路器→出线
开关箱		（1）进线→隔离开关→断路器→漏电保护器→出线； （2）进线→隔离开关→漏电保护器→出线； （3）进线→DZ20 透明式塑料外壳断路器→漏电保护器→出线； （4）进线→DZ20 透明式塑料外壳漏电断路器→出线

知识梳理

施工现场的"1、2、3、4、5 定律"。

"1"——施工现场的一条电路。施工现场临时用电必须统一进行施工组织设计，有统一的临时用电施工方案，一个用电来源，一个临时用电施工、安装、维修、管理队伍。严禁私拉乱接线路，多头取电；严禁施工机械设备和照明各自独立取自不同的用电来源。

"2"——临时用电的两级保护。

"3"——临时用电的三级配电。

"4"——配电箱配置的四个原则。

"5"——TN-S 系统的五芯电缆。在施工现场专用的中性点直接接地的电力系统中，必须采用 TN-S 三相五线制供电系统，要采用五芯电缆。

任务 5.5　绘制临时供电施工图

对于施工现场临时用电工程，由于其设置一般只具有暂设的意义，所以可综合绘出体现设计要求的设计施工图；又由于施工现场临时用电工程相对来说是一个比较简单的用电系统，同时其中一些主要的、相对比较复杂的用电设备的控制系统已由制造厂家确定，无须重新设计。临时供电施工图是施工组织设计的具体表现，也是临时用电设计的重要内容。进行计算后的导线截面及各种电气设备的选择都要体现在施工图中，施工人员依照施工图布置配电箱、开关箱，进行线路敷设。临时供电施工图主要分临时供电平面图和临时供电系统图。

5.5.1 临时供电平面图设计

临时供电平面图的内容应包括以下几点。

（1）在建工程临建、在施、原有建筑物的位置。

（2）电源进线位置、方向及各种供电线路的导线敷设方式、截面、根数及线路走向。

（3）变压器、配电室、总配电箱、分配电箱及开关箱的位置，以及箱与箱之间的电气关系。

（4）施工现场照明及临建内的照明，室内灯具开关控制位置。

（5）工作接地、重复接地、保护接地、防雷接地的位置及接地装置的材料、做法等。

5.5.2 临时供电系统图设计

临时供电系统图是表示施工现场动力及照明供电的主要图纸，其内容应包括以下几点。

（1）标明变压器高压绕组的电压等级，导线截面，进线方式，高/低压绕组的继电保护及电能计量仪表的型号、容量等。

（2）低压绕组供电系统的形式是 TT 还是 TN-S。

（3）各种箱体之间的电气关系。

（4）配电线路的导线截面、型号，专用保护线截面，导线敷设方式及线路走向。

（5）各种电气开关的型号、容量、熔体，自动开关熔断器的整定值、熔断值。

（6）标明各用电设备的名称、容量。

知识梳理

1. 临时供电施工图是临时供电施工组织设计的依据，包括临时供电平面图和临时供电系统图。

2. 临时供电平面图主要表达电源进线位置、三级配电设备的布置等。

3. 临时供电系统图主要表达供电系统形式、三级配电及两级保护的构成形式、配电线缆的规格及敷设方式、开关与控制电气设备的型号等。

技能训练 29　施工现场临时用电负荷计算

某工地施工机械设备如表5-9所示，试进行负荷计算。

表 5-9　某工地施工机械设备

序号	设备名称	数量	额定功率/kW	合计功率/kW	需要系数	$\cos\varphi$	$\tan\varphi$
1	卷扬机	3台	7.5	22.5	0.3	0.7	1.022
2	砂浆机	3台	3	9	0.7	0.68	0.623
3	加压泵	1台	5.5	5.5	0.5	0.8	0.754
4	介木机	4台	3	12	0.7	0.75	0.885

续表

序号	设备名称	数量	额定功率/kW	合计功率/kW	需要系数	cosφ	tanφ
5	振动机	3 台	1.1	3.3	0.65	0.65	1.17 6
6	电焊机	1 台	25.5	25.5	0.45	0.87	0.57 7
7	镝灯	4 个	3.5	14	1	1	0
8	碘钨灯	10 个	1	10	1	1	0
9	其他用电	10	1	10	1	1	0
10	生活用电	10	1	10	1	1	0

技能训练 30　施工现场临时用电施工组织设计的编制

某工程施工现场用电设备如表 5-10 所示，试编制临时用电施工组织设计。

表 5-10　某工程施工现场用电设备

序号	机具名称	型号	安装功率/kW	数量	合计功率/kW
1	塔式起重机	QTZ40	48	1	48
2	建筑施工外用电梯	SCD200/200	30	1	30
3	自落式混凝土搅拌机	JD350	7.5	1	7.5
4	对焊机	UN-100	100	1	100
5	钢筋调直机	GT3/9	7.5	1	7.5
6	钢筋弯曲机	GW40	3	1	3
7	钢筋切断机	QJ40-1	5.5	1	5.5
8	直滚滚丝机	QTG-40	4	1	4
9	木工圆锯	MJ104	3	1	3
10	木工电刨	MIB2-80/1	0.7	1	0.7
11	真空吸水泵	HZX-40	4	1	4
12	高扬程水泵	—	20	1	20
13	插入式振动机	ZX50	1.1	2	2.2
14	平板式振动机	ZB11	1.1	1	1.1
15	交流电焊机	BX3-120-1	9	1	9
16	交流电焊机	BX3-500-2	38.6	1	38.6
17	高压汞灯	—	3	2	6
18	碘钨灯	—	1	5	5
19	白炽灯	—	0.2	10	2
20	空调机	—	1.5	6	9
21	荧光灯	—	0.1	15	1.5
22	碘钨灯	—	1	6	6
23	碘钨灯	—	1	10	10
24	白炽灯	—	0.2	11	2.2

【温馨提示】

编制程序：编制依据→现场勘查与初步设计→负荷计算→选择变压器→设计配电系统→绘制施工图→防雷设计→防护措施→制定安全用电措施和电气防火措施。

思考与练习题 5

1. 建筑施工现场临时用电工程专用的电源中性点直接接地的 220/380V 三相四线制低压电力系统必须符合下列规定（把正确答案填在括号内）。

（1）采用（   ）配电系统。

（2）采用（   ）保护系统。

（3）采用（   ）保护系统。

（4）施工现场所有用电设备除用作（   ）外，必须在设备负荷线的首端设置（   ）保护装置。

（5）每台用电设备应有各自专用的开关箱，必须实行（   ）制，严禁用同一个开关电器直接控制（   ）及以上用电设备（含插座）。

（6）电缆干线应采用（   ）敷设，严禁沿地面敷设，并应避免机械损伤和介质腐蚀。

（7）对于现场照明，地下室和坑井潮湿的场所应使用（   ）安全电压，特别潮湿及金属容器场所应使用（   ）安全电压。

（8）保护中性线不得装设（   ）。

（9）所有灯具的金属外壳应做（   ）。

（10）在 TN-S 五线制配电线路中，保护中性线截面不小于相线截面的（   ）％。

（11）必须在保护中性线首端、现场中端、末端设置（   ），其接地电阻值不大于（   ）Ω。

2. 什么是三级配电？

3. 什么是两级保护？

4. 总结施工现场临时用电负荷计算的思路与步骤。

 扫一扫做测试：施工现场临时用电在线测试

5. 如何确定临时用电变压器的台数？

6. 简述建筑工地的配电箱配置要遵循的原则。

7. 说明施工现场总配电箱的内设配置。

8. 说明施工现场分配电箱的内设配置。

9. 说明施工现场开关箱的内设配置。

项目6

建筑电气安全系统设计

教学导航

教	项目简介	在日常生活中，照明设备的应用和分布很广泛，而且线路分支较复杂，为了保障照明设备和人身的安全，必须重视照明设备及其线路的电气安全。保护接地和防雷接地可有效地实现设备与线路的电气安全。在本项目中，以住宅为例，主要介绍建筑物防雷、接地、等电位连接等内容，以及安全用电的基本知识
	教学载体	以学生宿舍楼的防雷与接地设计为教学载体，介绍建筑物防雷与接地设计的要求和方法
	推荐教学方式	分组学习、角色扮演
	建议学时	8 学时
学	学生知识储备	1. 建筑构造与识图的基本知识； 2. 防雷设计规范的基本知识
	能力目标	熟悉防雷设计规范，掌握建筑防雷和接地系统的设计方法；具有系统中所用设备的选型及电路接线技能；具有接地电阻的测试能力；能独立完成防雷接地系统的设计、设备选型与接线安装任务；在了解线路的形式和设备组成的基础上进行接地设计和防雷设计

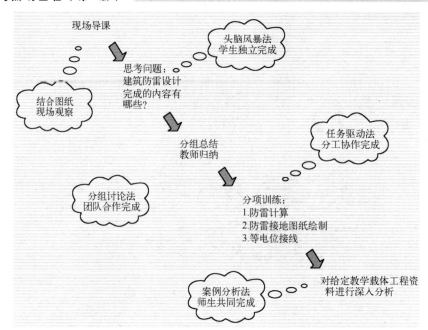

教学过程示意图

现场导课

头脑风暴法
学生独立完成

思考问题：
建筑防雷设计
完成的内容有
哪些？

结合图纸
现场观察

任务驱动法
分工协作完成

分组总结
教师归纳

分组讨论法
团队合作完成

分项训练：
1.防雷计算
2.防雷接地图纸绘制
3.等电位接线

案例分析法
师生共同完成

对给定教学载体工程资
料进行深入分析

训练方式和手段

整个训练分为4个阶段：
第1阶段
训练目的：结合工程图纸和现场熟悉防雷接地工程涉及的内容。

训练方法：现场参观。

问题如下：

1. 防雷接地图纸表达的内容有哪些？

2. 防雷设计的计算内容有哪些？

3. 等电位连接的种类有哪些？

第2阶段
训练目的：结合教学载体任务完成防雷相关计算。

训练方法：分组训练。

训练步骤：

1. 总结设计中需要的计算数据。

2. 各组将总结结果进行表述。

3. 各组之间相互讨论。

4. 教师给出完整答案。

5. 学生完成相应的公式汇总。

6. 依据任务要求进行计算。

第3阶段
训练目的：绘制防雷设计平面图。

训练方法：利用多媒体教室进行教学。

训练步骤：

1. 熟悉软件的使用方法。

2. 学生个人绘制平面图。

3. 小组研究，确定最终方案。

4. 分组汇报，图纸展示与评价。

第4阶段

训练目的：等电位接线。

训练方法：现场操作。

内容如下：

1. 局部等电位接线训练。

2. 总等电位接线训练。

学生学习成果展示：

1. 防雷计算书。

2. 防雷接地平面图。

3. 等电位接线图。

教学载体　学生宿舍楼防雷与接地设计

【设计条件】

扫一扫看视频：
建筑物防雷基本
概念与防雷装置

某大学学生宿舍楼的建筑面积为 6 735m²，总高度为 30.10m，其中主体檐口距地面 23.9m，其屋顶防雷平面图如图 6-1 所示。

【设计范围】

防雷设计、接地设计。

【设计要点提示】

（1）本建筑属于三类防雷建筑物。

（2）接闪线应选 d10mm 镀锌圆钢，沿屋顶女儿墙、突出屋面的楼梯间屋顶四周敷设，支架高度为 100mm，支撑点间距不大于 1.0m，转弯处不大于 0.5m，详见《建筑物、构筑物防雷设施安装》（图集编号 D562）。

（3）引下线利用构造柱内主筋，具体如图 6-1 所示。钢筋应通长焊接，其上端用 d10mm 圆钢与接闪器焊接，详见《利用建筑物金属体做防雷及接地装置》（图集编号 15D503）。引下线下端应与接地装置焊接，且在室外地面下 0.8m 处焊出一根 d12mm 镀锌圆钢，伸向室外，距外墙边的距离不小于 1.0m。引下线距室外 0.5m 高处用一块 60mm×6mm、$L=100$mm 的扁钢做预埋连接板，供测试用，具体位置如图 6-1 所示，做法详见 15D503。

（4）利用全部基础内钢筋通焊做接地体，其中两根筋需要焊接成电气通路，做法详见 86SD566。

（5）架空和直埋地的金属管道在进出建筑物处应就近与防雷装置相连。

（6）低压配电系统接地形式为 TN-S 系统，由变电所引出专用保护线，与零线严格分开，

建筑供电与照明工程（第2版）

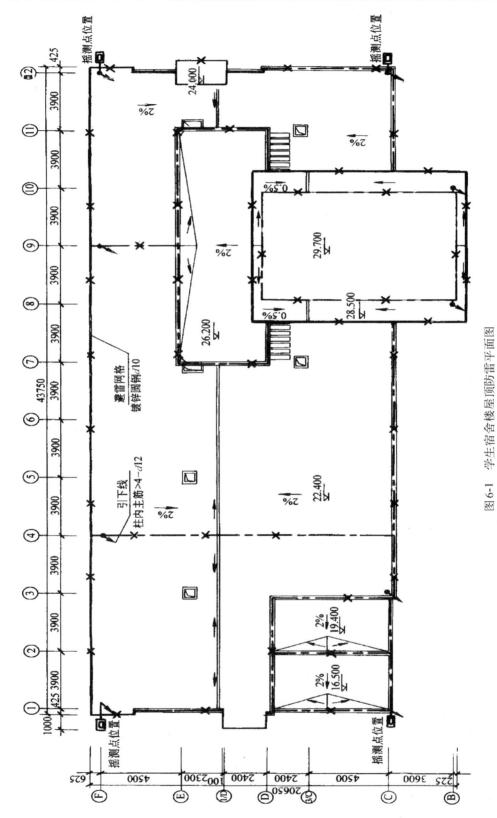

图6-1　学生宿舍楼顶层屋顶防雷平面图

204

所有正常不带电金属构架等均应与专用保护线进行良好的电气连接。专用保护线干线为 40mm×4mm 镀锌扁钢，沿电缆沟和桥架敷设。重复接地与防雷接地及弱电系统接地公用接地极，综合接地电阻值不大于 1Ω，当实测不符时，应补打人工接地极。

任务 6.1　防雷系统设计

6.1.1　防雷系统分类

建筑物根据其重要性、使用性质、发生雷电事故的可能性和后果，按防雷要求分为 3 级，对防雷设计有不同的要求。

1. 一类防雷建筑物

1）防直击雷的措施

扫一扫看 PPT：住宅建筑防雷设计

（1）装设独立接闪杆或架空接闪线（网）等接闪器，使被保护建筑物的风帽、放散管等突出屋面的物体均处于接闪器的保护范围内。接闪网的网格尺寸不应大于 5m×5m 或 6m×4m。

（2）独立接闪杆的杆塔、架空接闪线的端部和架空接闪网的各支柱处应至少设一根引下线。对用金属制成的或有焊接、绑扎连接钢筋网的杆塔、支柱，宜利用其作为引下线。

（3）独立接闪杆和架空接闪线的支柱及其接地装置至被保护建筑物及与其有联系的管道、电缆等金属物之间的距离不得小于 3m。

（4）架空接闪线至屋面和各种突出屋面的风帽、放散管等物体之间的距离不得小于 3m。

（5）独立接闪杆、架空接闪线或架空接闪网应有独立的接地装置，每一引下线的冲击接地电阻值不宜大于 10Ω。在土壤电阻率高的地区，可适当增大冲击接地电阻值。

（6）引下线不应少于两根，并应沿建筑物的四周均匀或对称布置，其间距沿周长计算不宜大于 12m。

2）防雷电感应的措施

（1）建筑物内的设备、管道、构架、电缆的金属外皮、钢屋架、钢窗等金属物均应接到防雷电感应的接地装置上。金属屋面周边每隔 18～24m 应采用引下线接地一次。

（2）当平行敷设的管道、构架、电缆的金属外皮等长金属物的净距小于 100mm 时应采用金属线跨接，跨接点的间距不应大于 30m；当交叉净距小于 100mm 时，其交叉处应跨接。

（3）防雷电感应的接地装置应和电气设备的接地装置公用，其工频接地电阻值不应大于 10Ω。屋内接地干线与防雷电感应接地装置的连接不应少于两处。

3）防雷电波侵入的措施

扫一扫看动画：雷电波侵入

（1）低压线路宜全线采用电缆直接埋地敷设，在入户端应将电缆的金属外皮、钢管接到防雷电感应的接地装置上。架空线应使用一段金属铠装电缆或护套电缆穿钢管直接埋地引入，其埋地长度不应小于 15m。在电缆与架空线连接处应装设接闪器，接闪器、电缆的金属外皮、钢管和绝缘子的铁脚、金具等连在一起接地，冲击接地电阻值不宜大于 10Ω。

（2）对于架空金属管道，在进出建筑物处，应与防雷电感应的接地装置相连。距离建筑物 100m 内的管道，应每隔 25m 左右接地一次，冲击接地电阻值不宜大于 30Ω，并应利用金属支架或钢筋混凝土支架的焊接、绑扎钢筋网作为引下线，其钢筋混凝土基础宜作为接地装置。对于埋地或地沟内的金属管道，在进出建筑物处应与防雷电感应的接地装置相连。

4）当建筑物高于30m时，应采取防侧击雷的措施

（1）从30m起每隔不大于6m沿建筑物四周设水平接闪带，并与引下线相连。

（2）30m及以上外墙上的栏杆、门窗等较大的金属物与防雷装置连接。

（3）在电源引入的总配电箱处装设过电涌保护器。

2. 二类防雷建筑物

19层以上的住宅建筑和高度超过50m的其他民用建筑物属于二类防雷建筑物。

1）防直击雷的措施

（1）建筑物上的接闪杆或接闪网（带）混合组成接闪器，接闪网的网格尺寸不应大于10m×10m或12m×8m。

（2）至少设两根引下线，在建筑物的四周均匀或对称布置，其间距不宜大于18m。

（3）每一引下线的冲击接地电阻值不宜大于10Ω。防直击雷接地可与防雷电感应、电气设备等的接地公用同一接地装置，也可与埋地金属管道相连。当不公用、不相连时，两者之间的距离不得小于3m。在公用接地装置与埋地金属管道相连的情况下，接地装置应围绕建筑物敷设成环形接地体。

（4）对于敷设在混凝土中作为防雷装置的钢筋或圆钢，当仅有一根时，其直径不应小于10mm。作为防雷装置的混凝土构件内有箍筋连接的钢筋，其截面总和不应小于一根10mm钢筋的截面。

2）防雷电感应的措施

（1）建筑物内的设备、管道、构架等金属物就近接到防直击雷接地装置或电气设备的保护接地装置上。

（2）防雷电感应的接地干线与接地装置的连接不应少于两处。

（3）平行敷设的管道、构架、电缆的金属外皮等长金属物与一类防雷建筑物的防雷措施相同。

3）防雷电波侵入的措施

（1）低压线路宜全线采用电缆直接埋地敷设或敷设在架空金属线槽内的电缆引入时，在入户端应将电缆的金属外皮、金属线槽接地。架空线应使用一段金属铠装电缆或护套电缆穿钢管直接埋地引入，其埋地长度不应小于15m。在电缆与架空线连接处应装设避雷器，避雷器、电缆的金属外皮、钢管和绝缘子的铁脚、金具等连在一起接地，冲击接地电阻值不宜大于10Ω。

（2）对于架空金属管道，在进出建筑物处，应就近与防雷电感应的接地装置相连。当不连接时，架空管道应接地，距离建筑物25m接地一次，冲击接地电阻值不宜大于10Ω。

4）当建筑物高于45m时，应采取防侧击雷和等电位的保护措施

（1）利用钢柱或柱子钢筋作为防雷装置引下线。

（2）30m及以上外墙上的栏杆、门窗等较大的金属物与防雷装置连接。

（3）竖直敷设的金属管道及金属物的顶端和底端与防雷装置连接。

3. 三类防雷建筑物

1）防直击雷的措施

（1）建筑物上的接闪杆或接闪网（带）混合组成接闪器，接闪网的网格尺寸不应大于20m×20m或24m×16m。

（2）至少设两根引下线，在建筑物的四周均匀或对称布置，其间距不应大于25m。

（3）每一引下线的冲击接地电阻值不宜大于30Ω，公共建筑物不大于10Ω，其接地装置与电气设备等接地公用，也可与埋地金属管道相连。当不公用、不相连时，两者之间的距离不得小于2m。在公用接地装置与埋地金属管道相连的情况下，接地装置应围绕建筑物敷设成环形接地体。

2）防雷电波侵入的措施

低压线路宜全线采用电缆直接埋地敷设或敷设在架空金属线槽内的电缆引入时，在入户端应将电缆的金属外皮、金属线槽接地。在电缆与架空线连接处应装设避雷器、避雷器、电缆的金属外皮、钢管和绝缘子的铁脚、金具等连在一起接地，冲击接地电阻值不宜大于30Ω。

3）建筑物高于60m时应采取的防雷措施

当建筑物高于60m时，60m及以上外墙上的栏杆、门窗等较大的金属物与防雷装置连接。

扫一扫看PPT：建筑物防雷措施及防雷装置的选择

6.1.2　民用建筑防直击雷的装置

防雷装置包括外部防雷装置和内部防雷装置，外部防雷装置由接闪器、引下线和接地装置构成；内部防雷装置包括接闪器、电涌保护器、等电位连接、电磁屏蔽等。

《建筑物防雷设计规范》（GB 50057—2010）规定，各类防雷建筑物应设防直击雷的外部防雷装置，并应采取防闪电电涌侵入的措施。民用建筑的防雷措施原则上以防直击雷为主要目的，防直击雷的装置一般由外部防雷装置完成，如图6-2所示。

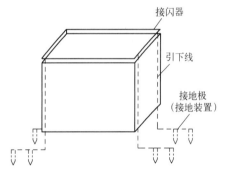

图6-2　外部防雷装置的构成

1. 接闪器

接闪器是直接接受雷击的接闪杆、接闪带（线）、接闪网，以及用于接闪的金属屋面和金属构件等。

1）接闪器的材料及应用

根据接闪器类型的不同，选用镀锌圆钢、镀锌钢管和镀锌钢绞线。接闪器的材料及适用场合如表6-1所示。

表6-1　接闪器的材料及适用场合

种类	安装部位	材料规格	备注
接闪杆	屋面	针长1m以下： 圆钢直径12mm，钢管直径20mm	接闪杆的保护角：平原地区为45°，山区为37°
		针长12m： 圆钢直径16mm，钢管直径25mm	
	烟囱、水塔	圆钢直径20mm 钢管直径40mm	
接闪带、接闪网	屋面	圆钢直径8mm 钢管直径48mm，厚度4mm	屋角、屋脊、檐角、女儿墙等
接闪环	烟囱、水塔顶部	圆钢直径12mm 钢管直径100mm，厚度4mm	
接闪线	架空线路的杆、塔	镀锌钢绞线截面不小于35mm²	跨度过大时应做机械强度验算

2）接闪器规格的选择

对于屋顶宽大的建筑物，通常采用接闪带或接闪网作为接闪器，如果屋顶上有突出的金属物，那么还应该同时选用接闪杆作为接闪器。

建筑物防雷等级不同，接闪网的网格大小就不同，如表6-2所示。

表6-2　不同防雷等级接闪网的网格大小

建筑物的防雷等级	接闪网的网格大小/m
一类防雷建筑物	5×5 或 6×4
二类防雷建筑物	10×10 或 12×8
三类防雷建筑物	20×20 或 24×16

2. 引下线

1）对引下线的要求

引下线是指连接接闪器和接地装置的金属导体。

（1）引下线应沿建筑物的外墙敷设，并经最短路径接地，对建筑艺术要求较高的可进行暗敷设，但截面应加大一级。

（2）建筑物的金属构件（如消防梯等）、金属烟囱、烟囱的金属爬梯等可作为引下线，但其所有部件之间均应连成电气通路。

（3）当利用建（构）筑物钢筋混凝土中的钢筋作为防雷引下线时，其上部（屋顶上）应与接闪器焊接，下部在室外地坪下 0.8～1m 处焊接出一根 $\phi12mm$ 或 40mm×4mm 的镀锌导体。此导体伸向室外，距墙外皮的距离不宜小于1m，并符合下列要求。

① 当钢筋直径为 16mm 及以上时，应利用 2 根钢筋（绑扎或焊接）作为一组引下线。

② 当钢筋直径为 10mm 及以上时，应利用 4 根钢筋（绑扎或焊接）作为一组引下线。

（4）当建（构）筑物钢筋混凝土内的钢筋具有贯通性连接（绑扎或焊接），并满足要求（3）时，竖向钢筋可作为引下线，横向钢筋若与引下线有可靠的连接（绑扎或焊接），则可作为均压环。

2）引下线的规格

引下线的规格如表6-3所示。

表6-3　引下线的规格

种类	安装部位	材料规格	备注
人工引下线	外墙 （经最短路径接地）	圆钢直径为 8mm 扁钢截面为 48mm² 厚度为 4mm	1. 当有多根引下线时，为便于测量接地电阻值，在各引下线距地 0.3～1.8m 处设置断接卡； 2. 在易受机械损伤的地方，地上约 1.7m 至地下 0.3m 的一段接地线应暗敷设或由镀锌角钢、改性塑料管或橡胶管保护
建筑物的金属构件、金属烟囱、金属爬梯	烟囱、水塔	圆钢直径为 12mm 扁钢截面为 100mm² 厚度为 4mm	

3. 接地装置

对接地装置的要求如下。

（1）垂直接地体的长度宜为 2.5m，为了减小相邻接地体间的屏蔽效应，垂直接地体间的距离及水平接地体间的距离一般为 5m，当受地方限制时，可适当减小。

（2）接地体埋设深度不宜小于 0.6m，接地体应远离由于高温影响（如烟道等）而使土壤电阻率升高的地方。

（3）为降低跨步电压，防直击雷的人工接地装置距建筑物入口处及人行道不应小于 3m，当小于 3m 时，应采取下列措施之一。

① 水平接地体局部深埋不应小于 1m。

② 水平接地体局部包以绝缘物（如 50～80mm 厚的沥青层）。

③ 采用沥青碎石地面或在接地装置上面敷设 50～80mm 厚的沥青层，其宽度超过接地装置 2m。

（4）当基础采用以硅酸盐为基料的水泥和周围土壤的含水量不低于 4%，以及基础的外表面无防腐层或有沥青质的防腐层时，钢筋混凝土基础内的钢筋宜作为接地装置，并应符合下列条件。

① 每根引下线处的冲击接地电阻值不宜大于 5Ω。

② 敷设在钢筋混凝土中的单根钢筋或圆钢的直径不应小于 10mm。被作为防雷装置的混凝土构件、被用于箍筋连接的钢筋，其截面总和不应小于一根直径为 10mm 的钢筋的截面。

（5）沿建筑物外面四周敷设成闭合环状的水平接地体，可埋设在建筑物散水及灰土基础以外的基础槽边上。

技能训练 31　高层建筑的防雷设计与施工

均压措施：高层建筑物必然为钢筋混凝土结构、钢结构，应充分使用其金属物作为防雷装置的一部分，将其金属物尽可能连成整体。钢筋混凝土构件和钢构架中的钢筋应互相连接，构件之间必须连接成电气通路，使整个建筑物处于均压中。

防侧击雷措施：金属幕墙、铝合金门窗框架等较大的金属物如果与地面的距离等于滚球半径及以上，则应将其与防雷装置连接，这是首先应采取的防侧击雷的措施。

金属幕墙的连接导体必须敷设在金属幕墙的金属立柱与连接圈梁或柱子钢筋的预埋件之间，使金属幕墙与整个建筑物的防雷装置连接成电气通路。如果施工时没有埋设预埋件，而用膨胀螺栓固定金属幕墙的安装锚板，则必须先采用不小于 8mm 直径的圆钢或 4mm×12mm 扁钢将每层每块锚板串起来，形成自身的防雷体系，然后与主体结构的防雷体系可靠连接，连接间距参照接闪网网格尺寸。

铝合金门窗连接导体的敷设必须在铝合金门窗框定位后、墙面装饰层或抹灰层施工前进行，连接导体应采用截面不小于 100mm² 的钢材，用铆钉或螺钉紧固于窗框上。连接导体引出端应采用不小于 8mm 直径的圆钢或 4mm×12mm 扁钢，连接导体引出端与防雷装置引出线进行搭接焊接时，搭接长度必须≥50mm，满焊缝。

6.1.3　防雷计算

1. 雷击次数的计算

雷击次数是确定建筑物防雷类别（防雷等级）的重要依据之一。

 扫一扫看 PPT：住宅建筑防雷设计（防雷计算）

 扫一扫看视频：年预计雷击次数的计算

（1）基本公式：

$$N = k \times N_g \times A_e$$

式中，N 为建筑物年预计雷击次数（次/a）；k 为校正系数，在一般情况下取 1，位于河边、湖边、山坡下或山地中土壤电阻率较小处、地下水露头处、土山顶部、山谷风口等处的建筑物及特别潮湿的建筑物取 1.5，金属屋面没有接地的砖木结构建筑物取 1.7，位于山顶或旷野的孤立建筑物取 2；N_g 为建筑物所处地区雷击大地的年平均密度（次/km²·a）；A_e 为与建筑物接收相同雷击次数的等效面积（km²）。

扫一扫看视频：年预计雷击次数的计算案例

（2）N_g 的确定：计算公式为 $N_g = 0.1Td$，其中 Td 为暴雷日数。

（3）A_e 的计算（见图 6-3）。当建筑物的高度不超过 100m，即 $H<100\text{m}$ 时，有

扫一扫看 PPT：建筑物防雷等级的确定

$$A_e = \left[LW + 2(L+W)\sqrt{H(200-H)} + \pi H(200-H) \right] \times 10^{-6} \text{m}^2$$

当建筑物的高度不超过 100m，即 $H \geqslant 100\text{m}$ 时，有

$$A_e = \left[LW + 2H(L+W) + \pi H^2 \right] \times 10^{-6} \text{m}^2$$

2. 接闪杆保护范围的计算

接闪杆保护范围的确定方法有保护角法和滚球法。下面介绍使用滚球法对单根接闪杆保护范围的计算。

扫一扫看视频：采用滚球法确定接闪杆保护范围案例

（1）当接闪杆高度 $h \leqslant h_r$ 时，首先，根据建筑物的防雷等级确定滚球半径，如表 6-4 所示。

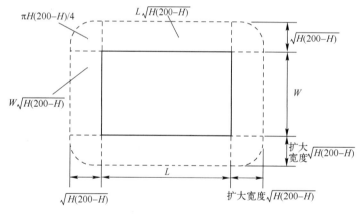

图 6-3 建筑屋顶防雷计算的等效面积

表 6-4 单根接闪杆时滚球半径的选择

建筑物的防雷等级	滚球半径/m
一类防雷建筑物	30
二类防雷建筑物	45
三类防雷建筑物	60

然后按照如图 6-4 所示的方法画出单根接闪杆的保护范围并进行相应的计算。具体的画法如下。

① 在距地面 h_r 处作一平行于地面的平行线。

② 以针尖为圆心、以 h_r 为半径作弧线，交于平行线上的 A、B 两点。

③ 以 A、B 为圆心，以 h_r 为半径作弧线，该弧线与针尖相交并与地面相切，从此弧线起到地面上就是单根接闪杆的保护范围。

接闪杆在 h_r 高度的 xx' 平面上的保护半径 r_x 可由下式计算：

$$r_x = \sqrt{h(2h_r - h)} - \sqrt{h_x(2h_r - h_x)}$$

接闪杆在地面上的保护半径 r_0 可由下式确定：

$$r_0 = \sqrt{h(2h_r - h)}$$

（2）当 $h > h_r$ 时：如果接闪杆的高度超过滚球半径，那么其在地面上的保护半径 r_0 即 h_r。画法为：在接闪杆上取高度为 h_r 的一点代替针尖作为圆心，其余画法同上。

此时，接闪杆在 h_r 高度的 xx' 平面上的保护半径 r_x 可由下式计算：

$$r_x = h_r - \sqrt{h_x(2h_r - h_x)}$$

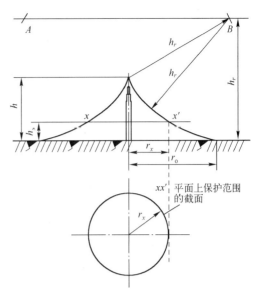

图 6-4 单根接闪杆保护范围

知识梳理

1. 建筑物按防雷要求分为 3 级：一类防雷建筑物、二类防雷建筑物和三类防雷建筑物。

2. 19 层以上的住宅建筑和高度超过 50m 的其他民用建筑物属于二类防雷建筑物。

扫一扫看视频：采用滚球法确定接闪杆保护范围计算案例

3. 民用建筑的防雷以防直击雷为主要目的，防直击雷的装置一般由接闪器、引下线和接地装置 3 部分组成。

4. 在确定接闪杆的保护范围时通常采用滚球法。

任务6.2 接地系统设计

6.2.1 接地系统的类型及要求

电气系统（包括电力装置和电子设备）的接地可分为功能性接地和保护性接地。

功能性接地包括电力系统中性点接地、防雷接地及电子设备的信号接地（为保证信号具有稳定的基准电位而设置的接地）、功率接地（除电子设备系统以外的其他交、直流电路的工作接地）、电子计算机的直流接地（包括逻辑及其他模拟量信号系统的接地）和交流工作接地。

保护性接地包括电力用电设备、电子设备和电子计算机等的安全保护接地（包括保护接地和接零）。

1. 各种接地的要求

1）低压配电系统接地的基本要求

电气装置的外露导电部分应与保护线连接；能同时触及的外露导电部分应接至同一接地系统；建筑物电气装置应在电源进线处做总等电位连接；TN 系统和 TT 系统应装设能迅速自动切除接地故障的保护电器；IT 系统应装设能迅速对接地故障做出反应的信号电器，必要时

可装自动切除接地故障的电器；对于 TN 系统，N 线与 PE 线分开后，N 线不得再与任何"地"做电气连接。

2）电气装置接地

（1）保护接地的范围。应接地或接 PE 线（专用保护线）的电气设备外露导电部分及装置外导电部分有：电器的柜、屏、箱的框架，金属架构和钢筋混凝土架构，以及靠近带电体的金属围栏和金属门；电缆的金属外皮，穿导线的钢管和电缆接线盒、终端盒的金属外壳等。

除另有要求外，可不接地或接 PE 线的电气设备外露导电部分有：正常环境干燥场所交流标称电压 50V 以下、直流 120V 以下电气设备（Ⅲ级设备）的金属外壳；安装在电器屏、柜上的电器和仪器外壳；安装在已接地的金属架构上的设备，如套管等（应保证电气接触良好）。

（2）电气装置接地的一般要求。保护性接地和功能性接地可采用共同的或分开的接地系统；在建筑物的每个电源进线处应做总等电位连接。

3）信息系统接地

建筑物内的信息系统（电子计算机、通信设备、控制装置等）接地分信号地和安全地两种。

除非另有规定，一般信息系统接地应采取单点接地方式。竖向接地干线采用 $35mm^2$ 的多股铜芯线缆（如 VV-1kV-1×35）穿金属管、槽敷设，其位置宜设置在建筑物的中间部位，尤其不得与防雷引下线相邻平行敷设，以避免防雷引下线的强磁场干扰，并严禁再与任何"地"有电气连接。另外，金属管、槽还必须与 PE 线连接。由设备至接地母线的连接导线应采用多股编织铜线，且应尽量缩短连接距离。

各种接地宜公用一组接地装置，接地电阻值不大于 1Ω。若信号接地采用独立的专用接地系统，则它与其余接地系统的地中距离不宜小于 20m。当建筑物未装设防雷装置时，专用接地系统宜与保护接地系统分开。信息系统接地如图 6-5 所示。

4）防静电接地

凡可能产生静电危害的管道和设备均应接地，一般接地点不少于两处。对于电子计算机房、洁净室、手术室等房间，一般采用接地的导静电地面或导静电活动地板。对于专门用于防静电接地的接地系统，其接地电阻值不宜大于 100Ω，若与其他接地公用接地系统，则接地电阻值应符合其中的最小值要求。为保证人员安全，防静电接地的接地线应串联一个 1MΩ

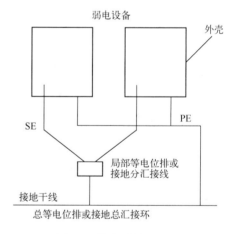

图 6-5　信息系统接地

的限流电阻，即通过限流电阻与接地装置相连，防静电接地的接地线截面不小于 $6mm^2$。

2. 接地装置

接地装置包括接地体、接地线和接地母线。

接地体和接地线的设置应满足以下条件：接地电阻值应能始终满足工作接地和保护接地规定值的要求；应能安全地通过正常漏电电流和接地故障电流；选用的材质及规格在其所在的环境内应具备相当的抗机械损伤、腐蚀和其他有害影响的能力。

应充分利用自然接地体（如水管、基础钢筋、电缆金属外皮等），但应注意的是，所选用的自然接地体应满足热稳定的条件；应保证接地装置的可靠性，不致因某些自然接地体的变动而受影响（例如，当用自来水管作为自然接地体时，应与其主管部门协议，在检修水管时，应事先通知电气人员做好跨接线，以保证接地始终接通有效）；为安全起见，在利用自然接地体时，应采用至少两种自然接地体，如在利用水管的同时利用基础钢筋；可燃液体或气体及供暖管道禁止用作保护接地体。

人工接地体可以采用水平敷设的圆钢或扁钢，以及垂直敷设的角钢、钢管或圆钢，也可以采用金属接地板。人工接地体一般优先采用水平敷设方式。

人工接地体常用材料规格：镀锌圆钢 d20mm，镀锌钢管 SC40，镀锌角钢 50mm×50mm×5mm，镀锌扁钢 40mm×4mm（腐蚀性较强或重要场所所用规格为 50mm×5mm），铜板 1 000mm×1 000mm×10mm 或 1 500mm×1 500mm×10mm。

接地母排或总接地端子作为一建筑物电气装置内的参考电位点，通过它将电气装置的外露导电部分与接地体相连接，也通过它将电气装置内的诸个总等电位连接线互相连通。接地母线宜靠近电源进线配电箱装设，每一电源进线配电箱都应设置单独的接地母排，且不应与配电箱的 PE 线或 PEN 线母线合用，以便在近旁无带电导体条件下安全地进行定期检验。接地母排可嵌墙暗装，也可在墙面明装，但都必须加门或加罩保护，且必须用钥匙或工具才能开启，以防无关人员误动。总等电位排可采用 100mm×10mm×1 000mm 或 100mm×7mm×1 000mm 的扁铜板，每隔 50mm 钻 $\phi(21\sim25)$mm 的圆孔，供等电位连接用。

对于地下等电位连接，一般要求地面上任意一点距接地体不超过 10m，即要求地面下有 20m×20m 的金属网格。由于高层建筑一般采用基础钢筋作为接地体，因此，要求将作为接地体的基础钢筋做成不大于 20m×20m 的网格。

6.2.2 民用建筑接地保护系统设计

1. 普通住宅接地保护系统设计

1）电源

住宅楼的低压配电系统应采用 TN-C-S 系统，由小区变电所以 TN-C 系统采用三相四线制电缆向住宅楼的总开关箱供电，在电源线入户处重复接地。

重复接地的做法是由专用接地极或基础接地网在总开关箱对应的位置处焊接出一根 ϕ10mm 的镀锌圆钢（或 40mm×4mm 的镀锌扁钢）到总开关箱的接地端子，由小区变电所引来供电的铠装电缆外皮或普通电缆所穿的保护钢管均应与此接地端子焊接相连，电缆的中性线也与此接地端子焊接相连。

重复接地的接地电阻值应≤10Ω，若防雷接地、中性点接地、保护接地公用接地极，则此电阻值应≤1Ω。

2）配线

自楼内总开关箱开始，中性线（N 线）与保护线（PE 线）严格分开，从总开关箱至各单元的电表箱采用三相五线制电缆，其中一芯为专用 PE 线，或者采用三相四线制电缆和一根导线作为 PE 线。

各单元的电表箱中也各设一接地端子，从电表箱至住户终端配电箱用 BV 导线作为 PE 线，从住户终端配电箱至用电设备的插座均用导线作为 PE 线，但截面不小于 2.5mm^2。

3）等电位保护

住宅楼应采用两级等电位保护，一是整栋住宅楼的总等电位连接，二是每户住宅卫生间的辅助等电位连接。

4）漏电保护

从全面防火及人身安全保护的角度出发，漏电开关最好设于住宅楼的电源总进线处或住户终端配电箱的进线处。

对四极开关，要求分断时必须先断开 L 线，后断开 N 线；接通时先接通 N 线，后接通 L 线。单相支路 L 线和 N 线可同时断开。

2. 智能化住宅接地保护系统设计

智能化住宅应设置电子设备的直流接地、交流工作接地、安全保护接地、防雷保护接地。此外，如果智能化住宅内具有防静电要求的程控交换机房、计算机房、消防及火灾报警监控室，以及大量易受电磁波干扰的精密电子仪器设备，则在智能化住宅的设计和施工中，还应考虑防静电接地和屏蔽接地的要求。一般智能化住宅应采取的各种接地措施有以下几种。

1）防雷接地

智能化住宅内有电子设备与布线系统，如通信系统、火灾报警控制系统、保安监控系统、闭路电视系统等，以及与其相对应的布线系统。因此智能化住宅的防雷接地设计必须严密可靠。智能化住宅的所有功能性接地必须以防雷接地系统为基础，并建立严密完整的防雷结构。

有的智能化住宅属于一级负荷，应按一级防雷建筑物的保护措施进行设计，接闪器采用针带组合接闪器；接闪带采用 25mm×4mm 镀锌扁钢，在屋顶组成 ≤10m×10m 的网格，将该网格与屋面金属构件进行电气连接，并与大楼柱子钢筋进行电气连接；引下线利用柱子钢筋、圈梁钢筋、楼层钢筋与防雷系统连接，外墙面的所有金属构件也应与防雷系统连接，柱子钢筋与接地体连接，组成具有多层屏蔽的笼形防雷体系。这样不仅可以有效防止雷击损坏楼内设备，还能防止外来的电磁干扰。

各类防雷接地装置的工频接地电阻值一般应根据落雷时的反击条件确定。若防雷装置与电气设备的工作接地共享一个总的接地网，则接地电阻值应符合其最小值要求。

2）交流工作接地

将电力系统中的某一点直接或经特殊设备（如阻抗、电阻等）与大地进行金属连接称为工作接地。工作接地主要指的是变压器中性点或 N 线接地。N 线必须用铜芯绝缘线。在配电中若存在辅助等电位接线端子，则其一般均在箱柜内。必须注意的是，该接线端子不能外露，不能与其他接地系统，如直流接地、屏蔽接地、防静电接地等混接，也不能与 PE 线连接。

在高压系统中，采用中性点接地方式可使接地继电保护准确动作并消除单相电弧接地过电压。中性点接地可以防止零序电压偏移，保持三相电压基本平衡，这对于低压系统很有意义，可以方便它使用单相电源。

3）安全保护接地

安全保护接地就是将电气设备不带电的金属部分与接地体之间进行良好的金属连接，即将大楼内的用电设备及设备附近的一些金属构件用 PE 线连接起来，但严禁将 PE 线与 N 线连接起来。

在智能化住宅内，要求安全保护接地的设备非常多，有强电设备、弱电设备，以及一些非带电导电设备与构件，均必须采取安全保护接地措施。

在中性点直接接地系统中，接地短路电流经人体、大地流回中性点；在中性点非直接接地系统中，接地电流经人体流入大地，并经线路对地电容构成通路。这两种情况都会造成人身触电危险。

如果装有接地装置电气设备的绝缘损坏而使外壳带电，那么接地短路电流将同时沿着接地体和人体两条通路流过。接地电阻越小，流经人体的电流越小，通常人体电阻要比接地电阻大数百倍，经过人体的电流也比流过接地体的电流小数百倍。当接地电阻极小时，流过人体的电流几乎等于零。实际上，由于接地电阻很小，接地短路电流流过时所产生的压降很小，所以设备外壳对大地的电压不高。当人站在大地上碰触设备的外壳时，人体所承受的电压很低，不会有危险。

加装保护接地装置并降低它的接地电阻不仅是保障智能化住宅电气系统安全、有效运行的有效措施，也是保障住宅内设备及人身安全的必要手段。

4）直流接地

在一栋智能化住宅内，包含大量的计算机、通信设备，这些电子设备在输入信息、传输信息、转换能量、放大信号、逻辑动作、输出信息等一系列过程中都是通过微电位或微电流快速进行的，且设备之间常要通过网络进行工作。因此，为了使其准确性高、稳定性好，除需要有一个稳定的供电电源外，还必须具备一个稳定的基准电位。此时，可采用较大截面的绝缘铜芯线作为引线，一端直接与基准电位连接，另一端供电子设备直流接地。该引线不宜与 PE 线连接，严禁与 N 线连接。

5）屏蔽接地

在智能化住宅内，电磁兼容设计是非常重要的，为了避免所用设备的机能障碍，避免甚至会出现的设备损坏情况，构成布线系统的设备应当能够防止内部自身传导和外来干扰。这些干扰的产生或者是因为导线之间的耦合现象，或者是因为电容效应或电感效应。干扰的主要来源是超高电压、大功率辐射电磁场、自然雷击和静电放电。这些现象会对设计用来发送或接收很高传输频率的设备产生很大的干扰。因此必须对这些设备及其布线采取保护措施，使其免受来自各方面的干扰。屏蔽和正确接地是防止电磁干扰的最佳保护方法。具体做法如下。

（1）将设备外壳与 PE 线连接。

（2）导线的屏蔽接地要求屏蔽管路两端与 PE 线可靠连接。

（3）室内屏蔽也应多点与 PE 线可靠连接。

6）防静电接地

防静电干扰也很重要。在洁净、干燥的房间内，人的走步、移动设备、各自摩擦均会产生大量静电。例如，在相对湿度为 10%～20% 的环境中，人的走步可以积聚 35kV 的静电电压，如果没有良好的接地，则会产生对电子设备的干扰，甚至会将设备的芯片击坏。将带静电物体或有可能产生静电的物体（非绝缘体）通过导静电体与大地构成电气回路的接地叫防静电接地。防静电接地要求在洁净、干燥的环境中，所有设备外壳及室内（包括地坪）设施必须均与 PE 线多点可靠连接。

6.2.3　接地电阻设计

扫一扫看 PPT：建筑物接地系统设计　扫一扫看视频：接地装置设计案例分析

1. 独立接地电阻

智能化住宅接地装置的接地电阻越小越好，接地电阻的数值如下。

（1）独立的防雷保护接地电阻值应≤10Ω。

（2）独立的安全保护接地电阻值应≤4Ω。

（3）独立的交流工作接地电阻值应≤4Ω。

（4）独立的直流工作接地电阻值应≤4Ω。

（5）防静电接地电阻值一般要求≤10Ω。

（6）架空线支架铁脚及埋地引入线保护钢管接地电阻值应≤30Ω。

（7）重复接地的接地电阻值应≤10Ω。

建筑物防雷装置散流电阻、供配电系统强弱电接地电阻公用时，其接地电阻值不大于1Ω。

2. 共同接地（联合接地体）

智能化住宅的供电接地系统宜采用 TN-S 系统，按规范宜采用一个总的共同接地装置，即联合接地体。

联合接地体为接地电位基准点，由此分别引出各种功能的接地引线，利用总等电位连接和辅助等电位连接的方式组成一个完整的统一接地系统。具体做法如下。

（1）通常情况下，统一接地系统可利用大楼的桩基钢筋，并用 40mm×4mm 镀锌扁钢将其连成一体，作为自然接地体。

（2）根据规范，该系统与防雷接地系统公用接地电阻，其接地电阻值应≤1Ω。若达不到要求，则必须增加人工接地体或采用化学降阻法，使接地电阻值≤1Ω。

（3）在变配电所内设置总等电位铜排，该铜排一端通过构造柱或底板上的钢筋与统一接地体连接，另一端通过不同的连接端子分别与交流工作接地系统中的 N 线连接，与需要做安全保护接地的各设备连接，与防雷系统连接，与需要做直流接地的电子设备的绝缘铜芯接地线连接。

（4）在智能化住宅中，因为系统采用计算机参与管理或使用计算机作为工作工具，所以其接地系统宜采用单点接地并宜采取等电位措施。单点接地是指保护接地、工作接地、直流接地在设备上相互分开，各自成为独立的系统。可先从机柜引出 3 个相互绝缘的接地端子，再由引线引到总等电位铜排上共同接地。不允许先把 3 种接地连接在一起，再用引线引到总等电位铜排上。

知识梳理

1. 电气系统的接地分为功能性接地和保护性接地，两者均可采用共同的或分开的接地系统。

2. 对于低压配电系统，电气装置的外露导电部分应与 PE 线连接；建筑物电气装置应在电源进线处进行总等电位连接。

3. 对于 TN 系统，N 线与 PE 线分开后，N 线不得再与任何"地"进行电气连接。

4. 在建筑物的每个电源进线处应进行总等电位连接。

5. 接地装置包括接地体、接地线和接地母排，接地电阻值应能始终满足工作接地和保护接地规定值的要求，应能安全地通过正常漏电电流和接地故障电流。

任务6.3　等电位连接

6.3.1　住宅建筑等电位连接的种类

在建筑电气工程中，常见的等电位连接措施有3种，即总等电位连接（MEB）、辅助等电位连接（SEB）和局部等电位连接（LEB），其中局部等电位连接是辅助等电位连接的一种扩展。这三者在原理上都是相同的，不同之处在于它们作用范围和工程做法。

1. 总等电位连接

现在国际上非常重视等电位连接的作用，它对用电安全、防雷及电子信息设备的正常工作和安全使用都是十分必要的。人们熟悉的安全接地也是等电位连接，不过它是以大地电位为参考电位的大范围的等电位连接。根据理论分析，等电位连接的作用范围越大，电气上越安全。如果在住宅楼的范围内做等电位连接，那么其效果当然远优于接地。

总等电位连接是在建筑物电源进线处采取的一种等电位连接措施，一般有总等电位连接端子板，由等电位连接端子板放射连接或链接。总等电位连接端子板所需连接的导电部分如下。

（1）进线配电箱的 PE（或 PEN）母线排。

（2）公共设施的金属管道，如上下水、热力、燃气管道等。

（3）应尽可能包括建筑物的金属结构。

（4）如果有人工接地，那么也包括其接地极引线。

总等电位连接系统示意图如图6-6所示。

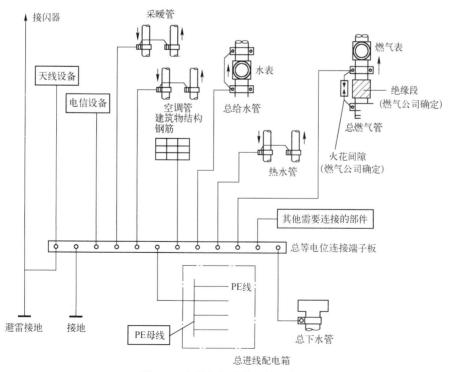

图 6-6　总等电位连接系统示意图

总等电位连接是指将住宅内接地装置引来的接地干扰、进线配电箱的 PE 总母线排、公用设施金属管道、住宅的金属结构及防雷装置等汇接到进线配电箱旁的总接地端子板上，并互相简单连接。总等电位连接的主母线截面应大于装置最大截面的一半，且不应小于 6mm²；若用其他金属材料，则其截面应能承受与之相适应的载流量。

当住宅楼内有人工接地极时，接地极引入线应首先接至接地母排。

住宅楼做总等电位连接后，可防止 TN 系统电源线路中的 PE 线和 PEN 线传导引入故障电压导致电击事故，同时可降低电位差、电弧、电火花发生的概率，避免由接地故障引起的电气火灾事故和人身电击事故。

应注意的是，在与燃气管道做等电位连接时，应采取措施将管道处于建筑物内、外的部分隔离开，以防止将燃气管道作为电流的散流通道（接地极），并且为防止雷电流在燃气管道内产生火花，在隔离两端应跨接火花放电间隙。

保护接地与防雷接地可以采用各自独立的接地体，若采用联合接地体，应将总等电位连接端子板以最短的路径与接地体连接。

若建筑物有多处电源进线，则每一电源进线处都应做总等电位连接，各个总等电位连接端子板应互相连通。

在住宅建筑中，一般防雷接地和系统工作接地采用联合接地体，当雷击接闪器时，很大的雷电流会在接地电阻上产生大的压降，这个电压通过接地体传导至 PE 线，如果有金属管道未做等电位连接，且此时正好有人员同时触及金属管道和设备外壳，就会发生电击事故。

2. 局部等电位连接

设计规范规定，当采用接地故障保护时，在建筑物内应做总等电位连接。而当电气装置或其某一部分的接地故障保护不能满足规定的要求时，应在局部范围内做局部等电位连接。

局部等电位连接一般用于游泳池、医院手术室等特别危险的场所，这些地方发生电气事故的危险性较大，要求有更低的接触电压，在这些局部范围内必须有多个辅助等电位连接才能达到要求，这种连接称为局部等电位连接。一般局部等电位连接也有一个端子板或呈环形。简单地说，局部等电位连接可以看作局部范围内的总等电位连接。

局部等电位连接应通过局部等电位连接端子板将以下部分连接起来。

（1）PE 母线或 PE 干线。

（2）公用设施金属管道。

（3）尽可能包括建筑物的金属构件。

（4）其他装置外可导电体和装置的外露可导电部分。

高层住宅建筑中的卫生间、厨房等应做局部等电位连接。对于住宅建筑内的卫生间，人在洗澡时，人体皮肤因潮湿而阻抗下降，这时若有沿金属管道传来的较低电压，则可引起电击伤害事故。因此，对卫生间做等电位连接是很有必要的。《住宅设计规范》（GB 50096—2011）规定，卫生间宜做局部等电位连接。目前在建的宾馆和高级住宅楼的卫生间必须做等电位连接，对普通住宅的卫生间，若有洗澡设备，则也应做等电位连接。

住宅楼内的局部等电位连接是指在卫生间再做一次等电位连接，即在卫生间内将各种金属管道、楼板中的钢筋及进入卫生间的 PE 线和用电设备外壳用 40mm×4mm 热镀锌扁钢或 6mm² 的铜芯导线相互连通。

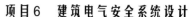

在做等电位连接时，要保证等电位连接可靠导通。等电位连接这一电气安全措施耗用的是一些导线。采取等电位连接实际上也实现了接地，因为它所连接的管道及基础钢筋等本身起到了低电阻、长寿命的接地作用。

3. 辅助等电位连接

通常，当电气装置的某部分接地故障保护不能满足切断回路的时间要求时做辅助等电位连接，把两导电部分连接后能降低接触电压。辅助等电位连接装置设计满足下式：

$$R \leqslant \frac{50}{I_a}$$

式中，R 为在可同时触及的外露可导电部分和装置外可导电部分之间，由故障电流产生的电压降引起接触电压的一段线段电阻（Ω）；I_a 为切断故障回路时间不超过 5s 的保护电器动作电流（A）。

两导电部分连接后，只要能满足上式即可。

辅助等电位连接既可直接用于降低接触电压，又可作为总等电位连接的一个补充来进一步降低接触电压。

4. 等电位连接的材料

等电位连接线及端子板推荐采用铜质材料，但在用铜质材料与基础钢筋或地下的钢材管道相连接时，铜和钢具有不同的电位，土壤中的水分及盐类形成电解液，从而形成原电池，产生电化学腐蚀，基础钢筋和钢管就会被腐蚀掉。因此，在土壤中应避免使用铜线或带铜皮的钢线作为连接线，如果用铜线作为连接线，那么应用放电间隙与管道钢容器或基础钢筋相连接。而且，在与基础钢筋连接时，建议连接线选用钢材，这种钢材最好也用混凝土保护，连接部位应采用焊接连接，并在焊接处做相应的防腐保护，这样，它与基础钢筋的电位基本一致，不会产生电化学腐蚀。在与土壤中的钢管连接时，也应采取防腐措施，如选用塑料电线或铅包电线或电缆。

等电位连接线的截面选择如表 6-5 所示。

表 6-5　等电位连接线的截面选择

取值	总等电位连接线	局部等电位连接线	辅助等电位连接线	
一般值	不小于 0.5 倍 PE（PEN）进线截面	不小于 0.5 倍 PE 进线截面	两电气设备外露可导电部分之间	1 倍于较小 PE 线截面
			电气设备与装置外露导电部分之间	0.5 倍于较小 PE 线截面
最小值	6mm² 铜线或相同电导值导线	有机械保护	2.5mm² 铜线或 4mm² 铝线	
	热镀锌扁钢 25mm×4mm 或 φ10mm 圆钢	无机械保护	4mm² 铜线	
		热镀锌扁钢 20mm×4mm 或 φ8mm 圆钢		
最大值	25mm² 铜线或相同电导值导线			

除考虑机械强度外，当等电位连接线在故障情况下有可能通过短路电流时，还应保证在短路电流作用下，导线与其接头不应被烧断。因为总等电位连接线一般没有短路电流通过，所以规定最大值；而辅助等电位连接线有短路电流通过，故以 PE 线为基准进行选择，不规定最大值。

6.3.2　系统接地形式与总等电位连接

TN 系统是我国住宅配电常用的一种形式。在电源进线处做重复接地可减轻 PEN 线（或

PE 线）断线产生的危害，总等电位连接端子板在电源进线处连接 PEN（或 PE）线、重复接地体、外界引入的金属管道和地板结构钢筋。

采用 TN-C-S 系统为住宅供电，并在电源进户处做重复接地和总等电位连接的情况如图 6-7 所示。

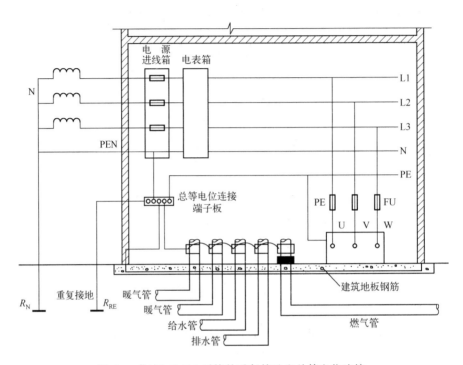

图 6-7　住宅 TN-C-S 系统的重复接地和总等电位连接

总等电位连接端子板与各金属管道的连接线既可采用放射式，又可采用树干式或环式，最好采用放射式或环式。住宅建筑的总等电位连接如图 6-8 所示。

水表需要做跨接连接以确保良好的导通，但有些国家标准中不允许有意将水管作为接地极，这时就不应做跨接连接；燃气管设置绝缘隔离段和火花放电间隙部分由燃气公司实施。

已采用总等电位连接措施的 TN 系统的接地保护应满足下式：

$$I_{OP} \cdot R_e \leqslant 50\text{V}$$

式中，I_{OP} 为接地故障保护动作电流（A）；R_e 为电气设备外露可导电部分的接地电阻和 PE 线电阻（Ω）。

对已有总等电位连接的 TN 系统，其接地保护应满足下列条件。

（1）若配电线路只供给固定式用电设备的末端线路，则接地故障保护动作时间不宜大于 5s。

（2）若供电给手握式和移动式电气设备的末端线路，则接地故障保护动作时间不宜大于 0.4s。

（3）系统配电线路接地故障保护可由过流保护或零序电流保护来实现，若达不到保护要求，则应采用漏电电流保护。

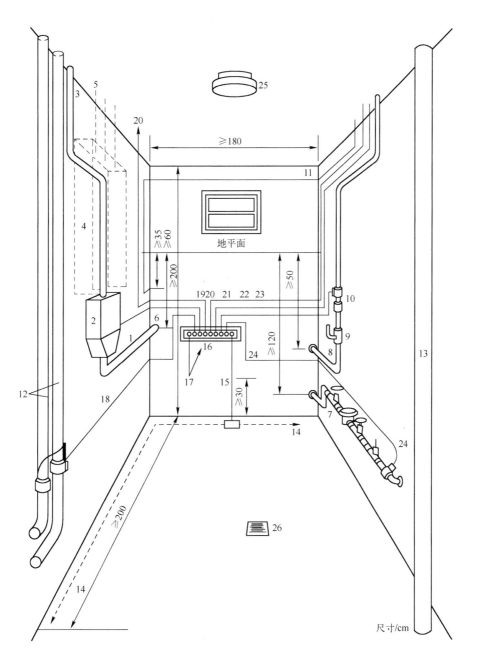

1—引入住宅的电力电缆；2—住宅总电源进线配电箱；3—电源干线；4—电表箱；5—配电回路；6—防水套管；
7—带水表的自来水连接管；8—燃气管；9—燃气总间（有些建筑物在室外）；10—绝缘段；
11—通信设备用的住房连接电线；12—暖气管；13—排水管；14—基础接地体；15—基础接地体的连接线；
16—总等电位连接（MEB）端子板；17—至防雷引下线的等电位连接线；18—至暖气管的等电位连接线；
19—TN 系统重复接地连接线；20—TT 系统共同接地 PE 线；21—至通信系统的等电位连接线；
22—天线系统的等电位连接线；23—至燃气管的等电位连接线；
24—至给水管的等电位连接线；25—吸顶灯；26—地漏。

图 6-8　住宅建筑的总等电位连接

【案例6-1】 有变电所的高层住宅的等电位连接。

高层建筑的变电所内有高/低压开关柜的保护接地、变压器低压绕组中性点的工作接地、用电设备的保护接地等，这几个接地是无法单独分开设置的，只能纳入建筑物总等电位连接内公用接地体，如图6-9所示。

在图6-9中，总等电位连接端子板还与作为防雷引下线的结构钢筋进行了焊接，这样，无论是10kV电源侧故障、变电所内高压接地故障，还是雷电流下泄时使接地体电位升高，都不会在建筑物内出现电位差而导致电击伤害事故。

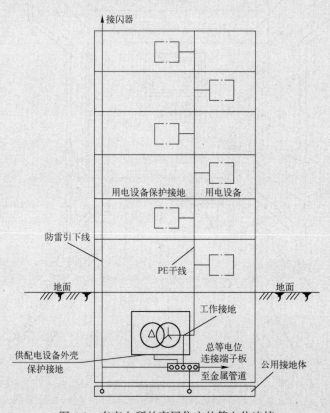

图6-9 有变电所的高层住宅的等电位连接

【案例6-2】 微电子设备的等电位连接。

微电子设备的等电位连接在现代住宅中是至关重要的，有些把其定位为辅助等电位连接范畴，也有将其定义为局部等电位连接范畴的。总而言之，微电子设备的等电位连接有其特殊性，区别于其他用电设备的等电位连接。等电位连接线必须通过过电压保护器与等电位端子板连接，而不能直接与等电位端子板连接。

6.3.3 住宅的接地保护

1. 住宅楼总进线漏电保护

在别墅，多层、高层住宅楼和公寓楼，以及各类大中型综合建筑物中，住宅部分的低压电源入户处（电源总进线）应安装漏电保护，用于防止住宅楼因漏电电弧引发火灾。

漏电保护是通过漏电断路器实现的，漏电断路器由零序电流互感器 TAN、放大器 A 和低压断路器 QF（内含脱扣器 YR）3 部分组成。设备正常运行时，主电路三相电流的相量和为零，因此零序电流互感器 TAN 的铁芯中没有磁通，其二次绕组没有输出电流。如果设备发生漏电或单相接地故障，则由于三相电流的相量和不为零而使零序电流互感器 TAN 的铁芯中产生零序磁通，其二次绕组有输出电流，经放大器 A 放大后，通入脱扣器 YR，可使低压断路器 QF 跳闸，从而切除故障电路和设备，避免人员发生触电事故。漏电保护动作电流一般为 30mA。

图 6-10 是电流动作型漏电断路器的工作原理示意图。

1）别墅及多层住宅

在住宅楼无专人管理的消防值班室或无消防用电设备（如消防泵、喷淋泵、正压风机、排烟风机等）的建筑物总进线处设分界开关，安装漏电断路器，对建筑物的全部配电系统进行保护。

图 6-11 所示为多层住宅的漏电保护。

2）高层住宅和公寓

在无专人管理的消防值班室或无消防用电设备的建筑物总进线处设置防止电气火灾的漏电断路器。

在高层住宅的电缆分界柜后分别进行以下设置。

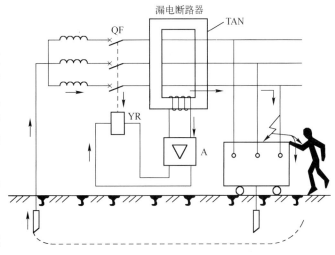

TAN—零序电流互感器；A—放大器；YR—脱扣器；QF—低压断路器。

图 6-10　电流动作型漏电断路器的工作原理示意图

（1）在照明总进线处设置照明漏电断路器，用于漏电时切断电源。

（2）在动力总进线处设置动力漏电断路器，用于漏电时接通报警信号。

漏电断路器动作电流的确定与多层住宅漏电断路器相同。

凡是带有消防用电设备的回路均不能装设作用于切断电源的漏电保护装置，应设置报警式的漏电保护器。照明总进线处的漏电断路器动作及动力总进线处的漏电断路器的事故报警除在配电柜上有显示外，还应将报警信号送至值班室（设声光报警）。图 6-12 所示为高层住宅的漏电保护。

2. 设备选择

1）基本原则

（1）在以单相用电负荷为主的住宅楼总进线处选用四极漏电断路器，尤其在总进线处需要采用多组漏电断路器时。漏电断路器有塑壳断路器与漏电元件组合式，也有拼装式。

（2）漏电断路器 N 线的额定电流值应不小于其 L 线额定电流值。

（3）选择漏电电流和时间可调且具有显示功能的漏电断路器。

2）动作电流的规定

（1）根据电气线路的正常漏电电流选择漏电保护器的额定漏电动作电流。

（2）在选择漏电保护器的额定漏电动作电流时，应充分考虑被保护线路和设备可能发生的正常漏电电流值，必要时可实际测量，取得被保护线路和设备的漏电电流值。

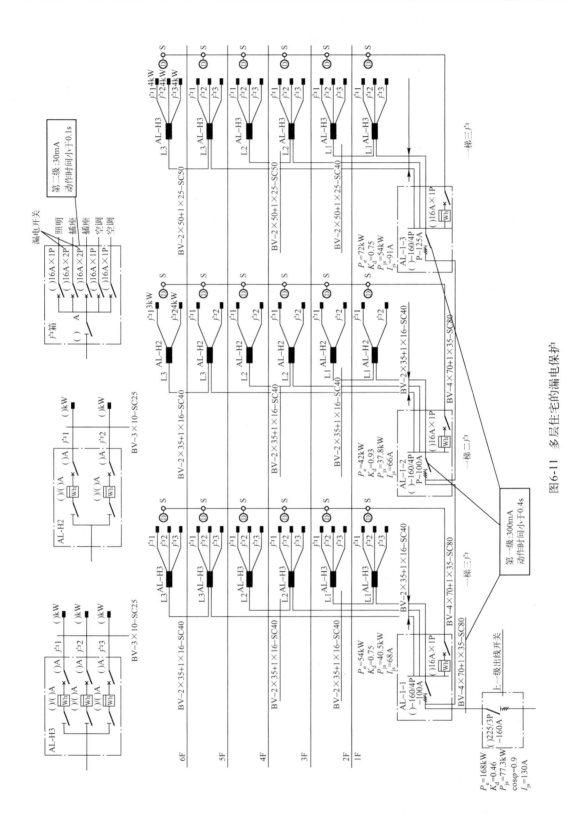

图6-11 多层住宅的漏电保护

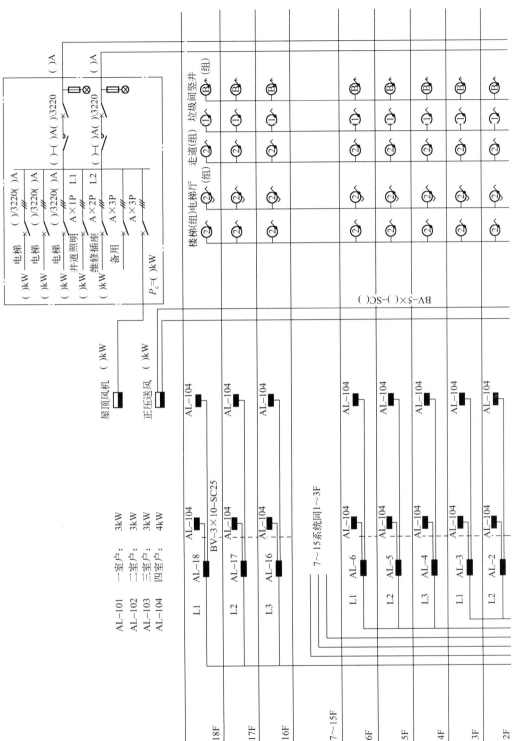

图6-12 高层住宅的漏电保护

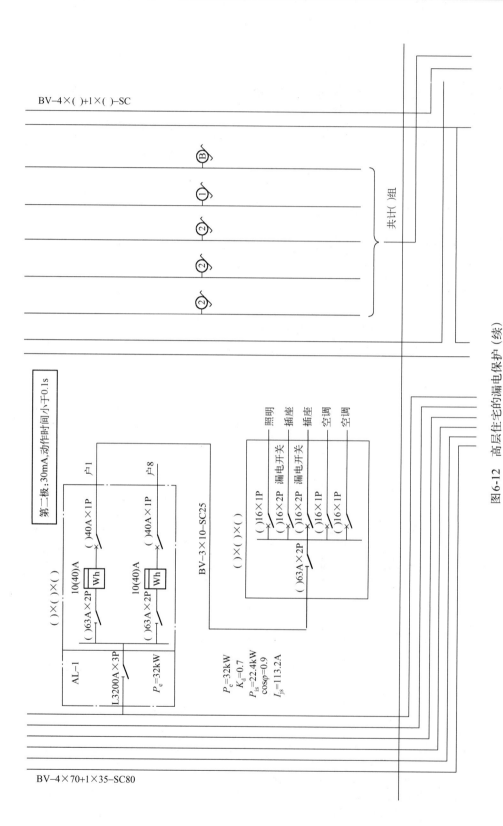

图6-12 高层住宅的漏电保护（续）

建筑供电与照明工程（第2版）

226

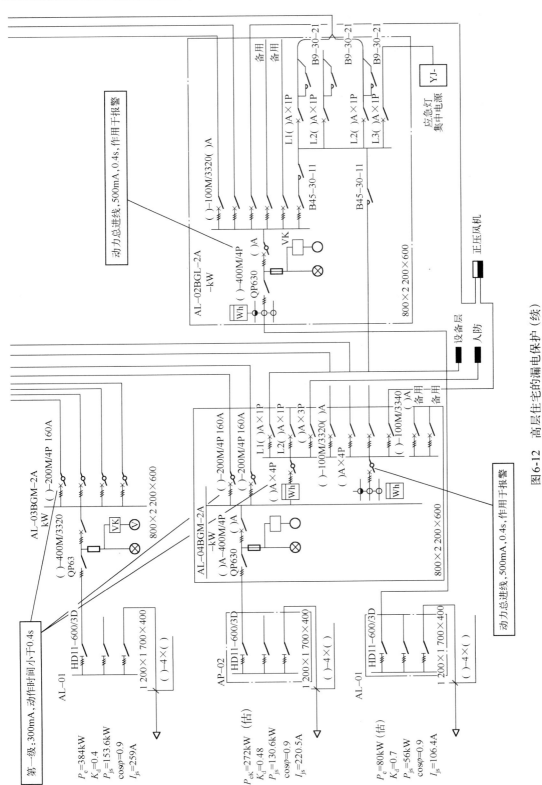

图6-12　高层住宅的漏电保护（续）

（3）选用的漏电保护器的额定漏电不动作电流应不小于电气线路和设备的正常漏电电流最大值的2倍。

（4）电气线路和设备漏电电流值及分级安装的漏电电流特性和电流配合要求如下。

① 用于单台用电设备的动作电流应不小于正常运行实测漏电电流的4倍。

② 配电线路的漏电保护器的动作电流应不小于正常运行实测漏电电流的2.5倍，同时应满足不小于其中漏电电流最大的一台用电设备正常运行漏电电流的4倍。

③ 用于全网保护时，其动作电流应不小于实测漏电电流的2倍。

（5）为减少接地故障引起的电气火灾危险，所装设的漏电保护器的额定漏电动作电流≤500mA。

3）动作电流的整定

漏电断路器的额定漏电动作电流 I_Z 应大于正常的漏电电流，且小于能够引起火灾的漏电电流，即 $I_Z \geq 2I_L$，$I_Z \leq (300 \sim 500)$ mA。

漏电断路器的漏电动作电流应按其漏电动作额定电流 I_Z 的下限选取。

合理选取漏电断路器的动作电流和动作时间可以达到多级保护之间的协调配合，一般采取两级漏电保护。

（1）住宅插座回路：$I_Z = 30$ mA，$t < 0.1$ s。

（2）住宅进线：I_Z 为 $(300 \sim 500)$ mA，t 为 $(0.4 \sim 1)$ s。

知识梳理

1. 等电位连接分为总等电位连接、辅助等电位连接和局部等电位连接。

2. 总等电位连接是在建筑物电源进线处采取的一种等电位连接措施。

3. 高层住宅建筑中的卫生间、厨房等应做局部等电位连接。

4. 对于住宅常用的 TN 系统，在电源进线处应做重复接地。

5. 在别墅，多层、高层住宅楼和公寓楼，以及各类大中型综合建筑物中，住宅部分的低压电源入户处（电源总进线）应安装漏电保护，用于防止住宅楼因漏电电弧引发火灾。

6. 漏电断路器的极数和动作电流应根据所在线路的具体情况选取。

思考与练习题 6

1. 雷电的种类有哪几种？

2. 综述一、二、三类防雷建筑物应采取的防雷措施。

3. 防雷装置是怎样组成的？

4. 图 6-2 所示的外部防雷装置对建筑物的保护范围如何确定？

5. 简述低压配电系统接地的基本要求。

6. 简述对独立接地电阻值的要求。

7. 简述如何做重复接地。

8. 如何合理选择漏电断路器的动作电流和动作时间？

9. 简述电流动作型漏电断路器的工作原理。

10. 对于建筑物的总等电位连接端子板，需要连接的导电部分有哪些？

11. 对于局部等电位连接端子板，需要连接的导电部分有哪些？

 扫一扫做测试：建筑物防雷在线

项目 7

智能建筑供配电与照明设计

教	项目简介	智能建筑将现代化建筑技术与计算机技术、网络技术、信息技术和控制技术相结合，为人们提供安全、舒适、节能、高效、成本低廉的居住与工作空间。本项目分别从智能建筑的供电系统和照明系统设计方面进行讲述，并着重突出两个系统在节能方面的控制设计。结合智能建筑的相关设计规范介绍了智能建筑在强电设计中的技术要求、设计内容和设计步骤
	推荐教学方式	头脑风暴法、讨论法、多媒体教学法等
	建议学时	课内 8 学时
学	学生知识储备	1. 建筑供配电知识； 2. 电气照明技术知识； 3. 计算机网络相关知识
	能力目标	1. 熟悉智能建筑供配电系统设计要求； 2. 熟悉智能建筑照明系统设计要求； 3. 熟悉智能照明系统的主流产品

教学过程示意图

1. 究竟是怎样的智能呢？

2. 与本课程有什么关系呀？

3. 我来讲讲如何设计吧。

4. 认识我们吗？

▶▶▶ 训练方式和手段

本项目训练共分成 4 个阶段

第1阶段（智能建筑之己见）

　　训练目的：发挥学生想象，说出自己想象的智能建筑的智能化控制效果。

　　训练方法：头脑风暴法。

第2阶段（智能建筑之供配电与照明系统）

　　训练目的：归纳总结智能建筑对其供配电与照明系统的要求。

　　训练方法：引导法、讨论法、分组学习法。

第3阶段（智能建筑之强电设计）

　　训练目的：介绍智能建筑供配电系统设计、照明系统设计的特殊要求和相关知识。

　　训练方法：多媒体教学法。

第4阶段（智能建筑之产品）

　　训练目的：让学生了解目前智能建筑中的主流产品。

　　训练方法：网络查询法、讨论法等。

　　根据《智能建筑设计标准》（GB 50314—2015），智能建筑的定义为：智能建筑（Intelligent Building，IB）以建筑物为平台，兼备信息设施系统、信息化应用系统、建筑设备管理系统、公共安全系统等，集结构、系统、服务、管理及其优化组合为一体，向人们提供安全、高效、便捷、节能、环保、健康的建筑环境。也就是说，智能建筑将现代化建筑技术与计算机技术、网络技术、信息技术和控制技术相结合，为人们提供安全、舒适、节能、高效、成本低廉的居住与工作空间。

　　智能建筑提供的主要功能和特点如下。

　　（1）能对各种信息进行通信并具有信息处理功能。

　　（2）能实现办公自动化（OA）。

　　（3）能对建筑物内机械电气设备等进行综合自动控制，实现各种设备运行状态监视和统计记录的设备管理自动化。

　　（4）建筑物具有充分的适应性和可扩展性，并具有良好的节能和环境保护功能。在此功能和特点的基础上，建筑智能化结构由四大系统组成：楼宇自动化系统（Building Automation System，BAS）、办公自动化系统（Office Automation System，OAS）、通信网络系统（Communication Network System，CNS）、综合布线系统（Structure Cabling System，SCS）。图 7-1 是智能建筑的系统构成图。

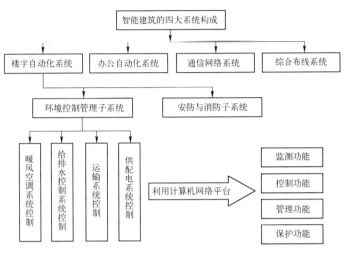

图 7-1　智能建筑的系统构成图

智能建筑电气工程可分为强电工程和弱电工程。强电工程主要包括电力供应与管理系统、照明控制管理系统；弱电工程主要依靠电能来传递、处理和控制各类信息，如建筑设备自动化系统、通信网络系统和信息网络系统等。

智能建筑中供配电系统的功能主要表现在两个方面，一方面提供安全、可靠、便利和高质量的电能供智能建筑内所有工程及用户使用；另一方面实现绿色节能调控管理功能。智能建筑中的照明系统的功能主要表现在提供人性化、智能化的照明环境，以及绿色照明两方面。

任务 7.1　智能建筑供配电系统

供配电系统是智能建筑的动力系统，如果没有供配电系统，那么智能建筑内的空调系统、给排水系统、照明与动力系统、电梯系统，甚至消防、防盗保安系统都无法工作。因此，供配电系统是智能建筑设备最重要的部分，供电可靠性和电源质量是保证智能化设备及其网络稳定工作的重要因素。

智能建筑的供配电系统除了具备常规的供配电系统应有的功能，还具有以下功能。

（1）远程自动监测、自动存储并管理变、配电设备的运行状态和运行参数。

（2）远程监控、自动控制变、配电设备的运行。

（3）自动进行供配电系统各种故障和非正常运行状态的报警、信息存储。

（4）实现与楼宇自动控制系统或建筑设备系统的通信联网等。

《智能建筑设计标准》（GB 50314—2015）对建筑设备管理系统的基本要求：供配电系统的监视包括中压开关与主要低压开关的状态监视及故障报警；中压与低压主母排的电压、电流及功率因数测量；电能计量；干式变压器温度监测及超温报警；备用及应急电源的手动/自动状态、电压、电流及频率监测；主回路及重要回路的谐波监测与记录。对于各种不同类型智能建筑的建筑设备管理系统，在实际工程设计中宜根据工程项目的建筑设备的实际情况选择配置相关管理功能。《智能建筑设计标准》是进行智能化供配电系统设计的指针和依据。

7.1.1 智能建筑供配电要求分析

1. 智能建筑对供电可靠性的要求分析

1）智能建筑中负荷等级的划分

《供配电系统设计规范》（GB 50052—2009）和《民用建筑电气设计标准》（GB 51348—2019）均对建筑中的负荷等级进行了明确的定义。结合智能建筑负荷的特点，还需要进行更加细致的负荷等级分析，以确保按照要求进行智能建筑的供配电系统设计。

智能建筑用电设备的种类多、负荷密度大（一般大于 $100W/m^2$），而且用电负荷比较集中，一般情况下，空调负荷约占总用电量的 45%，照明负荷占总用电量的 20%～30%，电梯、水泵及其他动力设备占总用电量的 25%～35%，一些智能化的设备属于连续工作的重要负荷，对配电的安全性、可靠性要求也较高，因此要求准确划分负荷等级。

在智能建筑用电设备中，属于一级负荷的设备有消防控制室、消防水泵、消防电梯、防排烟设施、火灾自动报警、自动灭火装置、火灾事故照明、疏散指示标志和电动防火门窗、卷帘、阀门等消防用电设备；保安设备；主要业务用的电子计算机及外部设备，管理用的计算机及外部设备；通信设备；重要机房、控制中心的照明，重要场所的应急照明，如营业大厅的应急照明，走道的疏散照明、诱导照明等。属于二级负荷的设备有客梯、生活供水泵房等。空调、照明属于三级负荷。

2）智能建筑中用电设备对供电可靠性的要求

由上述可以看出，智能建筑中的一级负荷特别多，这些负荷的供配电系统均设置低压双电源末端切换装置，主要业务用的计算机及外部设备除双电源末端切换外，还应配置 UPS 不间断电源装置，以保证供电可靠性。

智能建筑的用电设备尽管较多，但根据功能可分为 3 类，即保安型（必保型）、保障型和一般型。保安型负荷是保证智能建筑内的人身和建筑智能化设备的安全，必须确保其可靠运行的负荷，如消防水泵、消防电梯、正压送风机、排烟风机、应急照明、消防控制和联动系统及其他智能型系统的设备，应保证供电的安全性和可靠性。消防设备应设双电源末端自动切换装置。高层和超高层建筑除对计算机等智能化系统的设备配置 UPS 不间断电源装置外，还必须为消防负荷（一级）配置自启动柴油发电机组。

2. 智能建筑对电能质量的要求分析

要分析智能建筑对电能质量的要求，首先需要了解智能建筑的负荷对供配电系统造成的影响。

1）智能建筑中负荷特点的分析

（1）单相设备多，其用电量约占总用电量的 70%，采用单相供电，造成三相配电负荷不平衡，发生中性点偏移。

（2）绝大多数用电设备为非线性负荷。其中大量使用的开关式电源、计算机、打印机、复印机、电视、升降机、节能灯具、UPS 等是智能建筑配电系统中主要的谐波源和波动源。这些设备大多容量较小，但是数量很多，整体对电能质量的影响很大，不容忽视。

 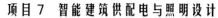

（3）智能建筑中非线性负荷的谐波含有率高、功率因数低，造成智能建筑配电系统电能质量下降。

（4）大多数用电设备，如楼宇智能化设备、通信设备、办公自动化设备等对供配电质量要求高，特别是对谐波比较敏感。

2）智能建筑中电能质量存在问题的分析

在智能建筑中，非线性负荷的增长导致电力系统运行中出现各种不良的电能质量现象，其中较为严重的是谐波、三相不平衡、电压波动、电压暂降和短时中断。

（1）谐波。

智能建筑中最严重的电能质量问题就是谐波干扰问题，主要是奇次波。智能建筑中产生的谐波电流对配电系统是一种污染，谐波电流注入电网，将使供电变压器低压绕组谐波电压升高，低压绕组负荷由于相互干扰而无法正常工作，使楼宇中的电气设备的用电环境恶化。另外，谐波电压通过供电变压器传递到高压绕组，从而干扰其他用户，并对周围的通信系统甚至配电系统以外的设备造成危害。

（2）三相不平衡。

当系统处于三相不平衡运行状态时，其电压、电流中含有大量的负序分量，可能导致继电保护和自动装置的误动作。在三相不平衡负荷下，变压器容量得不到充分利用。另外，三相不平衡会产生中性线电流，使中性线过热，中性线面积增大。

（3）电压波动。

电压波动一般是由开关动作或与系统的短路容量相比出现足够大的负荷变动引起的。有些电压波动尽管在正常的电压变化限度内，但可能产生 10Hz 左右的照明闪烁，引起人眼不适，使人们产生视觉疲劳、情绪烦躁，并干扰各种电压敏感型电子设备和仪器的正常运行。

（4）电压暂降和短时中断。

电压暂降大部分是由雷暴、闪电、第三者干扰及投入高负荷设备引起的，其危害主要是引起计算机系统紊乱，造成计算错误、程序丢失，严重的会导致计算机及电子设备误动作或停止动作。另外，电压暂降和短时中断还会使手扶电梯与升降机跳闸而突然停运，引发安全风险。

3）智能建筑对电能质量的基本要求

在智能建筑中，用电负荷以计算机、网络和现代通信系统，以及大量的电子设备、电力电子设备等对谐波敏感的非线性负荷为特征，对供电质量有特别严格的要求。实践表明，来自供电系统的多种异常波形对敏感的电子设备的正常运行均构成严重威胁，甚至会毁坏硬件、丢失数据，所造成的经济损失是巨大的。为保证电子设备和楼宇智能化系统正常运行及信息通信的可靠无误，应对智能建筑供电电源质量提出如下基本要求。

（1）供电不中断，即使一周波的中断也不允许。

（2）对来自电网和负载的各种电磁干扰加以抑制，将电能质量的主要指标，如供电频率的允许偏差、三相不平衡度、电压允许偏差、谐波电压、谐波电流限制在一定范围内，以便为对电磁干扰敏感的电子设备提供纯净的电源。

由于智能建筑中运行的智能化系统较多，它们对电能质量的要求也较高。因此，作为对电网的要求，国家规范和标准做了明确的规定。

电压偏差要求：35kV 及以上供电电压正、负偏差的绝对值之和不超过额定电压的 10%，

10kV 以下三相供电电压允许偏差为额定电压的±7%，220V 单相供电电压允许偏差为额定电压的+7%或−10%；对于常规用电设备，电动机为±5%，一般工作场所照明为±5%，应急照明、道路照明和警卫照明分别为+5%、−10%，其他用电设备无特殊规定时为±5%。

电压偏移要求：对智能化建筑设备的供电，甲级智能建筑不大于±2%，乙级智能建筑不大于±5%。

频率质量要求：对于稳态频率偏移，甲级智能建筑不大于±0.2Hz，乙级智能建筑不大于±0.5Hz。

波形质量要求：对于电压波形畸变率，甲级智能建筑不大于 5%，乙级智能建筑不大于 8%。

短时中断要求：对于允许断电持续时间，甲级智能建筑为 0～4ms，乙级智能建筑为 4～200ms。

除上述已提及的一些电能质量要求外，还应考虑电压波动、电压闪变、电压下凹、三相不平衡度等电能质量指标。

对智能建筑而言，上述国家标准的许多电能质量指标限值不适宜。智能建筑的各种智能化系统和不同用户对电能质量有各自的要求。而且不只是各种不同类型的智能化系统对电能质量的要求不同，即使是同一种智能化系统，当品牌或型号不同时，要求也不一样。因此，在确定这些系统的供电方案时，必须具体问题具体分析，采取相应的手段满足它们的要求。为了保证日后它们能正常、可靠地运行，在设计智能建筑的供电系统前，还必须明确它们对电能质量的要求。考虑到智能化系统的技术和设备更新发展很快，在计算负荷容量和考虑对电能质量的要求时，应适当留有余量并具有前瞻性。

3. 智能建筑对供配电系统在电气节能方面的要求分析

在进行供配电系统设计时，认真考虑并采取节能措施是实现电气节能的有效途径，也是供配电系统设计正确、合理的具体体现。根据现代电气设计理念，在智能建筑供配电系统设计中，从供配电系统总体规划、变压器选择、配电线路设计、无功功率补偿、合理选择电动机等方面，采取相应的技术措施，以达到节能的目的。

其中负荷计算是确定供配电系统方案和施工图设计的重要依据，需要关注其计算方法和计算负荷参数。提高供电系统的功率因数、治理谐波是提高供电质量、节约能源的又一途径，变配电系统应选择节能设备；同时，选择适配的导线截面及材质，优化线路敷设方案，有利于降低配电线路的损耗，从而达到节能的设计目的。

1）智能建筑电气节能对变压器选择的要求

通过科学合理地选择变压器的类型、容量、台数等，可以达到智能建筑电气节能的效果。

变压器节能的实质是降低其有功功率损耗，提高其运行效率。因此，在选择电力变压器的类型时，应该选择节能型变压器，如 SCB13、S13 等。另外，目前一种新型的节能变压器——非晶合金变压器采用非晶合金带材替代传统硅钢片铁芯，更可使变压器的空载损耗降低 60%～80%，具有很好的节能效果。以上节能型变压器因具有损耗低、质量轻、效率高、抗冲击、节能显著等优点而在近年来得到了广泛的应用。

综合考虑各种费用因素，同时使变压器在使用期内预留适当的容量，变压器的负荷率应选择为 75%～85%为宜，这样既经济合理，又物尽其用。另外，由于变压器在满负荷运行

时，其绝缘层的使用年限一般为 20 年，20 年后通常会有性能更优的变压器问世，这样就可以有机会更换新的设备，从而使变压器保持技术领先水平。

设计时，合理分配用电负荷、合理选择变压器容量和台数，使其工作在高效区，可有效降低变压器总损耗。当负荷率低于 30% 时，应按实际负荷换为小容量变压器；当负荷率超过80% 并通过计算证实不利于经济运行时，可放大一级容量选择变压器。当容量大而需要选用多台变压器时，应在合理分配负荷的情况下尽可能减少变压器的台数，选用大容量的变压器。

在变压器的设计与选择中，如果能掌握好上述原则及措施，则既可达到节能的目的，又符合经济合理的要求。

2）智能建筑电气节能对供配电系统及线路设计的要求

设计供配电系统及线路时应注意：第一，根据负荷容量及分布、供电距离、用电设备特点等因素合理设计供配电系统和选择供电电压，可达到节能的目的，供配电系统应尽量简单可靠，同一电压供配电系统变配电级数不宜多于两级；第二，按经济电流密度合理选择导线截面，一般按年综合运行费用最小原则确定单位面积经济电流密度；第三，由于一般工程的干线、支线等线路总长度动辄数万米，线路上的总有功损耗相当高，所以降低线路上的损耗必须引起设计者的足够重视，为此，应选用电导率较小的材质做导线。

3）智能建筑电气节能对无功补偿的要求

智能建筑中用电负荷的特殊性使得整个系统的功率因数较低，导致对电能的利用率下降。可以通过以下方式提高系统的功率因数。

一是降低供电设备和用电设备无功消耗，提高自然功率因数，如限制电动机的空载运转，对泵类电动机，宜采用电动调节风量、流量的自动控制方式，以节省电能。

二是用静电电容器进行无功补偿。无功补偿的设计原则为：高、低压电容器补偿相结合，即变压器和高压用电设备的无功功率由高压电容器来补偿，其余的无功功率需要按经济合理的原则对高、低压电容器容量进行分配；固定与自动补偿相结合，即最小运行方式下的无功功率采用固定补偿，经常变动的负荷采用自动补偿。就地安装无功补偿装置可有效减少线路上的无功负荷传输，其节能效果比集中安装、异地补偿都要好。

需要说明的是，对于电梯、自动扶梯、自动步行道等不平稳的断续负荷，不应在电动机端加装补偿电容器。因为在负荷变动时，电动机端的电压也在变化，使补偿电容器没有放完电又充电，这时电容器会产生无功浪涌电流，使电动机易产生过电压而损坏。

4. 智能化供配电系统的集成设计要求

智能建筑的关键特征在于其智能化，而智能化的实质是信息、资源和任务的综合共享与全局一体化的综合管理。可以说，没有系统集成就没有智能化可言。智能建筑内的各系统都不是完全独立的，各系统通过计算机通信网络连接在一起，互相交换数据，共同管理大楼。那么，要达到系统集成，解决大楼内各系统的互联问题就成为建设智能建筑的关键。

在智能建筑的设计中，系统集成设计应达到以下要求。

首先，要在保证设计的先进性、开放性和可扩充性的前提下，采用综合一体化的优化集成系统设计；其次，要考虑用户的实际需要和承受力，有侧重地选取各系统，制定不同的系统集成实施方案，为用户量体裁衣；再次，系统设计要满足工程分阶段实施的可能性。由于用户对系统功能分阶段性，以及对工程费用的承受能力，成功的系统集成设计应该是无论用户分多少个阶段来完成这个系统，在今后进行系统扩展和功能提升时，这个设计的集成系统始终是一个一体化的整体。

7.1.2 智能建筑供配电系统设计

与常规供配电系统的设计相比，智能建筑的供配电系统设计还有其特殊之处，即还需要设计监测、控制和管理供配电设备运行的供配电监控管理系统。

1. 智能建筑供配电系统的功能

但在许多工程中，实际的需求往往已经超过了上述规定。现以配备了功能齐全的用可编程控制器（PLC）及远程 I/O 构成的监控管理系统的智能化供配电系统为例，对其所具备的监测、控制、自动调节、管理功能进行介绍、分析和比较。

1）监测功能

供配电系统是智能建筑的命脉，因此电力设备的监控和管理是至关重要的。

监控系统的主要功能是对供配电设备的运行状况进行监视，对各种电气设备的电流、电压、频率、有功功率、功率因数、用电量、开关动作状态、变压器的油温等参数进行测量，根据测量所得的数据进行统计、分析、预告、维护保养、用电负荷控制及自动计费管理并能够及时发现供电异常。

除完成各种设备的监测功能以外，监控系统的另一个更重要的功能是随时监视电网的供电状况，一旦发生电网全部断电的情况，监控系统做出相应的停电控制措施，应急发电机将自动投入使用，确保消防、保安、电梯及各种通道应急照明的用电，而类似空调、洗衣房等非必要用电场所，可暂时不予供电。同样，复电时监控系统也将有相应的复电控制措施。

智能建筑中的供配电系统主要实现以下监测功能。

（1）运行状态监测。

在监控计算机的屏幕上，用不同的图标和颜色显示每台断路器或接触器的运行/故障状态。例如，接通时，断路器的图标为接通状态，且显示红色；分断时，断路器的图标为分断状态，且显示绿色。当出现短路或过载脱扣等故障时，断路器的图标为分断状态，且显示黄色，同时有声音报警和文字提示。对于中压配电柜中的断路器，还可在屏幕上显示接地故障信号、断路器位置信号、弹簧储能状态信号、自动/手动状态信号和控制回路断线信号等。对于其他需要监测的设备，如柴油发电机、EPS 应急照明系统电源等，也有相应的状态显示。

（2）运行参数监测。

供配电系统对主要运行参数（如电压、电流、频率、变压器温度、有功功率、无功功率、功率因数、有功电能和无功电能等，以及直流屏、柴油发电机等其他设备的运行参数）均进行自动测量和记录。在监控计算机的屏幕上的相应位置显示出这些参数的实时值，并按要求定时记录存盘。当这些参数的值超出允许范围时，屏幕上会自动出现文字提示及声音报警，提示工作人员及时处理。

（3）用电量远程自动计量。

监控系统对每个用户和负荷的用电量进行连续的自动测量与记录，自动进行分时计费和形成电费报表。为了实现节能，这是十分必要的。用户和负荷的用电量计量结果可以用表格、负荷曲线或棒形图的形式供工作人员和用户查阅与分析。如果发现某个用户的用电量异常增多，则可立即进行查询，探明原因，防止电能的损失和浪费。

（4）电能质量监测。

对于一些对电能质量要求较高的用户，还应监测相关的电能质量参数。例如，监测电网或回路的电压、电流的谐波总含量和各次谐波的含量；监测和记录极其短暂的瞬变故障与瞬态过程，如电压凹陷、电压不平衡度、频率变化、电压骤升、电压中断、电压波动、雷电波、放电、浪涌电流或启动电流等扰动；进行波形捕捉，根据预设的条件或监控计算机发出的指令捕捉预先设定的周期数或时间长度的电压/电流的稳态或瞬态过程波形。

（5）故障报警事件监测。

供配电系统在运行过程中一旦发生故障，如断路器出现短路或过载脱扣、进线掉电、变压器超温或运行参数超限等，智能化供配电系统应立即发出声、光报警并打印输出。这时，按照故障报警处理优先的原则，无论监控计算机原来显示的是什么图形界面，都应能立即自动切换到出现故障的那个界面上。根据显示的故障状态图标、故障原因的文字提示及应急处理预案，值班工作人员可以很方便、及时、准确地处理故障。按下复位按钮，可以停止声音报警，但只有在故障消除后，显示的故障状态图标才会恢复为正常的运行状态图标。告警类型包括越限告警、变位告警、事件告警、通信状态告警、运行日志告警，告警信息包括告警类型、发生告警的对象、告警内容、发生告警的具体时间、确认状态等，告警信息查询方式包括按类型、按时间段、按发生源、按等级等或按它们的组合。

另外，还有对变配电设备特殊参数的检测，如带电母线的温度、蓄电池内阻等，以及对漏电火灾的探测报警。

2）控制功能

（1）断路器/接触器的通断控制。

根据我国的实际情况，10kV 中压配电系统的设备通常采用就地人工控制操作，较少进行远程/自动操作，即"只监不控"。但智能化供配电监控管理系统应该具有远程控制中压配电系统设备的能力，若用户需要，则可以开通该功能。在已完成的工程项目中，也有远程控制中压真空断路器通/断这样的实例。

远程操作是指操作人员只需在监控计算机的屏幕上点击或在触摸式操作面板上触摸断路器接通/断开的按钮图标即可远程控制具有电动操动机构的断路器的通/断。对于没有电动操动机构但装有分励脱扣绕组的断路器，尽管无法远程将其接通，但可远程将其分断。当有自动控制的要求时，断路器接通或分断由可编程控制器按照程序的规定自动执行，无须人工干预。若有需要，则接触器都可进行远程或自动通断控制。

通常智能化供配电系统设有操作方式选择开关，当选择"本地操作"方式时，断路器的通/断控制只有电动操作和手动操作两种方式是有效的，这多用于设备维修时；当选择"远程操作"方式时，不但电动操作和手动操作两种方式是有效的，操作人员也可通过监控计算机进行远程手动操作；当选择"自动控制"方式时，上述几种控制方式同等有效，这是正常运行时最常用的方式。提供多种断路器的通/断控制方式保证了在任何情况下都能有效地对智能化供配电系统进行操作和控制，这就使智能化供配电系统较常规的供配电系统有更高的运行可靠性。

（2）进线失电故障的自动应急处理。

在 400V 低压供配电系统中出现进线失电故障时，智能化供配电系统可以自动进行应急

处理。例如，对于最常用的单母线分段的系统，当采用双路供电方式时，若有一路进线失电，则延时规定的时间（该时间可事先整定，也可通过监控计算机修改）后，系统自动断开失电的这路进线断路器，接通联络断路器，自动转换成单路供电方式，并自动检测该路进线的电流，若电流超过变压器二次绕组的额定值，则按照事先设定的用户优先权顺序将优先权低的用户依次断开，直至变压器不超负荷，从而保证对重要用户的连续可靠供电。这是用传统的电气连锁控制无法做到的。单路供电时，若这路进线失电，则延时规定的时间后，系统将自动断开该路进线断路器，并将另一路进线断路器自动接通，保证供电的连续性。当市电全部失电时，延时规定的时间后，两路进线断路器自动断开，自备电源自动投入使用。对于由多台变压器通过母线联络开关连接成的较复杂的低压配电系统，智能化供配电系统仍可按照规定的连锁关系自动进行相应的自动投切应急处理。

除了上述功能，智能化供配电系统还能根据需要提供其他多种自动控制功能。例如，对于未设智能照明系统的智能建筑，智能化供配电系统可按照照度或预先设定的时间自动控制建筑物立面泛光灯照明的开启和关闭；按时间自动开启和关闭公共照明或将其改为经济照明方式；还可以在火灾报警时自动切断非必需负荷的供电等。

3）自动调节功能

根据需要，智能化供配电系统还应能提供多种自动调节功能。

（1）无功功率的自动补偿。智能化供配电系统根据检测到的无功功率或功率因数自动进行补偿电容的投切控制，而无须专用的补偿控制器，保证系统占用的无功功率或功率因数始终在设定的范围内。目前，常规的供配电系统往往根据进线的一相功率因数自动进行无功补偿。鉴于大多数智能建筑的单相负荷较多，很难做到三相平衡，故采用这种方法难以做到完全补偿。而智能化供配电监控管理系统本来就已经对三相无功功率进行了监测，故据此进行无功功率的完全补偿是非常容易的。

（2）谐波污染的治理。智能化供配电系统自动控制无源滤波器滤波电感和电容的投切，对谐波污染进行有效抑制或补偿，保证母线电压/电流的谐波含量在规定的允许值以下。对于谐波次数不确定或因冲击负荷等出现时间不确定的谐波，智能化供配电系统用有源滤波器进行补偿。

（3）自动错峰。当两台或多台大容量电动机同时启动时，智能化供配电系统自动将它们错开一定的时间，顺序启动，从而达到削减峰值负荷、减少电费支出的目的。

（4）自动或通过提示由人工改变配电系统的运行方式。根据监测到的负荷情况及对负荷趋势的预测，如在夜间轻载时，系统将自动进行或提示值班人员改变变、配电所的运行方式，切断部分负荷的变压器，通过联络线由其他变压器为这些负荷供电。这样既可降低变压器的空载损耗，又可起到调整电压、改善供电质量的作用。

4）管理功能

智能化供配电系统具有强大的自动管理功能，除能定时采集并存储运行参数外，还能自动生成日负荷表、代表日负荷表及年度报表等各种报表。这些报表可以打印，也可以在屏幕上随时调阅。配电系统的操作记录，如操作时间、操作内容和故障记录（如故障发生时间、故障内容、排除故障时间等）均能自动记录存档，也可随时调阅和打印，还可自动生成、显示并打印负荷曲线等历史数据。若有需要，则还可对负荷曲线进行趋势预测和分析，并提出改进运行的方案。管理功能主要是由监控软件实现的。

当然，对于某个具体的系统，究竟需要哪些功能要根据用户的具体要求来定，可以增加也可以减少。上面所列出的是比较常用的功能。

2. 智能建筑供配电系统设计要点

建筑供配电系统由高压供电系统、低压配电系统、变配电所和用电设备组成。对于智能建筑，电源进线电压多采用 10kV，电能先经过高压配电所，再由高压配电所将电能分送给各终端变电所。经配电变压器将 10kV 高压降为一般用电设备所需的电压（220/380V），由低压配电线路将电能分送给各用电设备使用。

鉴于智能建筑供配电系统设计中的监测、控制、管理等功能设计涉及弱电、自控等课程内容，本部分只针对本课程相关的知识进行说明。

1）智能建筑供配电系统供电可靠性设计

应对智能化系统设备进行分类，根据分类配置相应的电，为满足将来扩容的需要，电源设备机房应留有余量。根据智能化系统的规模大小、设备分布及对电源的需求等因素，采取 UPS（不间断供电装置）分散供电方式或 UPS 集中供电方式。

对于城市电网较稳定的智能建筑，供电电压一般采用 10kV、20kV，有时也采用 35kV，变压器装机容量大于 5 000kVA。为了保证供电可靠性，应该至少有两个独立电源，具体数量应视负荷大小及当地电网条件而定。对于两路独立的电源运行方式，原则上是两路同时供电，互为备用。此外，通常还需要装设应急备用发电机组。图 7-2 是智能建筑供电方案图。

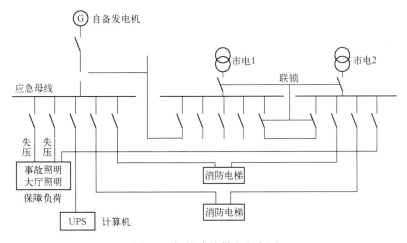

图 7-2　智能建筑供电方案图

2）智能建筑供配电及其监控系统的设计

在进行智能建筑的供配电设计时，电力系统与弱电系统的线路应分开敷设，整个建筑应采用总等电位连接，各楼层的智能化系统设备机房、楼层弱电间、楼层配电间等的接地应采用局部等电位连接。对于接地体，当采用联合接地体时，接地电阻值不应大于 1Ω；当采用单独接地体时，接地电阻值不应大于 4Ω。智能化系统设备的供电系统应采取过电压保护等保护措施。重要设备应采用放射式专用回路供电，其他设备可采用树干式或链式供电。

低压配电监控系统由现场设备，即电流变送器、电压变送器、功率因数变送器、有功功率变送器等各类传感器及直接数字控制器组成。控制器通过温度传感器、电压变送器、电流变送器、功率因数变送器自动检测变压器线圈温度、电压、电流和功率因素等参数，并将各参数转换成电流值，经由数字量输入通道后送入计算机，显示相应电压、电流的数值和故障的位置，并可检测电压、电流、累计用电量等。图 7-3 所示为智能建筑低压配电系统监控图。

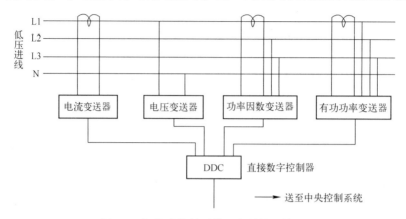

图 7-3 智能建筑低压供配电系统监控图

智能建筑供配电设备监视系统应具有下列功能。

（1）变配电设备各高/低压主开关运行状况监视及故障报警。

（2）电源及主供电回路电流值显示。

（3）电源电压值显示。

（4）功率因数测量。

（5）电能计量。

（6）变压器超温报警。

（7）应急电源供电电流、电压及频率监视。

（8）电力系统计算机辅助监控系统应留有通信接口。

低压配电系统的综合自动化可以由以下两种方式实现：一种方式是采用智能型断路器，另一种方式是采用智能型控制单元。智能型控制单元又分为两种：一种为电动机控制器，另一种为馈电控制器。从技术经济角度综合考虑，目前多数工程对大容量断路器的框架式断路采用智能型断路器，而对其他回路采用智能型控制单元。

　3）智能建筑电源的选择

　（1）供电电源的选择。

　由于智能建筑用电量大，所以一般供电电压都采用 10kV 标准电压等级，有时也可采用 20kV、35kV，变压器装机容量大于 5 000kVA，并设内部变配电所。

　按照《建筑设计防火规范》（GB 50016—2014）的有关要求，为了确保智能建筑消防设施和其他重要负荷的用电，智能建筑一般要求两路或两路以上独立电源供电，当其中一路电源发生故障时，另一路电源应能自动投入运行，不至同时受到损坏。另外，还需要装设应急备用柴油发电机组，要求在 15s 内自动恢复供电，保证事故照明、计算机设备、消防设备、电梯等的事故用电。

　（2）UPS 的选择。

　多数智能建筑装有柴油发电机组作为应急电源，以进一步提高一级负荷供电的可靠性。当市电中断后，应急电源能快速自启动，可在 15s 内恢复供电。柴油发电机组的功率按一级

负荷确定并保证其中一台最大容量的电动机能顺利起动。据调查，柴油发电机组的功率约占整个建筑物总计算功率的 15%。此外，消防控制、电话站、电子计算控制中心等还备有蓄电池静止型 UPS。

UPS 的供电方式分为集中供电和分散供电两种。

集中供电是指由一台 UPS（或并机）向整个线路的各个负荷装置集中供电，分散供电是指用多台 UPS 对多路负荷装置分散供电。这两种供电方式有各自的优/缺点，集中供电便于管理、布线要求高，但是可靠性低且成本高；分散供电不便于管理、布线要求低，但是具有较高的可靠性且成本较低。

智能建筑供电系统中的 UPS 容量一般可以按以下公式选择：

$$UPS 容量 \geq 负荷总容量 \div 0.8$$

即负荷总容量应在 UPS 额定容量的 80% 以下。选择 80%，主要考虑到负荷启动时的冲击电流及用户今后扩容的需要。

计算 UPS 的总容量之后，根据所选的蓄电池的单位容量确定需要的蓄电池的数量。

4）智能建筑的负荷计算

智能建筑中的用电设备出现了一些新特点。现在的高层、超高层智能建筑都有中央空调系统，电梯、扶梯多，通风系统设备多，照明设备普遍采用高效率电光源和高效率灯具，由于无功补偿技术的提高，使得现在灯具的功率因数一般可在 0.9 以上。另外，公共区域照明的灯光自动控制系统也被广泛采用。随着高层，特别是超高层建筑的消防措施越来越完善，消防用电设备越来越多，其负荷也比一般民用建筑大得多。

据有关资料统计，设有中央集中空调系统的高层建筑的空调负荷大，空调系统的电力负荷占整个建筑总电力负荷的 1/3～1/2。既然空调系统对于高层建筑是不可缺少的设施，其耗电量大，且基本上又在用电高峰期工作，那么在进行智能建筑的负荷计算时，尤其不能忽视空调系统的负荷计算。

高层或超高层智能建筑的用电设备越来越多，其用电设备总的安装功率也越来越大，计算负荷应考虑智能建筑自身的特点，不能一味地照搬以前建筑电气手册中的一些系数的取值，否则失之偏颇。但是，在实际计算时，切忌把智能建筑的计算负荷算得偏大，导致变压器容量选择偏大，使得变压器实际运行的负荷率偏低。智能建筑采用自动监控系统，使得其用电负荷处于节能状态，因此建议智能建筑的需要系数最好取一般民用建筑的下限值。

由于现在的智能建筑采用了电力监控和能源管理系统，因此能够很方便地绘制出不同季节的典型负荷曲线，将这些负荷曲线进行数理统计分析可以得到不同性质的智能建筑的特征参数，如需要系数 K_d 和二项式系数 b、c 等，供设计时参考。

《智能建筑设计标准》（GB 50314—2015）规定，智能建筑插座的容量与普通建筑规定也有不同：甲级标准的插座容量按 60V·A/m² 以上考虑，乙级标准的插座容量按 45V·A/m² 以上考虑，丙级标准的插座容量按 30V·A/m² 以上考虑。无论在设计还是计算中，都应该按此规定进行。

5）智能建筑的线缆选择

智能建筑内部的电气线路多且分布广，智能建筑的火灾多数与电气故障有关，因此配电线路的防火问题是电气安全的一个重要方面。智能建筑内的一般线路均采用由难燃或阻燃材料制作的导线。在火源作用下，这种线路可以燃烧，但当火源移开后会自动熄灭，从而避免火灾沿线路蔓延扩大的危险。绝缘导线穿钢管敷设时也属于阻燃线路。对于大量人员集中的场所，最好进一步选用低烟无卤电缆，有利于发生火灾时人员安全疏散。

6）智能建筑的防雷设计

雷电波入侵智能建筑的形式有两种，一种是直击雷，另一种是感应雷。一般来说，直击雷击中智能建筑内的电子设备的可能性很小，通常不必安装防护直击雷的设备。感应雷即由雷闪电流产生的强大电磁场变化与导体感应出的过电压、过电流形成雷击。感应雷入侵电子设备及计算机系统主要有以下3种途径：雷电的地电位反击电压通过接地体入侵，由交流供电电源线路入侵，由通信信号线路入侵。不管通过哪种形式以哪种途径入侵，都会使电子设备及计算机系统受到不同程度的损坏或严重干扰。

智能建筑一般均为一类防雷建筑物，应建立综合接地系统，接地电阻值不大于1Ω。在楼顶设计有接闪带、接闪针或混合组成的接闪器，利用钢柱或立柱内的钢筋作为防雷引下线，并与建筑物基础钢筋、梁柱钢筋、金属框架连接起来，形成闭合良好的法拉第笼，建筑内竖向金属管道应每3层与圈梁的均压环相连，均压环应与防雷装置专设引下线相连。当建筑物高度超过30m时，应将30m及以上的栏杆、金属门窗等较大金属物直接或通过金属门窗埋铁与防雷装置连接。智能建筑内的各种交流、直流设备众多，线路纵横交错，应将建筑物内的交流工作地、安全保护地、直流工作地、防雷接地与建筑物法拉第笼进行良好的连接，形成一个等电位体，避免接地线之间存在电位差，以消除感应过电压产生的可能。为了避免雷电由交流供电电源线路入侵，可在智能建筑的变配电所的高压柜内的各相安装接闪器一级保护，在低压柜内安装阀门式防雷装置作为二级保护，以防止雷电侵入建筑的配电系统。谨慎起见，可在建筑各层的供配电箱中安装电源接闪器三级保护，并将供配电箱的金属外壳与建筑的地系统可靠连接。

知识梳理

1. 智能建筑以建筑物为平台，兼备信息设施系统、信息化应用系统、建筑设备管理系统、公共安全系统等，集结构、系统、服务、管理及其优化组合为一体，向人们提供安全、高效、便捷、节能、环保、健康的建筑环境。

2. 建筑智能化结构由四大系统组成：楼宇自动化系统（BAS）、办公自动化系统（OAS）、通信网络系统（CNS）、综合布线系统（SCS）。

3. 智能建筑供配电系统除完成建筑供配电功能外，还具有对供配电系统进行监测、控制、保护、管理等功能。

4. 智能建筑供配电系统不但要求双电源供电，而且应该配置UPS。

5. 在选择智能建筑供电变压器、开关设备、线缆时，应该优选节能型新产品。

6. 在进行智能建筑的负荷计算时，需要系数最好取一般民用建筑的下限值，并且在选择变压器时适当留有余量。

7. 智能建筑电动机类用电设备较多，造成系统功率因数较低，在进行供配电系统设计时，应该高压补偿和低压补偿相结合，在进行低压补偿时，应该固定补偿和自动补偿相结合。

8. 由于智能建筑的用电量大，所以一般供电电压都采用10kV标准电压等级，有时也可采用 35kV，变压器装机容量大于 5 000kVA，并设内部变配电所。

9. 智能建筑一般均为一类防雷建筑物，应建立综合接地系统，接地电阻值不大于 1Ω。

任务7.2 智能建筑照明系统

随着人民生活水平的不断提高，人们对工作和生活环境的要求越来越高，对照明系统的要求也越来越高。照明领域的能源消耗在总的能源消耗中占了相当大的比例，节约能源和提高照明质量是当务之急。智能照明系统采用先进的照明控制方式，可实现对各种照明灯具的调光控制或开关控制，是实现舒适照明的有效手段，更是节能的有效措施。

本任务从智能照明系统的功能、设计、控制策略及节能照明产品等方面加以介绍。

7.2.1 智能照明系统分析

扫一扫看
PPT：照
明控制

扫一扫看
视频：照
明控制

1. 智能照明的概念

智能照明是指利用计算机、无线通信数据传输、扩频电力载波通信技术、计算机智能化信息处理及节能型电气控制等技术组成的分布式无线遥测、遥控、遥信控制系统，用于实现对照明设备的智能化控制。它具有灯光亮度的强弱调节、灯光软启动、定时控制、场景设置等功能，并具有安全、节能、舒适、高效的特点。

利用照明智能化控制，可以根据环境变化、客观要求、用户预定需求等条件自动采集照明系统中的各种信息，并对所采集的信息进行相应的逻辑分析、推理、判断，对分析结果按要求的形式进行存储、显示、传输，实现相应的工作状态信息反馈控制，以达到预期的控制效果。

实现照明控制系统智能化的主要目的有两个：一是提高照明系统的控制和管理水平，降低照明系统的维护成本；二是节约能源，降低照明系统的运营成本。

2. 智能照明系统的特点和控制策略

1）智能照明系统的特点

扫一扫看 PPT：
照明控制节能
案例

（1）系统集成性。它是集计算机技术、计算机网络通信技术、自动控制技术、微电子技术、数据库技术和系统集成技术于一体的现代控制系统。

（2）智能化。它是具有信息采集、传输、逻辑分析、智能分析推理及反馈控制等智能特征的控制系统。

（3）网络化。传统的照明控制系统大都是独立的、本地的、局部的系统，不需要利用专门的网络进行连接，而智能照明系统可以是大范围的控制系统，需要包括硬件技术和软件技术的计算机网络通信技术支持，以进行必要的控制信息交换和通信。

（4）便捷性。由于各种控制信息可以以图形化的形式显示，所以它控制方便，显示直观，并可以利用编程的方法灵活改变照明效果。

2）智能照明系统的控制策略

（1）时钟控制：通过时间设定实现各照明区域的不同控制。

（2）调光控制：通过照度探测器和调光模块达到各区域照度值始终在预先设定的范围内。

（3）区域场景控制：通过控制面板和调光模块实现各照明区域的场景切换控制。

（4）动静探测控制：通过动静探测器和调光/开关模块实现各照明区域的自动开关控制。

（5）手动遥控器控制：通过红外线遥控器实现正常状态下各区域的照明灯具的手动控制和区域场景控制。

（6）应急照明控制：系统对特殊区域的应急照明所执行的控制。

3. 智能照明系统与传统照明系统的比较

1）单控电路系统比较

传统照明系统单控电路的特点：控制开关直接在负载回路中；当负载较大时，需要相应增大控制开关的容量；当开关距离负载较远时，大截面电缆用量增加；只能实现简单的开关功能。

智能照明系统单控电路的特点：负载回路连线接到输出单元的输出端，控制开关用5类线与输出单元相连。当负载容量较大时，仅考虑加大输出单元容量，控制开关不受影响；当开关距离较远时，只需加长控制总线的长度即可，节省大截面电缆用量；可通过软件设置多种功能（开/关、调光、定时等）。

2）双控电路系统比较

传统照明系统双控电路的特点：实现双控时用两个单刀双掷开关，开关之间连接照明电缆；在进行多点控制时，开关之间的电缆连线增多，使线路安装变得非常复杂，工程施工难度大。

智能照明系统双控电路的特点：实现双控时只需简单地在控制总线上并联一个开关即可；在进行多点控制时，只需依次并联多个开关即可，开关之间仅用一条5类线连接，线路安装简单省事。

3）控制方式比较

传统控制采用手动开关，必须一路一路地开或关，控制方式也只有开和关，必须由工作人员到每个开关处对每条线路进行控制，当开关距离较远时，控制起来就较为麻烦了。

智能照明控制采用低压二次小信号控制方式，控制功能强、方式多、范围广、自动化程度高，通过实现场景的预设置和记忆功能，操作时只需按一下控制面板上的某个按键即可启动一个灯光场景（各照明回路不同的亮暗搭配组成一种灯光效果），各照明回路随即自动变换为相应的状态。上述功能也可以通过其他控制界面实现。

4）照明方式比较

传统控制方式单一，只有开和关。智能照明系统采用调光模块，通过灯光的调光在不同使用场合产生不同的灯光效果，营造出不同的舒适氛围。

5）管理方式比较

传统控制对照明的管理是人为化的管理；智能控制可实现能源管理自动化，通过分布式网络，只需一台计算机就可实现对整幢大楼的管理。

智能照明系统之所以能广泛地应用在智能建筑中，是因为它有如下优点：实现照明控制人性化；改善工作环境，延长灯具使用寿命；节约能源；提高管理水平等。

4. 智能照明系统的组成

智能照明系统是基于计算机控制平台的全数字、模块化、分布式总线型控制系统。中央处理器、模块之间通过网络总线直接通信，利用总线使照明、调光、百叶窗、场景、控制等实现智能化，并成为一个完整的总线系统。

智能照明系统由输入单元、输出单元和系统单元3部分组成。

　　输入单元主要包括输入开关、场景开关、液晶显示触摸屏、智能传感器等设备，作用是将外界信号转变为网络传输信号，在系统总线上传播；输出单元主要包括智能继电器、智能照明控制器等设备，作用是接收相关的命令，并按照命令对灯光做出相应的输出动作；系统单元主要包括系统电源、系统时钟、网络通信线等设备，作用是为系统提供弱电电源和控制信号载波，维持系统正常工作。通信系统是各个组成模块间的联络方式，大多数的智能照明系统都采用总线结构，并按照一定的协议方式进行通信。

　　图 7-4 是智能照明系统示意图。从图 7-4 中可以看出，智能照明系统的开关种类很多，在设计时，可以根据用户的不同控制需求进行选取。智能照明系统带给人们的是舒适可控的光环境。例如，对于智能住宅，只要轻按场景开关的一个按键，就可以得到想要的灯光和电器的组合场景，如回家模式、离家模式、会客模式、就餐模式、影院模式、夜起模式等。智能照明系统还可以利用手机等移动终端设备，通过网络实现远程控制。

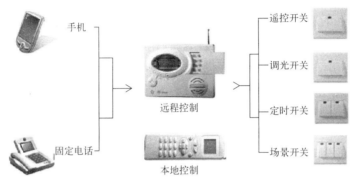

图 7-4　智能照明系统示意图

　　图 7-5 所示为利用 P-Bus 总线技术实现的智能照明系统。在图 7-5 中，利用照度传感器

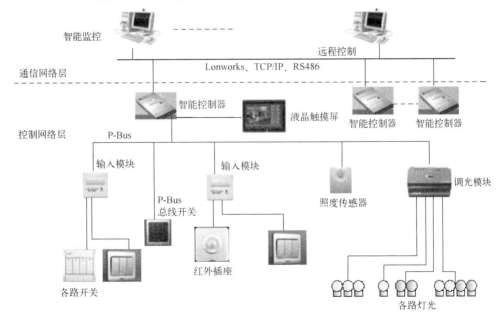

图 7-5　利用 P-Bus 总线技术实现的智能照明系统

可以检测房间照度，从而自动决定房间是否需要照明，一旦检测到房间照度不够，就自动接通照明装置，并可通过调光模块实现房间恒照度照明。例如，在有阳光的情况下，自动降低照明设备的发光程度，也可以手动实现调光控制。

液晶触摸屏可以按使用者的意图设置照明场景；智能照明开关控制面板可以在不同地方的终端控制同一盏灯，可实现停电自锁，来电后所有灯将保持熄灭状态，可以提供免打扰模式；智能开关可以与遥控器配套使用，遥控器上的按钮具有夜光功能。

7.2.2　智能建筑照明系统设计

智能建筑照明系统设计应该突出两大方面的设计：一是控制与管理的智能化；二是绿色照明，即照明工程的节能与环保。

照明工程控制与管理的智能化就是要求设计智能照明系统。

1. 智能照明系统设计

1）智能照明系统设计步骤

智能照明系统设计一般都是在灯光设计和照明电气设计部分完成之后进行的。

第一步：编制照明回路负载清单。

在此过程中应该注意的是，首先，每条照明回路的灯具应该为同类型的灯具，只有这样才便于调光模块的选择和配置，而且每条照明回路的灯具控制性质应该是相同的，同为普通供电或同为应急供电；其次，应核对每条照明回路的最大负载功率是否在需要选择的调光器允许的额定负载容量之内；最后，要对一些照明回路的划分做适当的调整，使其更适合场景配置的需要，使各路灯光可组合构成一个优美的照明艺术环境。

第二步：按照明回路的性能选择相关的调光器。

调光器是智能照明系统的主要部件，对于不同类型的灯具，应该选用不同调光器。例如，对于冷阴极灯（发光、霓虹、充气），这类灯采用电压变压器工作，因此应采用前沿相控调光器；对于包括金属卤化物灯在内的各种气体放电灯，应该选用正弦波电压调光器。

第三步：按照明控制要求选择控制面板和其他相关控制部件。

用户控制面板的操作方式与常规使用的开关面板相似，不同的是其上的每个按键能完成各种不同的智能任务，并不受控制区域范围的限制。

第四步：选择附件和集成方式。

第五步：编制系统设备配置表。

2）智能照明常用设备的选用

（1）智能照明开关（见图7-6）的选用。

多路控制开关　　　　　　红外控制开关　　　　　　触摸延时开关

图7-6　智能照明开关

智能照明开关具有如下功能。

相互控制：房间里所有的灯都可以在每个开关上控制。

照明显示：房间里所有灯的状态都会在每个开关上显示出来。

多种操作：可本位手动、红外遥控、异地操作。

本位控制：可直接打开关所连接的灯。

本位锁定：可禁止所有的开关对本房间的灯进行操作。

全关功能：可一键关闭房间里所有的灯或关闭任何一个房间的灯。

断电保护：来电时所有的灯将关闭，并有声音提示。

红外遥控：可用红外遥控器远距离控制所有的开关。

快捷设定：方便、快捷地设定各个开关的名称等。

目前，家庭智能照明开关的种类繁多，已有上百种，而且其品牌还在不断增加，其中市场所使用的智能照明开关无外乎几种技术：电力线载波、无线射频、总线。

电力线载波类控制的智能照明开关是采用电力线来传输信号的，需要设置编码器，容易受电力线杂波的干扰，工作十分不稳定，经常失控。无线射频类控制的智能照明开关是采用射频方式来传输信号的，经常受无线电波的干扰，使其频率稳定而容易失去控制，操作十分烦琐。此类开关需要添加一条中性线，以达到多控、互控的效果。总线控制的智能开关是采用现场总线来传输信号的，通过现场总线将总线面板连接起来实现通信和控制信号传输，其稳定性和抗干扰能力比较强，最早的总线采用集中式总线结构，把所有的电线都集中在一个中央控制网关或控制器上，从这个位置分信号线到每个开关，这样所带来的问题是布线系统的安全性比较差，中央控制器瘫痪会影响整个系统的运行。目前多采用分布式现场总线制，其稳定性和抗干扰能力强，信号由专门的信号线来传输，使开关与开关之间相互通信，每个位置的智能面板可实现多点控制、总控、分组控制、点对点控制等多种功能。

因此，分布式现场总线制智能照明开关应用比较广泛。

智能照明开关是在普通开关的安装基础上多了一条两芯的信号线，每个开关可以说是一个单独的集中控制器，安装时不需要添加任何其他设备，安装快捷方便。

（2）智能照明控制器（见图 7-7）的选用。

图 7-7　智能照明控制器

智能照明控制器可以实现对灯光的亮度从 0 到 100%进行无极调控。智能照明控制器具有软启动功能，即保证灯具在正常使用的情况下，通过降低启动电流来有效控制瞬间冲击电流，达到延长灯具寿命的目的，且软启动时间可调整。另外，它还可根据即时电网电压的波动自动调整调压幅度，使灯具工作在最佳电压状态，达到既保护灯具又节省耗电的双重目的，实现稳压效果。当出现过载、短路或过热故障时，智能照明控制器自动转入旁路并带报警功能，保证发光源的正常使用。设备断电再送电时，智能照明控制器能自动恢复到断电前的设置，避免断电再送电时空房照明的情况出现。

在选择智能照明控制器方面，第一，在选择类型时，要与整体智能照明系统相吻合，并与智能照明开关相匹配。第二，根据用户对照明控制的需求选择具有一定功能的智能照明控制器。例如，在进行学生宿舍智能照明控制器的选择时，要求短路和过载时立即切断电源，因为短路和过载是导致宿舍火灾事故发生的直接原因；还要求在撤除限用电器后立即自动恢复照明供电，以利于保障宿舍正常的生活秩序，同时，学生使用限用电器断电后还要给管理者做出报警指示，以利于管理者查找违规电器。第三，考虑智能照明控制器的技术参数，使之符合系统设计要求。第四，考虑其负载的兼容性，不是所有的智能照明控制器与所有类型的光源负载都能配合使用的。

2. 智能照明系统节能设计

扫一扫看视频：
LPD 的计算与照明节能

1）合理选择电光源

一是选择节能型电光源，即发光效率较高的电光源，如高压钠灯、金属卤化物灯、节能荧光灯等气体放电灯及 LED 新光源。

二是选择便于进行智能控制的电光源。智能照明系统能对大多数灯具（包括白炽灯、日光灯、配以特殊镇流器的钠灯、水银灯、霓虹灯等）进行智能调光，给需要的地方在需要的时间以充足的照明，及时关掉不需要的灯具，充分利用自然光，其运行节能效果充分。实现智能照明控制一般可以节约 20%～40% 的电能，不但降低了用户电费支出，而且减轻了供电压力。

2）科学设计节能照明控制方式

节能照明控制方式的选择可根据自然光的变化决定照明点亮的范围。例如，对靠外墙窗户的照明灯进行单独光照的控制设计；住宅照明中可根据家庭使用特点和时段进行照明节能设计与控制选择，并根据照明使用特点进行智能照明开关设计；不同场所应采用适当的节电开关，如定时开关、光控开关、声控开关等。例如，人离开房间时延时切断除冰箱和计算机外的其他电源；走廊，电梯前室、楼梯间及公共部位的灯光控制可采取定时控制、集中控制及调光和声光控制等方式。采用智能灯光控制系统进行更全面、更灵活的节能控制；对建筑形式和经济条件许可的建筑，还可随室外自然光的变化自动调节室内照度，或者利用各种导光和反光装置（如光导管等）将自然光引入室内进行照明。

3）充分利用自然光

建筑物内尽量利用自然光，靠近室外部分的建筑面积应将门窗开大，采用透光率较好的玻璃门窗，以达到充分利用自然光的目的。凡是可以利用自然光的这部分照明均可采用按照度标准检测现场照度进行灯光自动调节。对于照明节能，在满足照度、光色、显色指数的要求下，应采用高效光源及高效灯具，对能利用自然光部分的灯具或可变照度的照明采用成组分片的自动控制开停方式，可达到照明节能的效果。

可调节有控光功能的建筑设备（如百叶窗）来调节自然光，还可以与灯光系统联动。当天气发生变化时，系统能够自动调节，无论在什么场所或天气如何变化，系统均能保证室内的照度维持为预先设定的水平。智能照明系统可采用全自动状态工作。系统有若干基本状态，这些状态会按预先设定的时间相互自动切换，并将照度自动调整到最适宜的水平。

4）合理设计照明配电系统

（1）稳定电压。当光源端电压升高时，电耗增加；设计中应考虑采取稳定电压的措施，如采用照明专用变压器，并在必要时自动稳压；当与电力负荷公用变压器时，应避开冲击性负荷对照明的影响。

（2）增大 $\cos\varphi$。

（3）降低线路阻抗，适当加大截面。

（4）采用合理的控制方式，如微机自动开关灯，调压、调光防控；还有对道路灯（钠灯）采用恒功率输入、恒光通量输出，后半夜降低灯端电压或灯功率，以降低光输出，节约输入电能等。

（5）利用可再生能源。太阳能是一种取之不竭、用之不尽的绿色光源。我们可通过对各种集光装置的运用来完成对太阳能的采光。通过对照明的空调一体化技术（实质上是经过空调型照明装置与建筑构造的整合来达到提高照明质量、节约电力能源和优化室内环境的一种建筑化照明技术）的实施来完成对太阳能的储存，从而达到对可再生资源进行很好的利用的目的。

知识梳理

1. 智能照明是指利用计算机、无线通信数据传输、扩频电力载波通信技术、计算机智能化信息处理及节能型电气控制等技术组成的分布式无线遥测、遥控、遥信控制系统，用于实现对照明设备的智能化控制。

2. 实现照明控制系统智能化的主要目的有两个：一是提高照明系统的控制和管理水平，降低照明系统的维护成本；二是节约能源，降低照明系统的运营成本。

3. 智能化照明控制系统具有系统集成性、智能化、网络化、便捷性特点。

4. 智能照明系统由输入单元、输出单元和系统单元 3 部分组成。输入单元主要包括输入开关、场景开关、液晶显示触摸屏、智能传感器等设备，输出单元主要包括智能继电器、智能照明控制器等设备，系统单元主要包括系统电源、系统时钟、网络通信线等设备。

5. 智能建筑照明系统设计应该突出两大方面的设计：一是控制与管理的智能化；二是绿色照明，即照明工程的节能与环保。

6. 智能照明系统设计步骤：编制照明回路负载清单→按照明回路的性能选择相关的调光器→按照明控制要求选择控制面板和其他相关控制部件→选择附件和集成方式→编制系统设备配置表。

7. 智能照明系统节能设计应该从选择节能电光源、设计节能照明控制方式、充分利用自然光、降低照明配电线路上的损耗、利用可再生能源等方面下功夫。

思考与练习题 7

1. 什么是智能建筑？
2. 说明智能建筑的四大系统构成，并说明供配电属于什么系统？
3. 简述智能建筑供配电系统的智能化功能。
4. 智能建筑中的一级负荷都有哪些？
5. 说明智能建筑对供电可靠性设计方面的要求。

6. 智能建筑中的电能质量存在什么问题？

7. 说明智能建筑电能质量的相关标准。

8. 在进行智能建筑的供配电设计时，如何体现节能设计？

9. 在智能建筑中，通常采用什么方法实现无功补偿？

10. 简述智能建筑供配电系统的功能。

11. 如何选择智能建筑的 UPS 容量？

12. 通过采用智能照明系统可实现哪些控制功能？

13. 列举智能照明系统的输入单元常用的设备，其作用是什么？

14. 简述智能照明系统设计步骤。

15. 简述智能照明开关的功能。

16. 从哪些方面进行智能照明系统的节能设计？

项目 8

建筑安全员供配电技能训练

教	项目简介	建筑施工企业关键技术岗位有八大员，即施工员、质量员、安全员、标准员、材料员、机械员、劳务员、资料员。本项目针对安全员岗位在建筑供配电和照明技术等方面的相关知识与技能的要求进行详细分析、归纳，以简洁明确的方式指出关键知识点和技能点，并提供不同类型的自测题供学生训练
	推荐教学方式	讨论法、训练法、讲授法
	建议学时	课内 2 学时+课外 4 学时
学	学生知识储备	1. 供配电的基本知识； 2. 电气照明的基本知识； 3. 安全员的岗位要求知识； 4. 相关规范要求
	能力目标	能够掌握建筑安全员对供配电和照明相关知识和技能的要求，独立完成测试训练，达到安全员考试相关标准

安全员负责巡视检查施工现场的安全状况，并负责对新进场人员进行安全教育及安全交底。所有在施工现场发现的安全隐患，安全员都应该立即向工长、项目经理或相关领导汇报并有权停止施工作业。安全员有权检查与安全相关的内业资料、日志、记录等文件并督促相关人员完善改进。安全员及项目经理是施工现场的第一安全责任人，安全员没有对施工的直接指挥权。安全员有义务接受行政主管部门对施工现场及内业资料的检查。施工现场所有人员都要积极配合安全员的工作。

安全员的职责如下。

第一条，贯彻执行安全生产的有关法规、标准和规定，做好安全生产的宣传教育工作。

第二条，努力学习和掌握各种安全生产业务技术知识，不断提高业务水平，做好本职工作。

第三条，经常深入基层，了解各单位的施工和生产情况，指导和协调基层专业人员的工作；深入现场检查，督促工作人员，严格执行安全规程和安全生产的各项规章制度，制止违章指挥、违章操作，遇有严重险情，有权暂停生产，并报告领导处理。

第四条，参与对项目工程施工组织设计（施工方案）中的安全技术措施的审核，并对其贯彻执行情况进行监督、检查、指导、服务。

第五条，参加安全检查，负责做好记录，总结和签发事故隐患通知书等。

第六条，认真调查研究，及时总结经验，协助领导贯彻和落实各项规章制度与安全措施，改进安全生产管理工作。

第七条，协助配合部门技术负责人，共同做好对新工人的教育和特种作业人员的安全培训工作。

第八条，当发现有违反安全施工的行为或安全隐患时，可以勒令停止作业并立即报告上级领导或部门。

任务 8.1　建筑安全员供配电基本知识与技能要求

8.1.1　施工现场临时安全用电的依据

（1）《施工现场临时用电安全技术规范》（JGJ 46—2005）。

（2）《建筑施工安全检查标准》（JGJ 59—2011）。

（3）《建筑工程施工质量验收统一标准》（GB 50300—2013）。

（4）《公路工程施工安全技术规范》（JTG F90—2015）。

8.1.2　建筑用电工程安全用电基本概念

电力系统：由电力线路将发电厂、变电所和电力用户联系起来的一个发电、输电、变电、配电和用电的整体。图 8-1 是电力系统示意图，图 8-2 是电力系统方框图。

建筑供配电系统：由高压及低压配电线路、变电所（包括配电所）和用电设备组成。

变电所：电力系统中对电能的电压和电流进行变换、集中与分配的场所，由高压配电室、低压配电室、变压器室、电容器室、值班室等组成。可以理解成变电所使 10kV 及以下交流电源经电力变压器变压后对用电设备供电。变电所一般只有两种电压的转变，规模

较小。

比变电所大的叫作变电站，它往往有多种电压等级的转变，如一个变电站常有 10kV、40.5kV、110kV、220kV 等电压等级的线路，是输电线路的中枢。

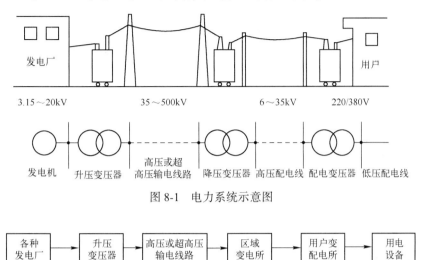

图 8-1　电力系统示意图

图 8-2　电力系统方框图

配电所：对电能进行接收、分配、控制与保护的场所。它不对电能进行变压。可以理解成配电所是所内只有起开闭和分配电能作用的高压配电装置，母线上无主变压器。

只有同一电压等级输入/输出的 10kV 电压等级的配电所就是开闭所，具有 35kV 及以上电压等级的配电所叫开关站。

高压配电所：担负从电力系统接受电能和分配高压电能任务的场所，即对高压进行控制、计量、保护、分配等，主要由高压配电柜组成。

低压配电所：担负从电力系统接受电能并分配电能任务的场所，即对低压进行控制、计量、保护、分配等，主要由低压配电柜组成。

变压器室：安装变压器的场所，作用是将高压变换成低压。

我国电网电压等级：主要有 0.22、0.38、3、6、10、35、110、220、330、550（单位：kV）10 级。其中，电网电压在 1kV 及以上的称为高压，1kV 以下的称为低压，100V 以下为安全电压。

低压配电系统：从终端降压变电所的低压侧到低压用电设备的电力线路，其电压为 220/380V，由配电装置（配电柜或盘）和配电线路（干线及分支线）组成。低压配电系统可分为动力配电系统和照明配电系统。低压配电系统由馈电线、干线和分支线组成，如图 8-3 所示。其中，馈电线是指电能从变电所低压配电屏送至总配电箱的线路；干线是指电能从总配电箱送至各个分配电箱的线路；分支线是由干线分出，将电能送至每个照明分配电箱的线路，以及从分配电箱分出接至各用电设备的线路。

建筑供电系统电气主接线：由隔离开关、互感器、接闪器、断路器、主变压器、母线、电力电缆等设备组成的，按照工作要求顺序连接构成的接受和分配电能的电气主电路，又叫主接线。

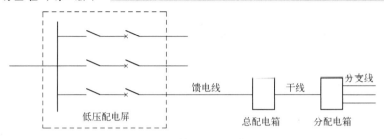

图 8-3　低压配电网络

安全电压：为防止触电事故而采用的 50V 以下特定电源供电的电压系列，分为 42V、36V、24V、12V 和 6V 五个等级，建筑施工现场常用的安全电压有 12V、24V、36V。

以下特殊场所必须采用安全电压照明供电。

（1）室内灯具距离地面低于 2.4m，手持照明灯具，以及一般潮湿作业场所（地下室、潮湿室内、潮湿楼梯、隧道、人防工程，以及有高温、导电灰尘等）的照明电源电压应不高于 36V。

（2）潮湿和易触及带电体场所的照明电源电压应不高于 24V。

（3）在特别潮湿的场所、锅炉或金属容器内、导电良好的地面使用手持照明灯具等，照明电源电压不得高于 12V。

防雷接地：为了将雷电流迅速导入大地，以防止雷害为目的的接地。防雷接地装置包括以下部分。

（1）雷电接收装置：直接或间接接受雷电的接闪器，如接闪杆、接闪带（网）、架空地线等。

（2）接地线（引下线）：雷电接收装置与接地装置连接用的金属导体。

（3）接地装置：接地线和接地体的总和。

等电位连接：将建筑物中各电气装置和其他装置外露的金属及可导电部分与人工或自然接地体同导体连接起来以达到降低电位差的目的。前面已介绍过，等电位连接有总等电位连接、局部等电位连接和辅助等电位连接。

漏电保护器：俗称漏电开关，是用在电路或电器绝缘受损发生对地短路时，防止人身触电和电气火灾的保护电器，一般安装在每户配电箱的插座回路上和全楼总配电箱的电源进线处，后者专用于防电气火灾。

倒闸操作：电气设备分为运行、备用（冷备用及热备用）、检修 3 种状态。将设备由一种状态转变为另一种状态的过程叫作倒闸，所进行的操作叫作倒闸操作。通过操作隔离开关、断路器，以及挂、拆接地线将电气设备从一种状态转换为另一种状态或使系统改变运行方式的操作就叫作倒闸操作。倒闸操作必须执行操作票制和工作监护制。

两相触电：人体同时接触两根带电的导体（相线），电线上的电流会通过人体，从一根导线流到另一根导线，形成回路，使人触电。

单相触电：如果人站在大地上接触到一根带电导线（相线），则由于大地也能导电，而且与电力系统（发电机、变压器）的中性点相连接，人就等于接触了另一根导线（中性线）；或者接触一根相线、一根中性线，造成触电。

跨步电压触电：当输电线路发生故障而使导线接地时，由于导线与大地构成回路，电

流经导线流入大地，会在导线周围地面形成电场，如果双脚分开站立，就会产生电位差，此电位差就是跨步电压，当人体触及跨步电压时，电流就会流过人体，造成触电事故。

电击与电伤：施工现场的触电事故主要分为电击和电伤两大类，也可分为低压触电和高压触电事故，前者按伤害类型划分，后者按触电发生部位电压的高低划分。

电击是最危险的触电事故，大多数触电死亡事故都是由电击造成的。当人直接接触带电体时，电流通过人体，使肌肉麻木、抽动，如果不能立刻脱离电源，则将使人体神经中枢受到伤害，引起呼吸困难、心脏停搏，以致死亡。

电伤是电流的热效应、化学效应或机械效应对人体造成的伤害。电伤多见于人体表面，且在人体表面留下伤痕。其中电弧烧伤最为常见，也最为严重，可致残或致命。此外，还有灼伤、烙印和皮肤金属化等伤害。

8.1.3　建筑用电工程安全用电基本知识与技能

1. 施工现场的供电方式
（1）独立变配电所供电。
（2）自备变压器供电。
（3）低压 220/380V 供电。
（4）借用电源供电。

2. 用电负荷分级及其对供电电源的要求
我国将电力负荷划分为以下 3 个等级。
一级负荷：双电源供电，一用一备。
二级负荷：双电源供电，一用一备，或者一条高压专用线。
三级负荷：对供电电源没有特殊要求，一般由单回电力线路供电。

3. 建筑供电系统的中性点接地方式
建筑供电系统的中性点接地方式是指作为供电电源的发电机或变压器的中性点在正常运行时与大地之间的连接方式，通常有直接接地、不接地和经消弧线圈接地几种方式。我国民用建筑供电系统采用直接接地方式。IEC（国际电工委员会）规定，低压配电系统按接地方式的不同分为 3 类，即 TT、IT 和 TN 系统。TN 系统又包括 TN-S 系统、TN-C 系统和 TN-C-S 系统。

（1）TT 系统：将电气设备的金属外壳直接接地的保护系统，称为保护接地系统。

（2）IT 系统：电源侧没有工作接地或经过高阻抗接地的系统。

（3）TN 系统：将电气设备的金属外壳与工作中性线相接的保护系统，称为接零保护系统。

① TN-C 系统：保护线（PE 线）与中性线（N 线）合并为 PEN 线，如图 8-4 所示，适用于较平衡的三相负荷（如动力负荷），不适合作为智能建筑的低压配电系统。我国《爆炸危险环境电力装置设计规范》明确规定，在 1、10 区爆炸危险环境中不能采用 TN-C 系统。

② TN-S 系统：PE 线与 N 线分开，如图 8-5 所示，适用于数据处理和精密电子仪器设备的供电，也可用在有爆炸危险的环境中。智能建筑的低压供电系统多采用 TN-S 系统。建筑工程施工前的"三通一平"必须采用 TN-S 系统。

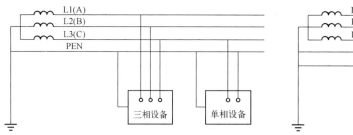

图 8-4　TN-C 系统

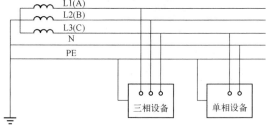

图 8-5　TN-S 系统

③ TN-C-S 系统：PE 线与 N 线先合后分的供电形式，如图 8-6 所示。为了防止分开后的 PE 线与 N 线混淆，应给 PE 线和 PEN 线涂以黄绿相间的色标，给 N 线涂以浅蓝色色标。PEN 线自分开后，PE 线与 N 线不能再合并，否则将丧失分开后形成的 TN-S 系统的特点。在建筑施工临时供电中，如果前部分是 TN-C 系统，而施工规范规定施工现场必须采用 TN-S 系统，则可以在系统后部分现场总配电箱中分出 PE 线。

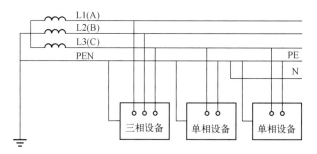

图 8-6　TN-C-S 系统

4. 施工现场的配电方式

低压配电方式是指低压干线的配电方式。

低压配电方式有放射式、树干式、混合式 3 种，如图 8-7 所示。

（1）放射式：由总配电箱直接供给分配电箱或负载的配电方式。

（2）树干式：总配电箱至各分配电箱之间采用一条干线连接的配电方式。

（3）混合式：放射式与树干式的结合。

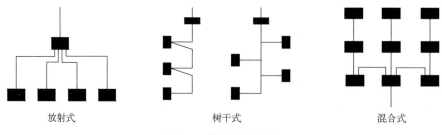

放射式　　　　　　　　树干式　　　　　　　　混合式

图 8-7　低压配电方式

8.1.4　建筑用电工程安全用电常识必读

1. 电线的相色

电源线路可分工作相线（火线）、专用工作中性线和专用保护中性线。一般情况下，工作相线带电危险，专用工作中性线和专用保护中性线不带电（但在不正常情况下，专用工作中性线也可以带电）。

一般工作相线分为 A、B、C 三相，颜色分别为黄色、绿色、红色；专用工作中性线为黑色；专用保护中性线为黄绿双色线。

严禁用黄绿双色、黑色、蓝色线当工作相线，也严禁用黄色、绿色、红色线作为专用工作中性线和专用保护中性线。

2. 正确使用与安装插座

常用的插座分为单相双孔、单相三孔和三相三孔、三相四孔等几种。在选用与安装时应注意以下几点。

（1）三孔插座应选用品字形结构，不应选用等边三角形排列结构，因为后者容易发生三孔互换情况，造成触电事故。

（2）插座在电箱中安装时，必须首先将其固定安装在安装板上，接地极与箱体一起做可靠的专用保护 PE 线保护。

（3）三孔或四孔插座的接地孔（较粗的一个孔）必须在顶部位置，不可倒置；两孔插座应水平并列安装，不准垂直并列安装。

（4）插座接线要求：对于两孔插座，左孔接专用工作中性线，右孔接工作相线；对于三孔插座，左孔接专用工作中性线，右孔接工作相线，上孔接专用保护中性线；对于四孔插座，上孔接专用保护中性线，其他三孔分别接 A、B、C 三根工作相线。

3. 电气线路的安全技术措施

（1）施工现场电气线路全部采用三相五线制（TN-S 系统）专用保护接零（PE 线）系统供电。

（2）施工现场架空线采用绝缘铜线。

（3）架空线设在专用电杆上，严禁架设在树木、脚手架上。

（4）导线与地面保持足够的安全距离。

导线与地面的最小垂直距离：施工现场应不小于 4m，机动车道应不小于 6m，铁路轨道应不小于 7.5m。

（5）当无法保证规定的电气安全距离时，必须采取防护措施。

如果由于在建工程位置限制而无法保证规定的电气安全距离，就必须采取设置防护性遮栏、栅栏，悬挂警告标志牌等防护措施，当发生高压线断线落地情况时，非检修人员要远离落地点 10m 以外，以防跨步电压危害。

（6）为了防止设备外壳带电发生触电事故，设备应采取保护接零并安装漏电保护器等措施。作业人员要经常检查保护中性线连接是否牢固可靠，漏电保护器是否有效。

（7）在电箱等用电危险地方挂设安全警示牌，如"有电危险""禁止合闸""有人工作"等。

4. 照明用电的安全技术措施

施工现场临时照明用电的安全要求如下。

（1）临时照明线路必须使用绝缘导线。户内（工棚）临时线路的导线必须安装在离地2m以上的支架上；户外临时线路必须安装在离地2.5m以上的支架上；零星照明线不允许使用花线，一般应使用软电缆线。

（2）建设工程的照明灯具宜采用拉线开关。拉线开关距地面的高度为2～3m，与出、入口的水平距离为0.15～0.2m。

（3）严禁在床头设立开关和插座。

（4）电器、灯具的相线必须经过开关控制。不得将相线直接引入灯具，也不允许以电气插头代替开关来分合电路；室外灯具距地面的高度不得小于3m，室内灯具不得小于2.4m。

（5）使用手持照明灯具（行灯）应符合一定的要求。

① 电源电压不超过36V。

② 灯体与手柄应坚固，绝缘良好，并耐热、防潮湿。

③ 灯头与灯体结合牢固。

④ 灯泡外部要有金属保护网。

⑤ 金属网、反光罩、悬吊挂钩应固定在灯具的绝缘部位。

（6）在照明系统的每条单相回路上，灯具和插座数量不宜超过25个，并应装设熔断电流在15A以下的熔断保护器。

（7）照明灯具的金属外壳必须与PE线相连接，照明开关箱内必须装设隔离开关、短路与过载保护器和漏电保护器。

5. 配电箱与开关箱的安全技术措施

施工现场临时用电一般采用三级配电方式，即总配电箱（或配电室）下设分配电箱，再以下设开关箱，开关箱以下就是用电设备。

配电箱和开关箱的使用安全要求如下。

（1）配电箱、开关箱的箱体材料一般应选用钢板，也可选用绝缘板，但不宜选用木质材料。

（2）配电箱、开关箱应安装端正、牢固，不得倒置、歪斜。固定式配电箱、开关箱的下底与地面的垂直距离应分别大于或等于1.3m、小于或等于1.5m；移动式分配电箱、开关箱的下底与地面的垂直距离应分别大于或等于0.6m、小于或等于1.5m。

（3）进入开关箱的电源线严禁用插销连接。

（4）配电箱之间的距离不宜太远。分配电箱与开关箱的距离不得超过30m，开关箱与固定式用电设备的水平距离不宜超过3m。

（5）每台用电设备应有各自专用的开关箱，且必须满足一机一闸一漏一箱的要求，严禁用同一个开关电器直接控制两台及两台以上用电设备（含插座）。开关箱中必须设漏电保护器，其额定漏电动作电流应不大于30mA，漏电动作时间应不大于0.1s。

（6）所有配电箱门应配锁，不得在配电箱和开关箱内挂接或插接其他临时用电设备，开关箱内严禁放置杂物。

（7）配电箱、开关箱的接线应由电工操作，非电工不得乱接。

6. 配电箱和开关箱的使用要求

（1）在停、送电时，配电箱、开关箱之间应遵守合理的操作顺序。

送电操作顺序：总配电箱→分配电箱→开关箱。

断电操作顺序：开关箱→分配电箱→总配电箱。

在正常情况下，停电时首先分断自动开关，然后分断隔离开关；送电时先合隔离开关，后合自动开关。

（2）在使用配电箱、开关箱时，操作者应接受岗前培训，熟悉所使用设备的电气性能，掌握有关开关的正确操作方法。

（3）及时检查、维修，并更换熔断器的熔体，必须用原规格的熔体，严禁用铜线、铁线代替。

（4）配电箱的工作环境应经常保持设置时的要求，不得在其周围堆放任何杂物，保持必要的操作空间和通道。

（5）维修机器停电作业时要与电源负责人联系停电，要悬挂警示标志，卸下熔断器，锁上开关箱。

（6）要逐步执行一机一闸一漏一箱的规定。

（7）开关箱内的每个开关只可接一台电动机（或其他用电设备）。

7. 手持电动工具的安全使用要求

（1）一般场所应选用Ⅰ类手持电动工具，并应装设额定漏电动作电流不大于 15mA、额定漏电动作时间小于 0.1s 的漏电保护器。

（2）在露天、潮湿场所或金属构架上操作时，必须选用Ⅱ类手持电动工具，并装设漏电保护器，严禁使用Ⅰ类手持电动工具。

（3）负荷线必须采用耐用的橡皮护套铜芯软电缆：单相用三芯（其中一芯为保护中性线）电缆；三相用四芯（其中一芯为保护中性线）电缆；电缆不得破损或老化，中间不得有接头。

（4）应配备装有专用的电源开关和漏电保护器的开关箱，严禁一个开关接两台以上用电设备，其电源开关应采用双刀控制。

（5）手持电动工具开关箱内应采用插座连接，其插头、插座应无损坏、无裂纹且绝缘良好。

（6）使用手持电动工具前必须检查其外壳、手柄、负荷线、插头等是否完好无损，以及接线是否正确（防止相线与中性线错接）；如果发现工具外壳、手柄破裂，则应立即停止使用并更换。

（7）非专职人员不得擅自拆卸和修理工具。

（8）作业人员在使用手持电动工具时，应穿绝缘鞋并戴绝缘手套，操作时握其手柄，不得利用电缆提拉。

（9）长期搁置不用或受潮的工具在使用前应由电工测量其绝缘阻值是否符合要求。

8.1.5 安装电工常用测量仪表

1. 钳形电流表

钳形电流表如图 8-8 所示。

作用：不断开线路，测量负载电流。

组成：电流互感器和电流表。

使用时的注意事项如下。

（1）正确安放导线。

（2）正确选择量限。

（3）钳口去污、紧闭。

（4）使用完毕后将量限安放在最大处。

2. 万用表

万用表如图 8-9 所示。

图 8-8　钳形电流表

作用：测量电压、电流、电阻、电感、电容、三极管等。

使用时的注意事项如下。

（1）使用前应进行机械调零和电气调零。

（2）正确选用测量挡，即测量内容及量限。

（3）使用完毕后应将挡位放在交流电的最高挡。

3. 兆欧表

兆欧表及其接线图如图 8-10 所示。

作用：用于检查和测量电气设备或线路绝缘电阻。

组成：测量机构、测量线路和高压电源。

图 8-9　万用表

兆欧表的选择：常用的有 500V、500～100V 两种。

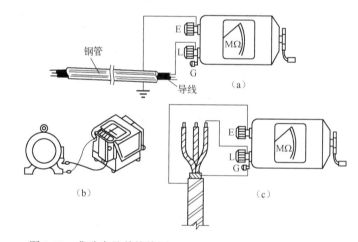

图 8-10　兆欧表及其接线图

使用时的注意事项如下。

（1）测量前应将被测对象的电源切断，并进行短路放电。

（2）两根测量线不能采用双绞线，以防止出现测量误差。

（3）测量前应先对兆欧表进行一次开路和短路试验。

（4）测量时应正确接线。

（5）测量时摇动手柄的速度应匀速，即 120r/min。

（6）测量电容和电缆完毕后，应先断开相线，再停止摇动手柄，以免放电损坏仪表。

（7）测量完毕后，在手柄未完全停止转动和被测对象没有放电之前，切不可用手触及被测对象的测量部分，以免触电。

4. 接地电阻测量仪

接地电阻测量仪用来测量接地电阻，由 4 部分组成：手动遥测发生器、电流互感器、电位器和检流计。接地电阻测量仪通过手动遥感发生器输出电流，电流经过大地后会向四周扩散。通常离地面越远，检流计上显示的电流越小。

测量步骤如下。

（1）按图 8-11 和图 8-12 接线。

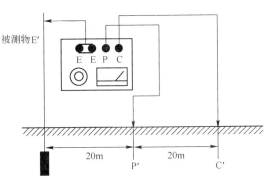

图 8-11　测量阻值大于 1Ω 接地电阻时的接线图　　图 8-12　测量阻值小于 1Ω 接地电阻时的接线图

（2）将零指示器的指针调到中心线上。

（3）调好"倍率标度"旋钮，用手转动发电机手柄，同时旋转"测量标度"旋钮，直至零指示器的指针指到中心位置（平稳后）。

（4）计算电阻值：倍率标度×测量标度＝实际接地电阻值。

任务 8.2　建筑安全员供配电知识模拟训练

扫一扫做训练：安全员技能单选题

扫一扫做训练：安全员技能多选题

扫一扫做训练：安全员技能判断题

扫一扫做训练：安全员技能综合题 1

扫一扫做训练：安全员技能综合题 2

扫一扫做训练：安全员技能综合题 3

综合设计训练 某校友楼建筑电气工程设计

1. 训练目的

通过本次综合训练，使学生进一步加深对已学建筑电气供配电与照明相关理论知识的理解，熟悉和运用国家有关设计规范合理设计某校友楼的照明及其配电系统，熟悉设计的基本内容、基本步骤，掌握有关数据计算方法，能应用所学知识进行照度计算、负荷计算、设备及导线的选择，熟悉灯具及电气设备的布置要求，并能绘制相应建筑的照明电气施工图。

2. 训练基本要求

按照国家标准《建筑照明设计标准》（GB 50034—2013）和《民用建筑电气设计标准》（GB 51348—2019）等进行电气照明设计，满足建筑照明工程设计的"安全、可靠、经济、便利、美观、发展"的基本要求。

3. 设计条件

（1）建筑结构：本工程为现浇混凝土结构，每层建筑层高 3.5m，主体 3 层。

（2）供电电源：本工程供电电源由园区外网引来的 380/220V 三相五线制电源埋地引至一层配电箱，接地系统为 TN-C-S 系统，在进户处做重复接地，并设有专用 PE 线。

（3）建筑平面图。

扫一扫看 PDF：建筑平面图

4. 设计要求

（1）进户线为电缆，三相五线制，进户线长度为 50m，电源位于校友楼的东侧。

（2）对房间、走廊和卫生间进行照度计算（设顶棚、墙面、地面反射系数分别为 0.7、0.7、0.3，灯具维护系数取 0.8）。

（3）各办公室、多功能厅、排练室等设不少于 4 组插座（单相两孔加三孔插座），其他地方根据需要进行设置。

（4）在进行负荷计算时，用需要系数法，每层干线的需要系数取 0.9，总进线的需要系数取 0.7。

（5）在进行灯具选择时，要充分考虑节能要求；插座均选用安全型插座。

（6）配电箱位置的确定满足供电半径的要求。

5. 设计步骤

（1）熟悉条件，收集资料。

（2）确定照明方式和种类并确定合理的照度。

（3）选择电光源和灯具。

（4）根据设计依据及要求在建筑平面图上布置灯具、插座及开关，并绘制照明平面图。

（5）进行照度计算，确定电光源的安装功率。

（6）计算实际功率密度值，进行照明质量的评价。

（7）根据设计依据及要求在照明平面图上进行配电设计，根据配电箱的位置与配电回路数进行导线的连接，一定要标明回路导线根数。

（8）在一层至三层平面图上按设计依据及要求绘制电源进线、总配电箱和楼层分配电箱。

（9）根据照明平面图绘制照明支线图、照明干线图，完成照明配电系统图。

（10）根据照明系统图标注的负荷进行负荷计算，选择导线及开关，并标注在照明系统图上。

（11）根据照明平面图、照明系统图编制电气工程主要设备材料表。

（12）综合以上内容，按要求写出电气设计说明。

（13）附照度计算书一份。

（14）附负荷计算书一份。

（15）要求图纸清晰、干净，设计文件准确。

6. 时间安排

本综合设计训练共需要 5 天时间，如综合设计表 1 所示。

综合设计表 1　本综合设计训练时间分配

日期	时间	任务
第一天	上午	★指导教师布置课程设计的任务，进行必要的指导 ★学生准备并熟悉资料，形成设计思路 ★选择照明方式、种类
	下午	★选择电光源及灯具 ★进行灯具布置（计算）
第二天	上午	★进行照度计算，编写照明计算书 ★进行照明质量评价
	下午	★绘制照明平面图（灯具+插座）
第三天	上午	★确定照明配电方案 ★进行照明负荷计算，编写负荷计算书
	下午	★选择导线及开关设备 ★进行照明线路电压损失计算
第四天	上午	★绘制照明配电系统图（含设备标注）
	下午	★整理、完善设计成果 ★撰写设计体会
第五天	上午	★教师检查并提出完善建议 ★按修改建议完善设计
	下午	★打印装订、提交

7. 成果提交要求

（1）设计计算书。

计算书的内容包括封皮（设计题目、班级、姓名、日期）、照明计算（灯具布置计算、室内/走廊照度计算）、照明负荷计算、设备及导线的选择、照明线路电压损失计算（选做）。

（2）绘图。

绘制照明平面图（灯具+插座）、照明配电系统图。

（3）设计体会（500～800 字）。

（4）装订。

这里进行普通装订即可，一律用 A4 白纸（留页边距：上、下 25mm，左、右 25mm），照明平面图用 A3 白纸。

（5）提交。

第五天 15：30 之前提交。

8. 成绩评定

（1）采用五级制评定成绩。

（2）作品及过程分值占 70%，出勤占 30%，并将百分制折算成五级制。

（3）考核标准如综合设计表 2 所示。

（4）设计作品及过程评分标准如综合设计表 2 所示。

综合设计表 2　设计作品及过程评分标准

作品等级	标准要求	对应分值
一等	1. 按时间要求完成； 2. 计算书、设计说明完整； 3. 施工图绘制整洁、规范，完整； 4. 作品正确率不低于 85%； 5. 态度认真，独立完成	60～69 分
二等	1. 基本按时间要求完成； 2. 计算书、设计说明比较完整； 3. 施工图绘制清晰，标注完整； 4. 作品正确率不低于 70%； 5. 态度认真，基本独立完成	50～59 分
三等	1. 每天任务完成 50% 以上； 2. 计算书、设计说明等不完整； 3. 施工图绘制比较清晰，标注不够完整； 4. 作品正确率不低于 50%； 5. 态度比较认真，勤学好问	40～49 分
四等	1. 每天任务完成不足 50%； 2. 缺少计算书或设计说明； 3. 施工图绘制混乱，标注不完整； 4. 作品正确率低于 50%； 5. 态度不够端正，抄袭较多	20～39 分

注：在获得某等级时，要求至少满足对应等级标准要求中的 4 条，且不满足的 1 条的完成情况不低于下一等级标准要求。

参 考 文 献

[1]　刘复欣，李芳，郑发泰．建筑供电与照明 ［M］．北京：中国建筑工业出版社，2004.

[2]　李英姿．建筑供电 ［M］．北京：中国电力出版社，2003.

[3]　高满茹．建筑配电与设计 ［M］．北京：中国电力出版社，2003.

[4]　何利民，尹全英．怎样阅读电气工程图 ［M］．北京：中国建筑工业出版社，2003.

[5]　王玉华，赵志英．工厂供配电 ［M］．北京：北京大学出版社，2006.

[6]　马志溪．电气工程设计 ［M］．北京：机械工业出版社，2004.

[7]　周武仲，胡静．中低压配电设备选型与使用 200 例 ［M］．北京：中国电力出版社，2006.

[8]　谢秀颖．电气照明技术 ［M］．北京：中国电力出版社，2004.

[9]　赵德申．电气照明 ［M］．北京：高等教育出版社，2006.

[10]　王晓东．电气照明技术 ［M］．北京：机械工业出版社，2004.

[11]　李英姿．住宅电气系统设计教程 ［M］．北京：机械工业出版社，2005.

[12]　戴绍基．建筑供配电技术 ［M］．北京：机械工业出版社，2005.

[13]　周文彬．工厂供配电技术 ［M］．天津：天津大学出版社，2008.

[14]　黄益华，王朗珠．供配电一次系统 ［M］．北京：高等教育出版社，2007.